本书系下列项目成果:
1. 国家自然科学基金(编号:41801071);
2. 广西自然科学基金(编号:2018GXNSFBA281015);
3. 广西科技计划项目(编号:桂科AD20159037);
4. 广西研究生教育创新计划项目(编号:YCSW2021210, YCSW2022328)
5. 广西八桂学者团队项目;
6. 桂林理工大学科研启动基金项目(编号:GUTQDJJ2017096)

湿地要素遥感监测与水文边界界定方法与应用

付波霖　娄佩卿　唐廷元　刘曼　左萍萍　解淑毓　蓝斐芜　覃娇玲　等　著

WUHAN UNIVERSITY PRESS
武汉大学出版社

图书在版编目(CIP)数据

湿地要素遥感监测与水文边界界定方法与应用/付波霖等著.—武汉:
武汉大学出版社,2022.8(2022.11 重印)
ISBN 978-7-307-23179-5

Ⅰ.湿… Ⅱ.付… Ⅲ.①遥感技术—应用—沼泽化地—监测—研究
②遥感技术—应用—沼泽化地—水文情势—研究 Ⅳ.P941.7

中国版本图书馆 CIP 数据核字(2022)第 143301 号

责任编辑:谢文涛 责任校对:李孟潇 版式设计:马 佳

出版发行:**武汉大学出版社** (430072 武昌 珞珈山)
(电子邮箱:cbs22@ whu.edu.cn 网址:www.wdp.com.cn)
印刷:武汉邮科印务有限公司
开本:787×1092 1/16 印张:17.5 字数:393 千字 插页:1
版次:2022 年 8 月第 1 版 2022 年 11 月第 2 次印刷
ISBN 978-7-307-23179-5 定价:59.00 元

前　言

　　湿地被誉为"生物超市"和"地球之肾"，与森林、海洋并称为全球三大生态系统，具有多种不可替代的生态价值和服务功能。湿地水源涵养能力是其他陆地生态系统的 5~8 倍，储存全球 34% 的陆地表层土壤有机碳，为全球 40% 的陆地生物提供生境，为 87% 的水鸟提供栖息地。但是在人类活动和自然因素的双重作用下，湿地已成为全球受威胁程度最严重的生态系统之一，出现了面积萎缩、生态缺水、水位持续下降、植被退化和生物多样性锐减等问题。合理利用和有效保护湿地已成为各国政府和众多学者关注的焦点。三江平原是我国最大的淡水沼泽湿地集中分布区，1995—2003 年我国首次湿地资源调查结果表明，1975—1995 年期间，三江平原沼泽湿地面积由 217 万公顷减少到 104 万公顷，占平原总面积的比例由 32.5% 下降到 16%。2009—2013 年第二次全国湿地资源调查结果显示，与第一次调查同口径比较，我国自然湿地面积减少了 337.62 万公顷，减少率为 9.33%。最新研究结果表明，1954—2000 年三江平原湿地减少速率为 563.72 km²/a，2000—2015 年，湿地减少速率下降到 167.24 km²/a。尽管湿地损失速率有所减缓，但实质上三江平原沼泽湿地仍然面临着面积萎缩、功能退化等严重威胁，究其原因在于沼泽湿地生态系统水循环过程、水量平衡遭到人为活动的破坏；水文情势发生改变，不能满足植被群丛生长和湿地土壤发育的基本要求，最终导致无法维持湿地过程。虽然我国政府已经意识到加强沼泽湿地资源保护和合理利用的迫切性和重要性，国内学者也认识到正确把握湿地与水文情势的作用规律已成为解决湿地退化、恢复与重建湿地功能的关键，但对于植被群丛生长、发育及稳定分布所需的基本水文条件（湿地水文、淹水频率和淹水时长）是什么？这一问题目前尚未得到准确回答和科学解释。

　　在湿地生态系统中，湿地植被和水文情势是两个不可或缺的组成部分。水文情势是湿地形成、发育和演化最重要的驱动机制，影响湿地植被群丛时空分布和群丛演替，成为界定湿地边界的唯一可靠标准。湿地水文情势决定植被群丛的种类组成、建群种和优势种等群丛结构，其动态变化导致植被群丛空间分层异质（空间分异）和时空演变，还对植被群丛生理生态特征（株高、密度、茎粗、叶宽等）、生物量和物种多样性等产生重要而又直接的影响。反之，沼泽植被群丛可通过积累泥炭、沉积物堆积、减少侵蚀、干扰水流、水面遮阴和呼吸蒸腾等作用影响湿地水文条件，指示湿地水文情势的变化。综上所述，沼泽湿地水文情势和植被群丛之间存在相互影响、相互作用的耦合关系。但是，针对这一耦合关系，国内外学者还缺乏深入系统的研究。究其原因在于，探明湿地水文情势变化对植被群丛时空分布的影响机制，需要精确及时地掌握植被群丛的时空分布格局，时序监测湿

1

地水文情势的动态变化，而通过传统的地面植被样方调查和水文站点监测，只能获取地面局部点位的植被群丛分布信息和湿地水文信息，存在监测范围小、成本高、时效性差和数据更新慢等弊端。近年来，随着一系列高分辨率遥感卫星发射升空以及低空无人机技术的快速发展，遥感技术无疑是解决上述问题的最佳途径。

《湿地要素遥感监测与水文边界界定方法与应用》正是研究团队利用多源和主被动遥感技术，结合主流的浅层机器学习和深度学习算法、数学分析方法开展湿地要素监测、湿地植被生物物理参数反演和湿地水文边界界定研究的阶段性成果的总结。作者希望能抛砖引玉，给从事湿地遥感理论与应用研究的科技工作者提供一些参考，同时也期盼更多、更好的湿地著作问世，共同推动湿地学科的发展及创新应用。本书的研究内容与成果得到了国家自然科学基金面上项目、国家自然科学青年基金项目、广西自然科学基金项目、广西科技基地和人才专项、广西八桂学者团队项目等的资助，本书是作者所在的研究团队共同努力完成的，非常感谢他们的支持和辛勤工作，也反映了培养的硕士/本科生们的部分研究成果。同时，衷心感谢多年来一直给予作者关心和支持的所有同事，朋友及学术同仁。

本书由三部分组成，第一部分主要介绍湿地要素遥感监测与水文边界界定理论与方法，包括第一章和第二章的内容，分别为绪论、湿地边界界定理论与方法；第二部分主要介绍湿地植被遥感识别和生物物理参数遥感定量反演研究，包括第三章和第四章的内容，分别为湿地植被遥感分类方法研究、湿地植被生物物理参数遥感反演研究；第三部分主要介绍沼泽湿地水文边界阈值反演及界定研究，主要包括第五章和第六章的内容，分别为湿地水位变化遥感监测方法研究、沼泽湿地植被与湿地水位耦合变化研究。本书尽管经过数次的修改与讨论，但由于作者水平和精力有限，书中内容和观点难免存在不妥之处，恳请各位读者批评指正。

付波霖

2021 年 5 月

目　录

第三部分　沼泽湿地水文边界阈值反演及界定研究

第一部分　湿地要素遥感监测与水文边界界定理论与方法

第1章 绪 论

1.1 研究背景和意义

湿地位于陆地生态系统和水生生态系统过渡地带，是最具生产力的生态系统之一，被称为"地球之肾"，与森林、海洋共同组成全球三大生态系统，广泛分布于世界各地。但是人类过多地强调湿地的生产功能和直接的经济价值，却忽略了其重要的生态服务功能，以至于从 20 世纪 70 年代至今，全球湿地严重萎缩，面积锐减。大量的湿地遭到开发和破坏而转化为其他的土地利用形式。由于人为的破坏和湿地围垦，北美洲和欧洲超过 50% 的沼泽湿地消失或者退化（Carpenter，2005）。中国因围湖围海造田，开垦沼泽造田和城市化的推进而丧失的湿地占原有湿地面积的一半以上。湿地已成为全球受威胁程度最严重的生态系统之一，出现了面积缩小、生态缺水、水位持续下降、植被退化和生物多样性锐减等问题。合理利用和有效保护湿地已成为各国政府和众多学者关注的焦点。水是湿地生态系统形成的必要条件，影响着湿地的发育、成长、演替、消亡和再生，及时监测和掌握湿地的水位变化对湿地资源保护有着重要的意义。

湿地边界的界定是湿地研究的基础也是湿地保护、恢复和重建的前提。目前虽没有形成统一的、科学的湿地定义，但研究学者一致认为，湿地水文情势主导着湿地植被的生长和湿地土壤的发育过程，对湿地的形成是不可或缺的；湿地植被和湿地土壤是判读湿地是否已发育成熟的标志；"湿地三要素"（湿地水文、湿地植被和水饱和土壤）是识别湿地和界定湿地边界的唯一理论根据。美国对湿地边界的界定展开了大量的研究，不同的州和部门都有各自湿地界定的标准。其中，比较有影响力且具有代表性的有 1987 年 The US Army Corps of Engineers（USACE）发布的《Wetlands Delineation Manual》，其中规定湿地上界标准为：①生长期淹水时长不少于 12.5%，②超过 50% 的植被物种是 Obligate Wetland Plant（OBL）、Facultative Wetland Plant（FACW）和 Facultative Plant（FAC）；下界标准为年平均水深 2m（Environmental Laboratory，1987）。以及 1995 年美国 National Research Council 出版的《Wetlands：Characteristics and Boundary》一书，在书中规定湿地上界标准为：①生长季不少于 14 天，且地下水位深不超过 30cm；②超过 50% 的植被物种为 OBL、FACW 和 FAC；下界标准为年平均水深 2m（National Research Council，1995）。《湿地公约》规定低潮时水深 6m 为滨海湿地下界（湿地与水体系统之间的边界），并把陆地上的所有水体都纳入湿地范畴，但是《湿地公约》并没有给出湿地上界标准（湿地与陆地系统之间的界限)。中国学者认为水深 2m 以内,年积水 4 个月以上的区域可视为湿地;或者沉水植物下限以上,积水期占生长季的 1/2 以上的区域可视为湿地。以上湿地边界的界定标准虽给出了具体的界定阈值,但是没有科学地解释阈值的含义,使得阈值的设定具有一定的主观性。

由于湿地多处偏远且难以到达的区域,遥感技术已被广泛应用于湿地提取、湿地动态监测和湿地资源调查等方面的研究中,但在湿地遥感识别或分类过程中,通常将湿地植被边界等同于湿地边界,主要基于湿地植被与陆生植物的光谱差异采用人工解译或计算机辅助分类算法来区分湿地和其他的土地利用类型;或者根据人为划设的行政边界来识别湿地,而基于湿地定义或者湿地发生学机理来识别湿地的研究则很少有人涉及。显然利用单一湿地植被要素来识别湿地,忽视"湿地三要素"中的其他两个要素,最终提取的湿地范围是不够准确的。此外,湿地遥感当前的研究主要集中在湿地植被的识别、湿地生物量的估算、湿地生化物理参数的反演、湿地植被叶面积指数和冠层含水量的估算、湿地面积变化监测等。对于提取湿地水体或湿地水位变化监测的研究相对较少,而结合湿地发生学机理,综合利用湿地植被和湿地"水位-历时"过程来定量地界定湿地边界的研究,湿地遥感更是无人涉及。

本书将基于湿地发生学机理,综合多源遥感数据和影像分析技术,反演湿地"淹水深-历时-频率"阈值,并界定沼泽湿地的水文边界。围绕这一核心主题,本书将致力于用多源遥感沼泽湿地植被分类来提取湿地植被边界,并利用雷达干涉测量技术提取湿地DEM 和监测植被边界处的湿地水位变化,再借助地面实测的水文观测数据,反演湿地"淹水深-历时-频率"阈值,并提取沼泽湿地的水文边界。

目前大多数关于沼泽湿地植被识别的研究都采用光学遥感数据或合成孔径雷达(SAR)数据,综合利用高空间分辨率光学遥感影像和极化 SAR 数据进行湿地植被分类研究的相对较少。另外,湿地水位的监测主要利用地面实测方法,该方法虽较为准确,但往往需要大量的人力物力,且只能获得基于监测点的湿地水位。因此,有必要综合运用多源遥感数据,充分利用光学遥感和极化 SAR 数据各自的优势高精度地识别湿地植被的方法开展研究,也需要开展利用雷达干涉测量技术监测湿地水位变化的研究,为沼泽湿地水位监测提供一种新的且可靠的方法。沼泽湿地水文边界的界定和提取不仅可以及时掌握湿地淹水-历时过程,而且可以确定的湿地边界对精准地统计湿地面积、调查湿地资源和评价湿地功能和价值,以及优化土地利用空间结构等都具有至关重要的现实意义。

1.2　湿地要素遥感监测研究进展

1.2.1　湿地植被遥感识别研究进展

湿地植被的识别与分类是研究群落结构微域分异的基础,国内外学者利用主、被动遥感技术开展了湿地植被识别与分类的方法研究,主要分为以下三个方面。

（1）基于多光谱遥感的湿地植被识别与分类研究（Moffett et al.，2013；Dronova，2015），主要是以湿地植被光谱信息和纹理特征的差异性作为判别依据。由于中低分辨率卫星影像反映植被光谱特性及相互间差异的能力相对较弱，往往只能区分出湿地植被与陆生植被（Zhang et al.，2012；Deng et al.，2014）。虽然 Lane 等人（2014）利用 1.8m 空间分辨率的 Worldview-2 多光谱影像识别了 Selenga 河三角洲浮水植被群落、挺水植被群落和沉水植被群落，但是只能宏观地反映湿地植被群落空间格局，无法进一步研究湿地群落结构微域分异。Whiteside 等（2015）综合利用 Worldview-2、高精度 DEM 和 LIDAR 数据实现了澳大利亚北部热带地区安格利特河流域的 12 个湿地植被群落分类制图，但总体分类精度较低，仅为 78% 和 67%。近年来，随着低空无人机技术的发展，拥有厘米级空间分辨率、高时效性的无人机多光谱影像被用于湿地植被群落识别与分类（Marcaccio et al.，2015；Zweig et al.，2015；Chabot et al.，2016）。由此可见，系统研究湿地群落结构空间分异，无人机影像无疑是最佳的遥感数据源之一。

（2）基于合成孔径雷达（SAR）的湿地植被识别与分类研究（Evans et al.，2014；Betbeder et al.，2014），主要是利用湿地植被群落在不同生长阶段 SAR 后向散射能量差异来识别湿地植被类型，但由于湿地植被在不同极化状态的散射回波存在一定的相关性，不同植被类型可能具有相同的后向散射信号特征，使得利用有限极化方式的后向散射系数很难实现湿地生态系统内部植被群落高精度分类。随着高空间分辨率全极化合成孔径雷达（Polarimetric Synthetic Aperture Radar，PolSAR）技术的发展，全极化 SAR 影像也被用于湿地植被识别与分类（Koch et al.，2012；Hong et al.，2014）。与单极化或者双极化 SAR相比，全极化 SAR 影像能够提取湿地植被的所有极化散射信息，最大限度地将各植被群落的散射特征以矢量的形式表现出来，提高了植被群落的识别能力和分类精度（Gallant et al.，2014）。如 De 等人（2016）利用 2011 年 6 月（丰水期高水位）和 10 月（枯水期低水位）的精细全极化模式的 Radarsat-2 数据，实现了巴西 Lago Grande de Curuai 河岸带植被群落的识别与分类，生产者精度和用户精度分别达到了 80% 和 90%。而国内学者在研究湿地植被群落的遥感识别与分类的过程中，较少利用全极化 SAR 影像。

（3）整合主、被动遥感的湿地植被识别与分类研究（Niculescu et al.，2016；Franklin et al.，2018），主要是基于 PCA、HIS、Brovey 和小波变换等算法的影像融合，实质上仍以多光谱影像为主，SAR 信息利用非常有限，没有充分发挥 SAR 影像在识别和区分湿地植被群落类型方面的独特优势。付波霖等人通过小波变换将国产高分一号（GF-1）多光谱影像分别与 HH 极化 L-band ALOS-PALSAR、C-band Radarsat-2 强度影像进行融合用于识别洪河国家级自然保护区的沼泽湿地植被。虽然 GF-1 和 SAR 的融合影像提高了植被分类精度，但也只能识别浅水沼泽植被和深水沼泽植被，生产者精度分别为 95% 和60%，用户精度分别达到了 74% 和 87%（Fu et al.，2017）。综上所述，高空间分辨率的全极化 SAR 影像和多光谱影像（星载、无人机）在湿地植被群落类型识别方面具有独特优势。

1.2.2　湿地水文情势遥感监测研究进展

水文情势是湿地形成和发育的先决条件，是维持湿地过程至关重要的环境因素（赵魁义，1999；Bradley，2002）。针对地面实测方法获取湿地水文情势信息难以满足现实需求的问题，国内外学者利用遥感技术量测区域湿地水位及监测水位动态变化，主要有以下三种方法：（1）整合被动遥感影像和 DEM 提取湿地水位，如利用波段阈值法、谱间关系法、水体指数法和遥感影像分类法提取湿地水体边界，然后再叠加区域高精度 DEM 做水位高度插值，获取湿地水位（Schumann et al.，2008）；（2）利用 SAR 后向散射系数与地面实测水位构建统计模型反演湿地水位（Kim et al.，2013；Yuan et al.，2015）；（3）利用合成孔径雷达干涉测量技术（InSAR）/雷达高度计监测湿地水位变化（Wdowinski et al.，2008；Hong et al.，2010）。前两种方法存在明显的局限性：第一种方法受植被干扰和天气条件等因素的制约，水位监测精度不高，且难以实现年内或年际湿地水位动态变化监测；第二种方法构建的统计模型存在普适性差的缺点，难以实现大范围推广应用。通过地面实测数据验证，综合 InSAR 技术和雷达高度计实现了湿地水位的精确估算及其动态变化的时序监测。Hong 等（2014）以 2007—2011 年多时相的 ALOS-PALSAR 为数据源，采用 SBAS 干涉测量技术监测了 Florida 沼泽湿地的水位变化，经过地面实测数据验证分析，精度达到了厘米级。Xie 等人（2015）以 2007—2010 年 17 景精细模式的 ALOS-PALSAR 为数据源，利用分布式散射体干涉测量技术（Distributed Scatterer Interferometry）实现了黄河三角洲湿地水位变化的时序监测。综上所述，采用 InSAR 技术和雷达高度计是监测湿地水位变化的理想手段。

1.2.3　湿地植被空间分布与湿地水文情势耦合关系的研究进展

国内外学者对湿地植物群落结构微域分异现象已给予定性描述，并试图借助地面样方调查研究植被群落与湿地水位梯度变化的响应关系，总结出定量结论。如河岸带群落结构对于水文时空变化的响应研究（Owen，2005），不同水位梯度下的小叶樟种群密度（布东方，2006），不同位水梯度下大米草的生长繁殖特性及生物量分布格局（李红丽，2009），水位变化对海岸带咸水湿地植被空间分布的影响（Todd et al.，2010），水位梯度对于互花米草生长特性的影响研究（张晓敏，2014），水位梯度与芦苇植被生态特征研究（管博，2014），三江平原典型湿地植物对水分梯度的响应研究（王香红，2015），三峡库区河岸带植被分布模式对水位变化响应机制（Hu et al.，2015），鄱阳湖湿地苔草景观变化及其水文响应研究（周云凯等，2017）。以上研究主要集中在探究湿地水文情势中水位梯度对单一植被群落生长特性及其空间分布的影响，忽视了湿地植被只有在连续和稳定的水文情势下才能形成比较明显的环带状或条带状格局，湿地植被群落时空分布格局不仅与湿地水位有关，还与湿地淹水频率和淹水时间持续长短有重要关系。因此，要定量描述和揭示湿地植被群落时空分异规律，必须综合研究湿地植被时空分布与湿地水位、淹水时长和淹水频率之间的作用机制和耦合关系。由此可见，开展以上研究时，需要掌握植被群落的时空分布格局和湿地水文情势的动态变化。

1.3　湿地边界界定标准与方法研究进展

湿地边界的界定理论依据是湿地定义，目前因湿地定义的多样性使得湿地边界的界定存在不一致的情况。1956年美国Fish and Wildlife Service（FWS）定义湿地为：湿地是被浅水和被暂时性或间歇性积水所淹没的低地包括木本沼泽、草甸沼泽、草本沼泽、藓类沼泽、塘沼、淤泥沼泽和洪泛地，也包括生长挺水植物的浅水湖泊或浅水水体，不包括河、溪、水库和深水湖泊等稳定水体以及因淹水历时太短而无法形成湿地土壤或湿地植被的水域（Shaw et al.，1956）。1979年，FWS的研究学者在《Classification of Wetlands and Deepwater Habitats of the United States》一书中重新将湿地定义为："湿地是水生生态系统和陆地生态系统之间的过渡区，通常该区域地下水位达到或接近地表，或处于浅水淹没状态"。湿地需至少具有以下三个特征中的一个：（1）周期性的以水生植物为优势的植被群落；（2）基质以排水不良的水成土壤为主；（3）若区域基质不是土壤，需在每年的生长季内处于部分时间浸水或淹水的状态。该定义已被美国湿地研究学者所接受，同时印度也将其作为官方的湿地定义（US Fish and Wildlife Service，1979）。《Wetlands：Characteristics and Boundary》一书中定义湿地为一个依赖于在基质的表面或附近持续的或周期性的浅层积水或水分饱和的生态系统，并且具有持续的或周期性的浅层积水或水分饱和的物理、化学和生物特征，水成土壤和水生植被成为湿地的诊断特征。

加拿大湿地工作组1988年出版了《Wetlands of Canada》，书中Zoltai定义湿地为：湿地是被水淹没或地下水位接近地表，或浸润时间足以促进湿成和水成过程，并以水成土壤、水生植被和适应潮湿环境的生物活动为标志的土地。Zoltai还首次提出了淡水湿地下界为枯水期水深2m的标准。在该书中，Tarnocai等人将湿地定义为："湿地是因水饱和历时足够长，以至于湿成或水成过程占优势的土地，以排水不良的土壤、水生植被和适应湿生环境的多种生物活动为特征。"该定义成为加拿大湿地分类系统的基础和官方的湿地定义（National Wetlands Working Group，1988）。英国的湿地定义代表了大部分欧洲国家的定义标准，E. Maltby认为：湿地是水支配其形成、控制其过程和特征的生态系统的集合，即是在足够长的时间内足够湿润使得具有特殊适应性的植物或其他生物体发育的地方（Maltby et al.，1983）。1993年日本学者井一认为湿地应满足三个主要特征：潮湿，地下水位较高和至少在一年的某段时间内，土壤是处于饱和状态的（陈宜瑜等，1995）。俄罗斯和澳大利亚定义湿地均基于《湿地公约》。中国湿地研究学者认为：湿地是指陆地上常年或季节性积水（水深2m以内，积水期达4个月以上）和过湿的土地，并与其生长、栖息的生物种群构成独特的生态系统（佟凤勤等，1995；贾忠华等，2001；崔保山等，2006；殷书柏等，2014）。

综合以上湿地定义的共识：湿地水文、湿地植被和水饱和土壤是界定湿地边界的三个基本要素，其中，湿地水体是形成湿地的必要要素，是形成湿地植被和湿地土壤的前提。

因此围绕湿地水文特征，中美湿地研究学者给出了界定湿地水文边界的标准（见表 1-1 中国和美国关于湿地水文边界中"淹埋深—历时"阈值比较），从表中可以看出湿地水文特征指标（淹埋深、淹水历时）是定量界定湿地边界的重要参数。

表 1-1　　　　　　　　中国和美国关于湿地水文边界中"淹埋深-历时"阈值比较

	上界临界水位	连续历时阈值	下界临界水位	备注
USACE	地表以下 30cm	超过 12.5%生长季长	年平均水深 2m	生长季：无霜期
USACE 更新[a]	地表以下 30cm	超过 14 天	年平均水深 2m	—
Interagency Manual[b]	地表以下 15～46cm（按土壤类型而定）	超过 7 天	年平均水深 2m	生长季；地表以下 20m 处生态 0℃
Proposed Revision[c]	地表	地表淹水超过 15 天；土壤水饱和超过 21 天	年平均水深 2m	生长季：终杀霜后第三周至终杀霜前第三周
NFSAM Manual[d]	地表	地表淹水≥15 天；塘沼、盐湖和浅沼泽超过 7 天	年平均水深 2m	生态 0℃（据无霜期估算）
NRC	地表以下 30cm	超过 14 天	年平均水深 2m	—
华盛顿州标准[e]	地表以下 30cm 至地表（视土壤类型而定）	超过 12.5%生长季长	年平均水深 2m	生长季指无霜期
湿地公约标准[f]	—	—	滨海湿地下界水深为低潮水深 6m	上界临界水位根据需要而定；全部陆地水域都属湿地，无下界临界水位
中国标准 1	地表	4 个月	年平均水深 2m	没有生长季限制
中国标准 2[g]	地表	超过 1/2 生长季长	年平均水深 2m	没有生长季限制

注：a：Wakeley，2005；b：Federal Interagency Committee for Wetland Delineation，1989；c：Bedford et al.，1992；d：Tammi，2001；e：Washington State Department of Ecology，1997；f：中国国家林业局《湿地公约》履约办公室，2001；g：佟凤勤等，1995。

1.4　存在的问题

综上所述，沼泽湿地边界的界定、湿地植被识别和湿地水位监测已成为湿地科学的重要研究内容,相关研究也已取得一定的进展,并得出了相应的结论,但仍有相关的问题亟待进一步地解决和研究。

(1)湿地定义中给出了湿地水文特征指标的界定阈值,但没有给出相应阈值的科学解释。究其原因是还没有弄清湿地水文情势,却反过来利用湿地水文特征界定湿地边界。因此,如何构建湿地"淹水深-历时-频率"阈值的反演理论和方法,并利用此阈值界定湿地水文边界,还需要进一步研究。

(2)基于遥感的湿地植被识别和分类是界定湿地植被边界最直接的方式,但是湿地植物对环境条件的变化敏感,年际或长周期水文情势的波动会导致湿地植被的变化,从而使基于湿地植被确定的湿地边界是不稳定的。另外,由于水文情势已改变而无法维持湿地生态系统发育的残遗湿地植被区域(非湿地区域),也会被错误地划分为湿地。

(3)在基于光学遥感影像与SAR数据融合的湿地植被识别研究中,主要利用了单极化SAR的后向散射强度信息,但这只能提供有限的地物散射信息且湿地植被在不同极化状态下的散射回波存在一定的相关性,不同植被类型可能具有相同的后向散射信号特征,使得利用有限极化方式的SAR数据很难实现湿地植被高精度分类。而整合全极化SAR目标分解参量与高空间分辨率光学影像进行湿地植被分类,还需要进一步研究。

(4)单一时相或数据源无法精确对湿地进行分类,多时相与主被动遥感数据整合可以提高分类的精度,但是会造成数据的冗余。我们通过多源数据降维和分类算法模型参数优化,可以构建最优的湿地植被遥感识别模型,并有利于探究植被群落的最优识别特征变量。

(5)整合低空无人机遥感影像和面向对象的浅层机器学习算法/深度学习算法进行湿地植被群落识别能力研究。

(6)深度学习算法对空间分布较为复杂的湿地植被分类中的迁移学习能力也有待研究。

(7)深度学习算法利用多源遥感影像来系统分析多种空间分辨率与多种光谱范围的不同融合方式对沼泽湿地植被分类能力的影响。

(8)对于不同波长的SAR数据对,利用InSAR技术能否提取湿地的DEM,精度如何?不同波长SAR数据生成的DEM在精度上是否存在显著性差异?湿地水文特征是否是界定湿地边界的唯一标准和可靠标准,基于DInSAR和雷达高度计技术是否能够精确地监测湿地水位变化,都亟须进一步研究和验证。

(9)建立沼泽植被-水体的时空耦合协调模型,定量探索湿地时空演变特征与水文情势的响应关系。

第 2 章　湿地边界界定理论与方法

2.1　湿地要素遥感监测理论与方法

2.1.1　湿地植被遥感监测理论与方法

1. 基于面向对象的浅层机器学习算法的湿地植被分类理论与方法

影像分割是面向对象影像分析技术的重要前提，也是沼泽湿地植被分类的关键。影像分割大致可以分为三大类：基于区域的生长分割方法、基于边缘的分割方法、阈值分割。在基于区域的生长分割方法中，通过设定分割的尺度，将符合性质的像素集合在一起形成一个封闭区域；基于边缘的分割方法是通过检测边缘信息将像素进行划分；阈值分割通过设定阈值将图像划分为目标区域和背景区域，将高于阈值的像素值设置为 1，低于阈值的像素值设为 0。随着影像分辨率的提高，湿地各地物呈现的形状、颜色、空间结构都不一样，使用单一的尺度已经不足以满足实际的分割需求，而多尺度分割可以根据分割对象的特质建立不同的分割等级，从不同尺度上对影像进行逐层分割。多尺度分割有 3 个重要参数：分割尺度、形状因子/光谱因子、平滑度/紧致度。本书采用经典的多尺度分割算法对多源遥感数据集进行影像迭代分割，其中，尺度分割参数利用基于 eCognition Developer 9.4 软件平台二次开发多尺度分割的优化工具箱（ESP2）（Dragut et al.，2014）进行训练和优化确定。该工具将整个影像分为精细、中等和粗略三个尺度，每个尺度设定初始值和步长，经过迭代，生成尺度-局部方差曲线，ESP 的工作原理为：

ⅰ．计算不同对象的局部方差（LV），分割尺度近似目标对象的大小，对象间的差异性增大，局部方差增大；

ⅱ．统计不同分割尺度上的局部方差，随着分割尺度的增加，局部方差就会增大，直到其与真实的地物相匹配，此时同一对象内部同质化最大，各对象间差异最大，局部方差最大的尺度被定义为最优分割尺度；

ⅲ．使用局部方差曲线作为度量评估从一个对象级别到另一个对象级别的 LV 的动态，曲线拐点对应不同的影像分割尺度。

根据局部方差曲线的拐点，选取合适的分割尺度得到适当的分割对象，从而详细且合理地表征地物。

浅层机器学习算法是一类从数据中自动分析获得规律，并利用规律对未知数据进行预测的算法。机器学习分类算法包括无监督学习、监督学习、半监督学习和强化学习。

无监督学习：训练样本数据和待分类的类别已知，但训练数据未加标签，例如聚类算法和主成分分析法。聚类算法主要包括 K-Means 算法（属于划分式聚类方法），此外还有层次化聚类方法，基于密度的聚类方法，基于网格的聚类方法等。

监督学习：训练样本数据和待分类的类别已知，且训练数据加了标签。主要包括分类算法和线性判别分析。分类算法主要包括：朴素贝叶斯算法、决策树算法、随机森林算法（Random Forest，RF）、支持向量机算法、K 最近邻算法和 Boosting 算法。

半监督学习：训练样本数据和待分类的类别已知，然而训练样本数据有的加了标签，有的没加。例如 Semi-Supervised Support Vector Machine 等算法。

强化学习：强化学习是通过奖励或惩罚来学习怎样选择能产生最大积累奖励的行动的算法。该方法不像监督学习技术那样通过正例、反例来告知采取何种行为，而是通过试错来发现最优行为策略。例如 Temporal Difference 算法和 Sarsa 算法等。

RF 是由 Breiman Leo 和 Adele Cutler 在 2001 年共同提出的一种较为流行的机器学习算法，通过集成学习的思想将多棵分类与回归树进行组合构建为森林，并将 Bootstrap aggregating（Bagging）模型组合的方法应用于分类与回归树的学习过程中，可用于执行分类或回归任务（Breiman，2001）。RF 算法的具体定义为：RF 是由若干棵来自训练集的随机样本独立构造的分类与回归树组成，每棵分类与回归树对来自相同训练集的不同子集进行独立的分类或预测，并通过对所有决策树的预测结果进行综合分析得到最终的预测结果（Hutengs and Vohland，2016）。RF 算法被认为对高维数据集具有良好的预测能力且具有将过拟合风险最小化的能力（耿仁方等，2019）。另外，Bagging 方法在选择训练样本和生成分类与回归树的过程中引入了随机性，减少了训练过程中的随机误差，提高了分类或回归结果的准确性和稳定性。多棵分类与回归树并行计算的设定使得 RF 算法具有较高的计算效率（冯文卿等，2017）。RF 算法示意图如图 2-1 所示。

RF 算法执行分类和回归任务的基本流程为：①采用 Bootstrap 的方法自训练集有放回的随机抽取 N 组训练子集，抽取的每组训练子集约为总训练集的 2/3；②基于抽取到的 N 组训练子集构建分类与回归树，进而产生由 N 棵分类与回归树构成的森林，每棵分类与回归树的每个节点，从训练集内全部的 M 个输入变量中随机选择 m 个（$m<M$）进行预测；③每次抽样过程均有 1/3 数据未被抽中，被称为袋外数据，可用于进行内部误差估计，产生袋外误差。根据均方误差最小原则选取最优特征变量进行内部节点的划分。其中分类算法通过结合 N 棵分类与回归树的预测结果通过投票的方式决定新样本的类别，而回归算法则通过结合 N 棵决策树的预测结果进行平均从而得到新样本值的大小。

多维数据集在沼泽植被识别中具有优势，但多维数据集中存在的冗余变量会降低计算效率和分类模型的总体精度。变量选择算法具有改善分类器性能，提高计算效率和构建更好的泛化模型的优势。在本书中，特征递归消除（RFE）算法、Boruta 算法和 VSURF 算法这 3 种变量选择算法被用来对所构建的多维数据集中的输入变量进行重要性排名和选择。

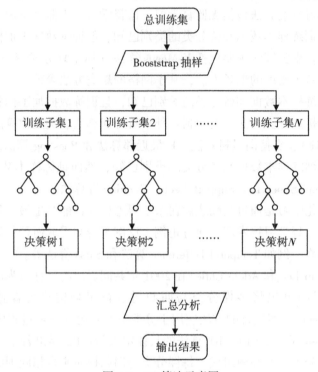

图 2-1　RF 算法示意图

1）RFE 算法。

RFE 算法是一种常用的变量选择算法，它提供了一种在将特征变量输入机器学习算法之前确定变量重要性的严格方法。RFE 的工作原理是拟合模型过程中通过模型准确率判断变量（变量组合）对分类结果的重要性，递归删除重要性较低的变量。基于 RFE 算法的变量选择步骤如下：

ⅰ. 基于包含所有特征变量的训练集训练 RF 模型；

ⅱ. 计算模型精度；

ⅲ. 对特征变量的重要性进行排名；

ⅳ. 对每一个训练子集 S_i，$i=1$，2，$\cdots$，S 循环执行下述操作：

ⅰ. 保持 S_i 是最重要的特征变量；

ⅱ. 对数据进行处理；

ⅲ. 用 S_i 作为训练集训练 RF 模型；

ⅳ. 计算模型精度；

ⅴ. 重新计算每一个预测因子的重要性排序；

ⅴ. 结束循环；

ⅵ. 计算基于 S_i 的精度曲线；

ⅶ. 确定特征变量的最佳数量；

ⅷ. 采用基于优化 S_i 的 RF 模型。

2）Boruta 算法。

Boruta 算法是一种基于 RF 算法的变量重要性排名和选择算法。Boruta 算法的优势在于它可以清楚地确定输入变量是否重要，并有助于选择对分类结果具有统计学意义的变量，因为它充分考虑了 RF 中决策树的平均精度损失的波动。基于 Boruta 算法的变量选择步骤如下：

ⅰ. 通过复制所有特征变量扩展多维数据集（至少 5 个阴影变量）；

ⅱ. 通过增加变量剔除其中的相关变量；

ⅲ. 基于扩展的多维数据集运行 RF 分类器并计算 Z 得分；

ⅳ. 基于阴影变量找到最大 Z 得分（MZSF）并将得分高于 MZSF 的指定接收输入；

ⅴ. 每个重要性不确定的变量，执行与 MZSF 的双边检测；

ⅵ. 重要性得分低于 MZSF 的被指定为不重要变量，从多维数据集中移除；

ⅶ. 重要性得分比 MZSF 更高的变量被指定为重要变量；

ⅷ. 移除所有阴影变量；

ⅸ. 重复该过程直到确定了所有变量的重要性。

3）VSURF 算法。

VSURF 算法是一种用于对 RF 算法进行变量选择的 R 语言包。VSURF 算法通过对输入变量的重要性进行评价，返回多维遥感数据集的两个变量子集，进而执行分类操作。第一个变量子集包括一些与解释有关的冗余，第二个变量子集较小，并试图避免将冗余集中在预测目标上。基于 VSURF 算法的变量选择步骤如下：

ⅰ. 对多维数据集进行初步排名和淘汰

ⅰ. 按变量重要性的降序对变量进行排序（99 次 RF 模型运行）；

ⅱ. 剔除重要性较低的变量（用 m 表示剩余变量的数量）；

ⅱ. 变量选择

ⅰ. 用于解释：构建一个包含 k 个变量的 RF 模型嵌套数据集（$k=1$，2，…，m），选择 RF 模型中袋外误差最小的变量集合，生成包含 m 个特征变量的初始多维数据集；

ⅱ. 用于预测：从上一步保留的用于解释的有序多维数据集开始，通过逐步调用和测试其中的特征变量来构建 RF 模型的增量序列，选择最终多维数据集的特征变量。

2. 基于深度学习算法的湿地植被分类理论与方法

深度学习是机器学习领域中的一个研究方向，它通过学习样本数据的内在规律并用表示层次来解释目标信息，它的最终目的是让机器能够像人一样具有分析学习能力，能够识别文字、图像和声音等数据。卷积神经网络（Convolutional Neural Network，CNN）是深度学习中的一种算法，它是多层的神经网络，由输入层、卷积层、池化层、全连接层和输出层 5 个基本结构组成。层与层之间存在各自的映射关系，每种映射对输入数据进行相应的特征提取，并作为下一层的输入数据；每层隐含层包含多个二维平面特征，每个平面特征为每层映射后的特征图（Zhu et al.，2018）。一个完整的卷积神经网络结构如图 2-2CNM 的基本结构所示。

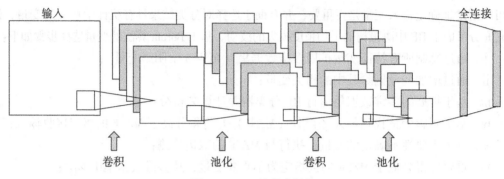

$$图 2-2\quad CNN 的基本结构$$

1）卷积层。

卷积层为卷积神经网络的层结构，由若干个通过反向传播算法优化参数后得到的卷积单元组成。卷积运算本质上主要通过滤波实现局部特征响应，将输入图像通过卷积核进行卷积操作，使用相同的卷积核扫描整个图像，获得较为抽象的特征图。一般卷积层会对应多个不同的卷积核，同一个卷积层中的多个特征图与多个卷积核的计算见式（2-1）：

$$a_j^l = \sigma(z^l) = \sigma\left(\sum_{i=1}^{N_j^{l-1}} W_j \otimes a_i^{l-1} + b_j^l\right), \ j = 1, \ 2, \ \cdots, \ M \qquad (2\text{-}1)$$

式中，l 代表层数，a_j^l 表示第 l 层第 j 个特征图，W_j 表示对应的卷积核，$\otimes$ 表示卷积操作，a_i^{l-1} 表示上层第 i 个特征图作为当前的输入，b_j^l 表示偏置，N_j^{l-1} 表示每个特征图的特征数量，M 表示每个卷积层的特征图数。σ 为激活函数，一般常用的激活函数有 Sigmoid 函数、Tanh 函数、ReLU 函数，激活函数公式见式（2-2）~式（2-4）：

$$Sigmoid：\sigma(x) = \frac{1}{1 + e^{-x}} \qquad (2\text{-}2)$$

$$Tanh = \tanh(x) = 2\sigma(2x) - 1 \qquad (2\text{-}3)$$

$$ReLU：y = \begin{cases} 0, \ x < 0 \\ x, \ x > 0 \end{cases} \qquad (2\text{-}4)$$

2）池化层。

池化层又称特征映射层，池化过程即为降采样过程。CNN 将图像输入卷积层提取特征后可直接进行训练，但训练过程复杂，计算量大，通过池化可以减小特征维度，提高训练速度，减少计算量，防止过拟合。池化功能使用某一位置处相邻输出的总体统计特征来替换该位置处的网络输出。池化层一般在连续卷积层中间，对于图像处理。常用的池化函数主要有最大池化函数和平均池化函数。

最大池化函数是从 $s×s$ 的池化窗口中给出区域内的最大值作为池化后的值，计算公式如下：

$$\sigma(x) = \max(x_{ij}) \tag{2-5}$$

式中，x_{ij} 是池化窗口中对应的输入特征图的值。

平均池化函数是将 $s×s$ 的池化窗口中给定的区域内的所有值的平均值作为池化后的值，计算公式如下：

$$\sigma(x) = \frac{1}{n}\sum_i\sum_j x_{ij} \tag{2-6}$$

式中，x_{ij} 属于池化窗口中对应的输入特征图中的值；n 为池化窗口中神经元的个数。

3）全连接层。

全连接层是卷积神经网络中的一个特殊结构，具有"分类器"的作用。在多个卷积层和池化层后连接几个全连接层，使高维特征分布转换为低维样本标记，将学习到的分布式特征映射到样本标记空间，更好地对局部信息进行整合，得到抽象的特征表达。全连接层的连接首先是把卷积输出的特征图转化为一维的特征向量，然后将前一层的每个神经元都与后一层的每个神经元相连。计算公式如下：

$$a^l = \sigma(z^l) = \sigma(W^l a^{l-1} + b^l) \tag{2-7}$$

式中，l 代表层数，a^l 表示全连接层的输出，a^{l-1} 表示全连接层的输入，W^l 表示 l 层对应的神经元之间的连接权值，σ 为激活函数在全连接神经网络中的激活函数，一般选择 Sigmoid 和 ReLU。

随机卷积神经网络不断地发展，目前大部分卷积神经网络模型以 CNN 为基础，通过优化网络结构、多尺度等方面对其改进。本书选用 SegNet、PSPNet、RAUNet 和 DeepLabV3plus 等 4 种卷积神经网络进行湿地植被信息识别。

SegNet 模型是编码器-解码器结构的深度网络，最主要部分是编码器网络、解码器网络和像素分类层，结构如图 2-3 所示。编码器网络的架构类似于 VGG-16 网络中的 13 个卷积层，每个编码器层都有一个对应的解码器层，解码器网络的功能是将具有低分辨率输入的编码器特征映射到全分辨率输入特征图中，最后进行逐像素分类。SegNet 模型能够进一步利用网络解码器部分中的最大池化索引。该架构的解码器网络的每个解码器都能够使用来自其相应的编码器特征图的最大池化索引来对输入特征图进行上采样，生成稀疏的特征图。然后将这些特征图与解码器中的滤波器组卷积以生成密集的特征图，将归一化应用于这些特征图。最终解码器输出处的高维特征表示被馈送到可训练的 Softmax 分类器。此 Softmax 对每个像素进行独立分类，每个像素中具有最大概率的类别为预测的分割结果。

PSPNet（Pyramid Scene Parsing Network，PSPNet）模型包含金字塔池化模块和空洞卷积（He et al.，2015），可以充分利用全局场景来捕获不同类别标签之间的上下文信息的更多细节，模型结构见图 2-4。模型为了保持全局特征的权重，在每个金字塔等级之后应用不同大小的卷积层，将上下文表示的尺寸减小到原始图像的 $1/N$（其中 N 是金字塔的级别大小）。然后，对低维特征图进行上采样以获得与原始尺寸相同的尺寸特征。最后，

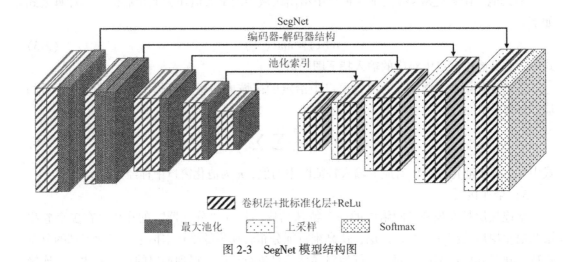

图 2-3　SegNet 模型结构图

将不同的要素级别组合为金字塔池全局要素，金字塔等级的数量和每个等级的大小都可以调整。在 PSPNet 模型中，应用了 4 级金字塔合并模块，分别具有 1×1、2×2、3×3 和 6×6 的池化后的特征尺寸。PSPNet 模型的空洞卷积可以扩大感受野，而不会损失特征层的大小。空洞卷积可以从膨胀卷积到具有不同膨胀因子的特征层获得多尺度上下文特征，从而以不同采样率识别的特征进行后处理，并分别融合以产生最终结果。空洞卷积能够完成基本的网络结构并捕获影像的更多全局信息，从而优化图像识别分类结果。

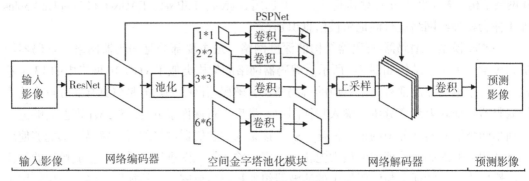

图 2-4　PSPNet 模型结构图

DeepLabV3plus 模型的主体是带有空洞卷积的深度卷积神经网络，该模块可以有效增大卷积的感受野，既不会增加参数的数量，也不会降低空间的维度，可实现精度与速度的均衡；还可利用多孔空间金字塔池化模块进行语义分割，在多种扩张率、多个有效视野上用滤波器通过卷积提取遥感影像的输入特征，并执行池化操作来编码多尺度的上下文信息；与 DeepLabV3 相比，DeepLabV3plus 引入了解码器，将低层级特征进行通道的压缩，以减少低层级的比重，再将经过 ASPP 模块处理的特征图上采样至与低层级分辨率一致，通过 3×3 卷积后再次上采样，逐渐恢复空间信息从而捕捉遥感影像更加精细的目标边界，以达到像素级的预测（Chen et al.，2017）。DeepLabV3plus 模型结构见图 2-5。

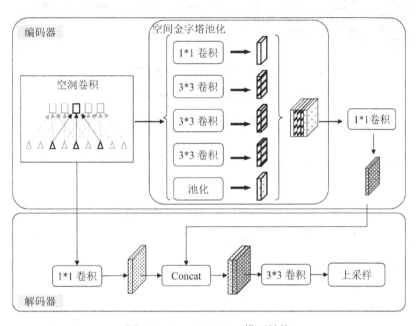

图 2-5　DeepLabV3plus 模型结构

　　RAUNet（Residual Attention U-Net）模型采用编码器-解码器的网络结构获得高分辨的掩膜数据，并有一个新颖的注意力模型可改善网络的特征表示。模型还采用了 CEL-Dice 来解决样本不平衡问题，而且该模型在 Cata7 数据集上取得了较好的性能表现。RAUNet 网络采用 ResNet34 作为编码器来识别语义特征，该残差网络有助于减小模型的大小并且增加推理速度。解码器由增强注意力模块和反转卷积组成，网络输出的大小和原始图像相同。模型中解码器上有增强注意力模块，旨在捕获高级语义信息并强调目标特征，它可在从缺少语义信息的低阶特征图上采样时补充上下文信息导致的许多无用的背景信息。增强注意力模块对语义依赖性进行建模以强调目标渠道。它捕获高级特征图中的语义信息，并捕获低级特征图中的全局上下文，以对语义依赖性进行编码。高阶特征图中包含丰富的语义信息，可用于指导低阶特征图选择重要的位置信息。此外，低阶特征图的全局上下文对不同通道之间的语义关系进行编码，从而有助于过滤干扰信息。通过有效地使用这些信息，增强注意力模块可以强调目标区域并改善特征表示。具体的 RAUNet 模型结构如图 2-6 所示。

　　深度学习模型中由于训练样本尺寸较大（谢梦等，2020），并且目前桌面终端性能有限，所以不能直接输入到网络中进行训练，因此需将遥感影像剪裁成合适大小的影像对其预测，并最后将每幅剪裁后的影像分类结果拼接成最终结果。剪裁的影像经预测后再拼接会造成结果中有较明显的拼接痕迹，明显降低了模型分类精度，如图 2-7（a）图像算法

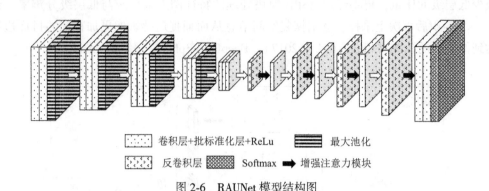

图 2-6　RAUNet 模型结构图

优化的比较中所示。

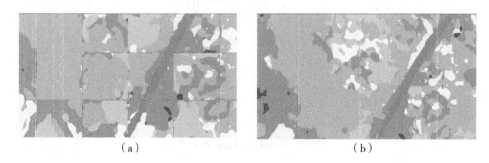

（a）　　　　　　　　　　　　　（b）

图 2-7　图像算法优化的结果比较

　　本书针对这一问题，设计了一种用深度学习模型预测遥感影像的优化图像算法，以消除模型预测影像的拼接痕迹。其核心思想为剪裁更大范围的影像去预测，再剪裁中间部分的影像分类结果拼接成最后模型来预测结果。该方法的具体步骤如下，以模型输入影像大小为 256×256 为例，模型预测遥感影像时，以步长为 128 的方式剪裁遥感影像成大小为 128×128 的影像；然后通过镜像操作将大小为 128×128 的影像扩展至大小为 256×256 的影像；模型对大小为 256×256 的影像进行预测；再将预测后的大小为 256×256 的影像按中间部分剪裁成大小为 128×128 的影像，按①的相应位置拼接在模型预测影像上；⑤最后重复①~④，直至模型预测完整幅遥感影像，图像算法效果如图 2-7（b）所示，图像算法原理及流程如图 2-8 所示。

2.1.2　湿地水文遥感监测理论与方法

1. 基于干涉测量的湿地水位监测理论与方法

　　①雷达差分干涉测量技术监测水位变化的基本原理。雷达差分干涉测量技术

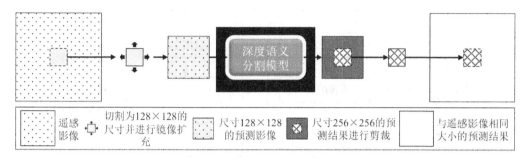

图 2-8 图像优化算法原理及流程

（Differential InSAR，DInSAR）是以 InSAR 技术为基础，通过对两幅干涉图做二次差分，消除由 SAR 影像对共轭相乘获取干涉相位中含有的地形高程信息的相位分量，得到 SAR 成像期间地表的形变相位，进而监测地表的微小形变。消除干涉相位中地形相位分量的常用方法一种是借助已有 DEM 数据和已有 SAR 影像的成像参数模拟干涉条纹图，再与两幅 SAR 影像对生成的干涉条纹图进行二次差分处理，消除地形相位分量，这种方法称为双轨法；另一种是利用不同时间成像的第三幅 SAR 影像，与其他两幅 SAR 影像分别作共轭相乘得到两幅干涉条纹图，再进行二次差分处理，从而消除地形相位分量，这种方法称为三轨法。通过 InSAR 技术提取的干涉相位主要包括三部分：平地相位、地形相位和形变相位。其中，地形相位和形变相位的关系可用下式：

$$
\begin{cases}
\Delta R = -\dfrac{\lambda}{4\pi}\varphi_{\text{displacement}} = \dfrac{\lambda}{4\pi}(\varphi - \varphi_{\text{topography}}) \\
\varphi = -\dfrac{4\pi}{\lambda}[(R_1 + \delta R) - R_2] \\
\varphi_{\text{topography}} = -\dfrac{4\pi}{\lambda}(R_1 - R_2)
\end{cases}
\tag{2-8}
$$

②两轨法差分干涉测量。首先利用一对地表变化前后两幅影像，进行干涉处理生成包含平地相位、地形相位和形变相位的干涉图，再利用已知研究区的 DEM 和 SAR 影像的成像参数模拟生成平地相位和地形相位的干涉图，通过二次差分处理将地形相位从干涉相位中减去，最终得到形变相位并利用公式（2-8）计算地表形变量。图 2-9 所示是 DInSAR 干涉测量技术流程图，为常用两轨法差分干涉测量的具体处理步骤，从图中可以看出，该技术流程与 InSAR 提取 DEM 技术流程的不同之处在于，利用已知 DEM 反演的干涉相位图与复 SAR 影像对生成的干涉图做二次差分处理，并由差分干涉图获取地表形变信息。

③短基线集干涉差分测量技术。由于干涉相位对地形起伏变化的响应程度与垂直基线的长度关系密切，当垂直基线较短时，干涉相位对地形高程变化不敏感，复 SAR 影像对生成的干涉图条纹稀疏，易进行相位解缠，此时利用 InSAR 技术提取的 DEM 精度较低；反之，当垂直基线较长时，干涉相位对地形变化响应程度较高，复 SAR 影像对生成的干

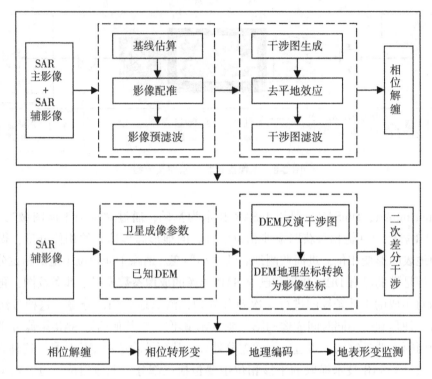

图 2-9 常用两轨法差分干涉测量的具体步骤

涉图条纹密集，相位解缠复杂，因而用 InSAR 技术提取的 DEM 精度高。但是垂直基线并不是越长越好，垂直基线越长，干涉数据处理越复杂，超过临界基线则复 SAR 数据对无法进行相干处理。短基线集雷达干涉测量技术（Small Baseline Subset InSAR，SBAS-InSAR）是将覆盖同一区域的多个复 SAR 影像对按照时间基线距与空间基线距最小的组合，形成若干个干涉数据集，然后进行干涉处理，生成序列干涉条纹图，最后对多个解缠相位图进行最小二乘求解，以提高 SAR 影像对的相干性，消除或者减弱相位解缠误差和大气延迟误差的影响，从而获取在成像时间段内的高精度地表累积形变量（Berardino et al.，2002；Lanari et al.，2004）。

Kampes 等（1999）提出了一种利用多幅干涉 SAR 影像来求解地表在时间序列上的形变量的方法，该法将常规 DInSAR 求解单个干涉图形变的问题转化为对多幅差分干涉图的一个最小二乘问题。因此，最小二乘法是 SBAS-InSAR 技术提取地表形变的基础。图 2-10 所示是常用多基线集差分干涉测量的具技术流程图。

在 $(t_0, t_1, \cdots, t_n)$ 时间内获取同一区域 $n+1$ 幅 SAR 影像，根据干涉影像对组合原则，得到 m（$(n+1)/2 \leqslant m \leqslant n(n+1)/2$）个干涉图，假设在 t_1、t_2 两个时刻获取的 SAR 影像对产生第 j 幅干涉图，消除平地和地形相位后，在 x 处的差分干涉相位，即形变相位为

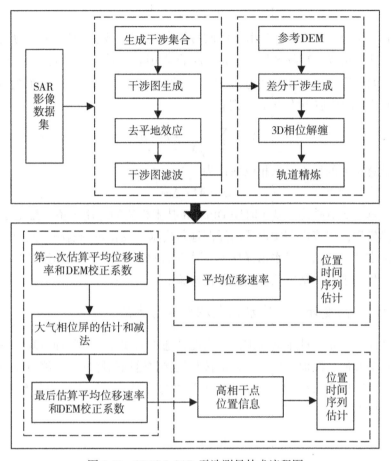

图 2-10 SBAS-InSAR 干涉测量技术流程图

$$\Delta\varphi_j \approx \varphi(t_2, x) - \varphi(t_1, x) = \frac{4\pi}{\lambda}[\mathrm{d}(t_2, x) - \mathrm{d}(t_1, x)] \qquad (2\text{-}9)$$

式中，$\mathrm{d}(t_1, x)$ 和 $\mathrm{d}(t_2, x)$ 分别为在 SAR 视线向，相对于参考时间 t_0 的累积形变量，$\mathrm{d}(t_0, x) = 0$。$\varphi(t_1, x)$ 和 $\varphi(t_2, x)$ 分别为引起的形变相位，利用线性模型估计 n 幅 SAR 影像形变量，具体表达式为 $A\varphi_n = \Delta\varphi_m$。其中，$\varphi_n$ 表示待求点上的 n 时刻图像未知形变相位组成的矩阵，$\Delta\varphi_m$ 为 m 幅差分干涉图上相位值组成的矩阵，系数矩阵 $A[m \times n]$ 每行对应一幅干涉图，每列对应一个时间点上的影像，主影像所在列为 $+1$，辅影像所在列为 -1，其余为 0。如果 $m \geq n$，且 $A[m \times n]$ 的秩为 n，利用最小二乘法可得

$$\varphi = (A^T A)^{-1} A^T \cdot \Delta\varphi \qquad (2\text{-}10)$$

由于单个干涉 SAR 影像集合内时间采样不够，使得 $A^T A$ 是个奇异矩阵，从而方程 (2-10) 存在无数个解。为了解决这个问题，利用奇异值分解方法将多个短基线集联合起来，求出最小范数意义上的最小二乘解（侯建国，2011）。具体过程是将矩阵 $A[m \times n]$

进行奇异值分解，即

$$A = USV^T \tag{2-11}$$

式中，U 是 $m \times m$ 的正交矩阵，是由 AA^T 的特征向量 μ_i 组成，V 是 $n \times n$ 的正交矩阵，由 A^TA 的特征向量 ν_i 组成。矩阵 S 是一个 $m \times m$ 的对角阵，AA^T 的特征值 λ_i 是其对角线元素。一般 $m \geqslant n$，如果假设矩阵 A 的秩为 r，则 AA^T 的前 r 个特征值非零，后面的 $(m-r)$ 个特征值为 0。定义 A 的伪逆矩阵为 A^+，则有

$$A^+ = \sum_{i=1}^{r} \frac{1}{\sqrt{\lambda_i}} \cdot \nu_i \cdot \mu_i \tag{2-12}$$

最小范数意义上的最小二乘相位估计为

$$\hat{\varphi} = A^+ \cdot \Delta\varphi \tag{2-13}$$

本书第五章 5.2 节阐述了基于时序 DInSAR 技术构建的适用于沼泽湿地水位相对变化量的遥感监测模型，用该模型实现了沼泽湿地年内水位变化量的监测，同时利用方差分析和回归分析从水文观测站、浅水沼泽区和深水沼泽区 3 个尺度分别对不同波长 SAR 影像计算的水位变化量进行了精度验证和显著性检验。

2. 基于雷达高度计的湿地水位监测理论与方法

星载雷达高度计是一种主动式雷达，高度计通过天线以一定脉冲重复频率垂直向下发射调制后的压缩脉冲，经地面反射后，由接收机接收返回的脉冲，并测量发射脉冲时刻和接收脉冲时刻的时间差 Δt，根据时间差和返回的波形，可计算出卫星到星下点的距离（郭金运等，2013）即

$$R = c \times \frac{\Delta}{2} \tag{2-14}$$

式中，R 为卫星到星下点的距离，c 为光速（299792458 m/s）。

波形重跟踪的基本原理为：星载高度计上搭载的天线以脉冲重复频率垂直向海面发射脉冲，经海面返回至接收器，将返回的波称为"回波"，按时间（"门"）对回波强度进行采样，即得到回波波形，它反映了回波强度随时间的变化。图 2-11（a）和图 2-11（b）所示分别为平静水面和非平静水面上波形形成的过程。

测距开始时，高度计向下发射雷达波，雷达波还未到达水面时没有产生反射信号，对应的波形中回波强度为最小值，且保持平稳；当雷达波刚刚接触水面时，与水面的接触区域为一个小圆形斑点，此时产生反射信号，斑点越大反射产生的回波强度越强，所以刚开始接触水面时产生的回波能量较小，随着雷达波的传播，斑点面积越来越大，回波强度不断增强，在波形中产生上升前缘；当斑点面积达到最大时，波形产生峰值，此时的斑点称为"脚点"，圆形的半径称为"脚点半径"；随后斑点向外扩散，形成圆环，回波强度下降，波形呈下降趋势。

波形中的上升前缘可以用来确定雷达波的双程传播时间，其陡峭程度可以用来计算有效波高（Significant Wave Height，SWH），平静水面上产生的上升前缘比非平静水面产生

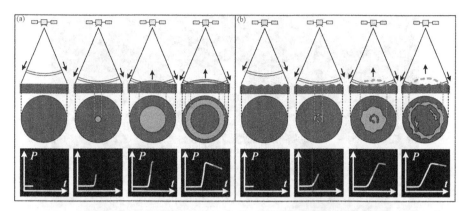

（a）为平静水面的波形形成过程　　　（b）为非平静水面的波形形成过程）

图 2-11　平静水面与非平静水面波形形成示意图

的上升前缘更加陡峭（见图 2-11）。波形后缘可以用来计算后向散射系数，后向散射系数与地表反射特性有关，可以用来研究地表反射性质。

卫星上自带有波形跟踪器，用来跟踪波形前缘中点。跟踪器要尽量保证波形前缘中点出现在同一个门上，这个默认的波形前缘中点称作"预设门"。跟踪器需要尽量保证实际前缘中点在预设门的位置，同时还要尽量保证波形的振幅为一个常数。但当雷达高度计经过非海洋表面时，高度计返回的波形受到陆地、地形等的影响而发生畸变，高度计脉冲的反射波形不规则，使得设定的波形跟踪点与实际的波形前缘中点有所偏差，导致测量的距离不准确，因此，需要对回波波形进行重跟踪。一般情况下，设定波形采样中点为跟踪点，波形重跟踪便是要重新计算前缘中点，根据其与原定中点的差值，获得距离改正值，从而改正从高度计到被测水面的距离，即

$$\begin{cases} d_r = (C_{rt} - C_{nt}) \cdot \dfrac{c}{2} t_k \\ R_{cor} = R + d_r \end{cases} \tag{2-15}$$

式中，C_{rt} 为重跟踪后确定的波形前缘中点，C_{nt} 为原定的波形前缘中点，t_k 为脉冲宽度（3.125ns），R_{cor} 为改正后的观测距离，R 为高度计的观测距离。

图 2-12 所示为卫星测高原理，显示了卫星测高的测量过程，获取湿地水位的基本原理如下：利用经过波形重跟踪处理得出的改正后的观测距离，根据下式即可得到湿地水位：

$$H = h_{alt} - R_{cor} - h_{geoid} - \Delta r \tag{2-16}$$

式中，H 为湿地水位，h_{alt} 为高度计的椭球高，h_{geoid} 为大地水准面相对于参考椭球面高度，Δr 为各项观测误差改正，这里主要采用了高度计数据中自带的电离层改正、干湿对流层改正、极潮改正和固体潮改正。

本书第五章第三节阐述了基于雷达高度计数据构建的滨海湿地水位遥感监测模型，采

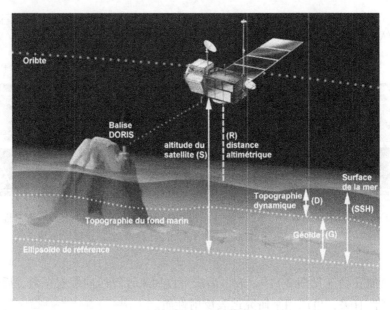

图 2-12　星测高原理

用四种波形重跟踪方法改正原始波形，从而获得改正水位。结合实测水位数据，选取决定系数、均方根误差和平均绝对误差定量评价四种波形重跟踪方法的精度差异。利用年内水位变动幅度、月平均水位、季平均水位和年平均水位定量分析滨海湿地水位的动态变化。利用降水量数据探究水位变化的原因。

2.2　湿地"淹埋深-历时-频率"阈值界定理论

2.2.1　湿地三要素齐全条件下"淹埋深-历时-频率"阈值界定理论

1. 湿地"淹埋深（S）"阈值界定理论

（1）湿地上界处"地下水埋深"阈值界定理论。湿地"淹埋深（S）"阈值主要是通过湿地土壤边界或湿地植被边界对应的淹水深或水饱和至地表的地下水位埋深来界定。在"陆地-湿地-水体"的地形剖面上，湿地土壤类型主要有：草甸土、草甸沼泽土和沼泽土。沼泽土发育在几乎持续性淹水或水饱和的条件下，其土壤剖面构型为泥炭层-潜育层（Oi-G）；相对于沼泽土，草甸土发育在地势稍高、靠近陆地的一侧，是由周期性或季节性淹水或水饱和历时足够长而形成的，其剖面构型为腐殖质层-潜育化淀积层-潜育层（Ah-Bg-G）。湿地土壤上界是指草甸土与陆地土壤之间的边界，即图中 B_s 点，形成上界湿地土壤的地下水埋深阈值即是 B_s 点处的地下水埋深阈值（见图 2-13 土壤类型及其植被在地形剖面上的分布）。

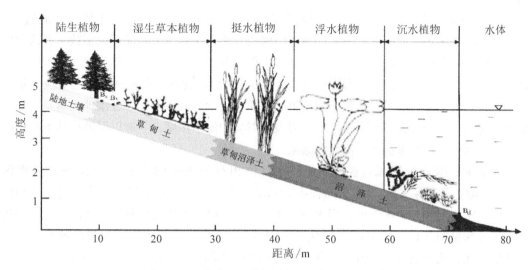

图 2-13　土壤类型及其植被在地形剖面上的分布

　　湿地土壤边界的界定标准是由土壤诊断层和诊断特征决定的，草甸土诊断表层（Ah）
是有机表层，表下层 Bg 层和 G 层的诊断特征分别是氧化还原特征和潜育特征。只有形成
了有机表层（Ah 层）才能称为草甸土，而有机表层的形成必须要求地表淹水或水饱和至
地表足够长的时间，也就是必须满足一定的地表淹水或地下水浸润历时。用地表淹水作为
S 阈值确定的原则，不适合完全受地下水浸润而形成的湿地，而用水饱和至地表（即土壤
全层水饱和）作为 S 阈值确定的原则，则包含了以上两种情况。为了使 S 阈值确定的原
则适合所有的湿地类型，应以"水饱和至地表"的地下水埋深作为 S 阈值确定的原则。
水饱和至地表并不要求地下水位面达到地表，因为毛细管带（Capillary Fringe）的存在，
在地下水位面以上一定高度范围内因受毛细管带作用也可使土壤达到水饱和状态。但是，
地下水埋深必须在毛细管带厚度范围内，才能使水饱和至地表。因此，形成湿地土壤的地
下水埋深阈值即毛细管带的厚度值。毛细管带的厚度因土壤质地不同而不同，一般土壤质
地越粗，水饱和至地表的地下水埋深越浅。毛细管带的厚度可以在土壤持水曲线上确定，
针对具体某一地形剖面上的湿地土壤而言，S 阈值是一个常数。

　　在同一地形剖面中，湿地植物主要有四种类型：湿生草本植物、挺水植物、浮水植物
和沉水植物。湿地植被上界是湿生草本植被与陆生植被之间的边界，即图中 B_v 点。通常
基于湿地植物根系的分布状况来界定湿地植被上界处的地下水埋深阈值，土壤剖面上部植
物根系主要分布层是动植物活动最强烈的区域，当地下水埋深在主要根层以下时，土壤就
能提供大多数陆生植物生长所需的氧。只有当主要根层处于淹水状态时，那些不适应根层
周期性或持续性水饱和的植物就不能生长。因此，湿生草本植物主要根系分布层下限深度
就是湿地植被上界处的地下水埋深阈值。研究表明，绝大多数湿地地表以下 0.3m 是湿地

植物主要根系分布层的下限深度。这是因为湿地植被是一种隐域性植被，不同分区的湿地植被都具有相似的形态结构特征。

（2）湿地下界处的"淹水深"阈值界定理论。湿地下界（湿地与水体之间的边界）位于常年淹水区中，因而湿地下界的淹埋深阈值是淹水深度阈值。虽然大多数学者认为应以挺水植物分布的下限作为湿地植被的下界，但以沉水植物分布下限作为湿地植被下界更科学。只要确定了沉水植物分布下界（B_d点），在水位过程线上就可确定与之对应的年均淹水深，即为湿地植被下界的淹水深阈值。目前土壤学研究还不能区分湿地土壤与水下沉积物的边界，很少有人研究湿地土壤下界及其对应的淹水深度，一般以湿地植被下界处的年均淹水深作为湿地系统下界淹水深阈值。

为了统一湿地淹埋深（S）阈值，将水位相对于地面的高程差定义为"淹埋深（S）"，即：淹埋深（S）= 水面高程-地面高程。当水面高于地面即地表淹水时，淹埋深是正值，实际上就是淹水深度；当水面位于地面以下时，淹埋深取负值，实际上也就是指地下水埋深见图 2-14 某一时间点湿地水位淹埋深随地形变化剖面图。S 值沿地形剖面有规律地变化，从陆地向水体方向逐渐增大，S 值与地形剖面上的点是一一对应的。

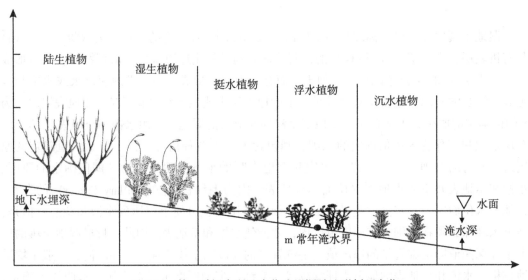

图 2-14　某一时间点湿地水位淹埋深随地形剖面变化

2. 地表淹水或土壤水饱和历时（D）阈值界定理论

（1）D 阈值的界定研究。湿地水文、湿地植被和湿地土壤是"湿地三要素"，通常情况下，湿地水文是湿地土壤和湿地植被形成的必要条件。湿地土壤和湿地植被对湿地水文过程具有一定的指示作用，沿水文梯度方向通常会呈现有规律的变化形态。如图 2-15 所示基于单峰湿地水文过程线的"淹埋深-历时"阈值反演，湿地水体在一年内随时间变化会形成一条水位-历时过程线，在该线上不同的淹水深度对应着不同淹水历时。若通过湿地植被边界或湿地土壤边界确定了一个 S 值，其对应的水饱和历时可以通过水位-历时过程线反演得到。

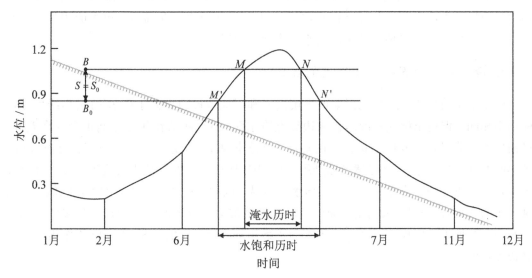

图 2-15 基于单峰湿地水文过程线的"淹埋深-历时"阈值反演

同时，在水位-历时过程线上，具有不同的淹水历时或水饱和历时的点与地形剖面上的土壤类型和植被群落组成之间也存在一一对应关系。对湿地土壤边界来说，D 值的界定是以能否形成湿地土壤诊断层和诊断特征为原则，地形剖面上湿地土壤边界点在水位过程线上对应的 D 值就是形成湿地土壤的 D 阈值。对湿地植被边界来说，D 值的界定标准是"支持适生于土壤水饱和环境下的湿地植物占优势的时长"，地形剖面上湿地植被边界点在水位过程线上对应的 D 值则是形成湿地植被的 D 阈值。

湿地土壤边界与湿地植被边界在空间上可能存在不吻合的情况，进而导致形成湿地土壤的 D 阈值与形成湿地植被的 D 阈值可能不一致的情况。但湿地植被边界与根据形成湿地植被的 D 阈值确定的水文边界是吻合的，湿地土壤边界与根据形成湿地土壤的 D 阈值确定的水文边界是吻合的。

（2）D 阈值检验标准。湿地水文与湿地土壤、湿地植被之间的一一对应关系决定了 D 阈值不能脱离湿地土壤边界或湿地植被边界而单独确定，只能从湿地土壤边界或湿地植被边界在水位过程线上反演的 D 值得到。对于任意给定一个 D 阈值，其合理性也必然只能用湿地土壤边界或湿地植被边界来进行验证：如果根据 D 阈值确定的湿地水文边界与湿地土壤边界或湿地植被边界吻合，说明 D 阈值正确；如果水文边界与湿地土壤边界或湿地植被边界不一致，说明 D 阈值不正确。任何不是由湿地土壤或湿地植被边界处水位-历时过程线反演而给出的 D 阈值都是主观的。

因为湿地水文情势的年际变化，每年由水位-历时过程线反演的 D 值可能不相同，应取多年平均值或与≥50%保证率对应的 D 值，任何没有说明是多年平均值或没有保证率限制的 D 阈值都不是科学的 D 阈值。由于根据稳定的湿地土壤边界或湿地植被边界反演出的 D 阈值是多年平均值或与 50%保证率对应的值，因而不能用某一年湿地土壤边界或湿地植被边界在水位过程线上对应的 D 值来评价这个 D 阈值的准确性，也不能用某一年水位过程线上与这个 D 阈值对应的水位来界定湿地边界。

3. 淹水频率（F）阈值界定的理论

由于水文情势的年际变化，湿地土壤边界和湿地植被边界处水位-历时过程线每年可能都不相同，湿地土壤或者湿地植被边界点淹水深（S）阈值在年际之间也会存在差异，进而导致反演得到的 D 阈值也会存在差异，具体来说 n 年的水位过程线可能会反演得到 n 个不同的（S，D）值，这必然导致利用（S，D）阈值界定的湿地水文边界存在多样性和不一致性，也无法形成唯一可用的湿地水文边界。因此，湿地水文边界的界定阈值不能由某一年的（S，D）阈值来确定，而应该由湿地植被边界或者湿地土壤边界处多年淹水或者水饱和至地表，出现的频率超过 50%（F≥50%）所对应的（S，D）阈值作为湿地水文边界阈值。

2.2.2　"非正常情况下"湿地类型（S，D，F）阈值界定理论

"非正常情况"的湿地是指湿地系统只具有湿地水文特征，但没有发育湿地土壤或（和）湿地植被。这种情况下的湿地斑块，无法从自身的"湿地三要素"特征确定湿地水文的（S，D，F）阈值因而无法界定湿地边界，但根据系统论的相似性原理和地理系统学的发生统一性原则，同一自然地理区、同一类型的湿地具有发生统一性，即具有相同的（S，D，F）阈值。因此，在同一自然地理区，"非正常情况下"湿地斑块的（S，D，F）阈值可以通过与其属于同一发生类型的湿地三要素齐全的湿地斑块的（S，D，F）阈值来确定。

2.3　基于多源遥感的沼泽湿地水文边界的界定方法

2.3.1　湿地"淹埋深（S）"阈值遥感界定

由上一小节可知，湿地水文指标"淹埋深"可以通过湿地植被边界对应的淹水深来界定，而当前遥感技术已成为区域湿地植被识别和湿地植被信息提取的主要方法。为了准确地提取湿地植被边界，本文利用极化 SAR 目标分解方法提取湿地不同波长的极化散射参数，整合极化散射信息和多光谱影像作为多源遥感数据集，综合利用面向对象的影像分析技术和 RF 算法进行沼泽湿地植被高精度遥感制图，进而界定湿地植被边界，详细内容请看第三章 3.4 湿地植被遥感分类方法研究。借助于地面的水文观测资料，即可得到湿地

"淹埋深（S）"阈值。

2.3.2 湿地"淹水历时（D）"阈值遥感界定

湿地水文"淹水历时（D）"指标表征湿地水位的波动变化，本书探究了利用雷达干涉测量技术来监测湿地水位的相对变化的方法。另外，湿地水位的波动变化与湿地微地形起伏密切相关，界定"淹水历时（D）"阈值必须要有典型样带的 DEM 数据，为此本书利用雷达干涉测量技术提取了沼泽湿地的 DEM，具体内容见本书第五章湿地水位变化遥感监测方法研究。

2.3.3 湿地水文边界遥感界定

湿地水文特征指标（淹埋深、历时和频率）是界定湿地水文边界的唯一标准，在多源遥感的湿地植被分类界定了湿地植被边界的基础上，结合植被边界处的历年地面水文观测数据和雷达干涉提取的湿地 DEM，可绘制横穿陆地-湿地的植被样带的淹水深-历时过程线，统计分析淹水频率（F）≥50% 对应的（S, D）最小阈值作为界定湿地水文边界的阈值。将湿地水文边界阈值与湿地 DEM 结合即可在空间上提取湿地水文边界，具体内容见本书第三部分沼泽湿地水文边界阈值反演及界定研究。

2.4 试验区选择

2.4.1 试验区选择条件

（1）由于湿地水体淹埋深（S）阈值是通过沼泽湿地植被边界或湿地土壤边界来界定的，因此选择的试验区必须是较少受到人为活动的干扰且具有完备的陆地-湿地生态系统，陆生植被和湿生植被生长状况良好，植被类型在空间上响应湿地水位的变化呈现序列分异明显的环带状或条带状分布，有利于调查植物样方和界定湿地植被边界。同时，试验区还尽可能具有起伏和缓的地貌特征，使得湿地土壤边界和湿地植被边界在空间上的位置差异较小，进而使得由其确定的淹埋深（S）阈值在空间上的差异也较小。

（2）湿地（S, D, F）阈值的界定需要借助湿地植被边界带或湿地土壤边界带多年的水位-历时过程线，因此选择的试验区必须在横穿典型植被的样带处有长期水位观测数据，没有水位观测数据或只有短期的水位观测数据就不能绘制水位-历时曲线，因而无法反演淹水历时（D）阈值。同时，试验区应长期以来未受人类活动影响或极端自然事件的干扰、水文情势未发生显著变化，已经形成的湿地土壤特征和湿地植被组成是湿地水文情势长期作用的结果。

2.4.2 试验区概况

考虑试验区选择条件，本书将洪河自然保护区作为湿地水文（S, D, F）阈值界定研究的试验区。洪河国家级自然保护区（东经 133°34′~133°46′，北纬 47°42′~47°52′），位于黑龙江省三江平原腹地，同江市与抚远市交界处，面积为 218 km²。该保护区始建于1984 年，是三江平原乃至整个东北原始淡水沼泽湿地全貌的缩影和典型代表。该区属于三江平原冲积沉积平原，地势低平起伏和缓，地面坡降为 1/5000~1/10000，构成了由西南向东北呈微倾斜的地貌景观，相对高差为 3m，总体海拔高度为 40~60m。见图 2-16 研究区概况。

图 2-16　研究区概况

　　洪河自然保护区由岛状林-明水面构成完整的陆地-湿地生态系统，且地表植被景观响应湿地水位梯度的变化在空间上呈环状分布，主要有 4 种植被型：沼泽湿地植被型、草甸植被型、灌丛植被型和岛状林植被型。每一种植被型对应的主要植被群落如下：（1）沼泽湿地植被型，漂筏苔草-毛果苔草群落和毛果苔草群落，狭叶甜茅群落和芦苇群落；（2）草甸植被型，小叶樟群落和小叶樟-毛果苔草混合群落；（3）灌丛植被型，沼柳群落、柴桦群落和水冬瓜赤杨群落（Com. A. Sibirica Fisch）；

（4）岛状林植被型，柞杨桦群落（Com. Q. mongolica-P. davidiana-B. platyphylla）。保护区的土壤类型空间结构分异明显，由陆地向湿地依次为棕壤性白浆土、草甸白浆土、潜育性白浆土、腐殖质沼泽土、泥炭沼泽土和草甸沼泽土。综上所述，洪河自然保护区为湿地水文（S，D，F）阈值的界定研究提供了极为有利的自然条件。

该区自创建伊始，就与中国科学院东北地理与农业生态研究所建立了长期合作关系，并搭建了野外试验台站，开展了大量的地面调查和相关的湿地研究工作，积累了丰富的水文观测资料和野外湿地植被调查数据，这些已有的工作成果也为本书中相关研究内容的顺利开展提供了很好的知识储备和基础数据。

2.5　本章小结

本章概述了湿地植被遥感监测的理论和方法，重点阐述了面向对象的浅层机器学习算法和深度学习算法在湿地植被遥感分类中的应用。概述了雷达干涉测量技术和雷达高度计湿地水位变化监测的理论与方法。分别详细阐述了在湿地三要素齐全条件下、"非正常情况下"和"淹埋深-历时-频率"阈值界定理论，并论述了检验淹水历时指标的方法和标准。在此基础上，围绕湿地水文特征指标，提出了基于多源遥感的沼泽湿地水文边界的界定方法，并根据试验区选择条件，最终选择洪河国家级自然保护区作为湿地水文（S，D，F）阈值界定研究的试验区。

第二部分　湿地植被遥感识别和生物物理参数遥感定量反演研究

第3章　湿地植被遥感分类方法研究

　　湿地是陆地和水生系统之间的过渡地带，是地球上最重要、最有价值的生态系统之一。湿地植被是湿地生态系统的重要组成部分，对环境保护起着至关重要的作用。湿地植被的动态变化能够反映湿地的生态环境变化，被认为是一个反映湿地环境变化的敏感指示器。因此，详细了解和掌握湿地植被的空间分布有助于正确认识和发挥湿地的资源优势，也可以为湿地植被恢复技术和区域生物多样性及其形成机制的研究提供数据支持。

　　由于大多数湿地位于偏远且难以到达的区域，卫星遥感技术已被广泛应用于湿地类型识别、信息提取、动态变化监测及资源调查等方面的研究。目前中高分辨率的遥感影像已广泛应用在湿地植被分类中，如杨立君等人（2013）采用 Landsat TM 数据和神经网络监督算法对崇明岛东滩湿地植被进行分类研究，分类精度达到 86.5%。Chen 等（2018）基于 GF-1 WFV 数据对乌梁素海的沉水植被进行识别，采用决策树方法达到了高于 90% 的分类精度。Rapinel 等人（2019）基于长时间序列 Sentinel-2 MSI 遥感数据绘制温带河漫滩草本植被群落，验证了 Sentinel-2 MSI 数据是绘制湿地植被的可靠数据源。

　　近年来小型无人机（UAV）迅速发展，具有操作简单、使用灵活、空间分辨率高、成本低、时效高且可在云下操作等特点，弥补了卫星遥感影像的应用限制。UAV 影像为开展湿地植被的空间分布信息提取、掌握其发展趋势及监测湿地生态环境系统的动态变化等研究，提供了极佳的遥感数据源。Pande-Chhetri 等（2017）以无人机搭载真彩色 Olympus ES 420 相机获取的航摄影像为数据源，采用 3 种分类器（支持向量机、人工神经网络和最大似然法），研究基于多分辨率目标的分类方法在湿地植被中的应用。肖武等（2019）利用无人机多光谱航摄影像对采煤沉陷湿地植被进行面向对象分类和监督分类，验证了面向对象分类方法可以有效提取湿地植被，提取精度为 84.2%，Kappa 系数为 0.8。刘舒和朱航（2020）运用大疆精灵 4 获取研究区域正射影像，采用 RF 算法并对其参数进行调优和 Boruta 特征选择，验证了 RF 算法更擅长处理高维数据集，获得最高的总体精度为 98.19%，kappa 系数为 0.980。

　　雷达（SAR）具有全天时、全天候、不受云雾影响的优势，能够穿透植被冠层，探测不同植被类型的垂直结构，SAR 极化分解特征在识别分类植被方面具有独特优势。如 Niculescu 等（2020）使用 Sentinel-1、Sentinel-2 和 Pleiades 数据，探求绘制欧洲多瑙河三角洲湿地大型植被的最佳数据组合，研究发现大多数大型植物种类在光学和雷达数据的协同下分类精度更高。提取样本集所有类别植被的后向散射系数和相干比图像的时间序列，可以使芦苇提取在研究区域和可用日期方面具有最高的精度。Cai 等（2020）融合多时相光学和雷达数据利用基于对象的堆栈泛化算法对湿地进行分类，并使用 RF 算法对特征进行最优组合选择，总体精度比使用基于像素算法提高了 3.88%。Corcoran 等（2013）使用多季节时相的 RADARSAT-2、ALOS 影像，土壤、地形，以及计算的 NDVI 和极化分解参数，后向散射系数等数据，对美国明尼苏达州北部湿地使用 RF 算法进行两个级别上的分类，探究了准确区分高地、水域和湿地的关键输入变量和湿地分类的最佳季节图像和数据集。

本章从无人机影像、多光谱卫星影像、极化 SAR 影像和多源数据整合四个方面介绍团队近年来在湿地植被遥感分类中的研究成果。

3.1 基于无人机遥感的湿地植被分类研究

3.1.1 基于浅层机器学习算法的湿地植被无人机遥感分类研究

1. 基于浅层机器学习算法的沼泽湿地植被分类研究

沼泽植被是湿地生态系统的重要组成部分，参与沼泽湿地生态系统的物质循环，水文循环和生物地球化学循环，是维持沼泽生态系统平衡的核心部分。本节在洪河国家级自然保护区的核心区、缓冲区和实验区分别建立典型样区，通过低空无人机搭载的 RGB 及多光谱相机获取研究区正射影像，构建多维数据集并确立 4 种分类方案。采用面向对象的 RF 算法，对输入的多维数据集进行变量选择和参数（mtry、ntree）调优，构建适合沼泽植被群落尺度的识别模型。

洪河湿地根据保护区自然资源分布状况和特殊的地理分布，划分为核心区（保存着较为完整的原始湿地生态系统和生物多样性，是主要保护鸟类的集中分布区）、缓冲区（保存着原生和部分原生性湿地生态系统类型，对核心区起到天然屏障和缓冲作用）和实验区（除部分耕地以外的其他湿地还保存完好，并开展了科研教学、环志、濒危物种人工饲养和农业生产等活动）3 个功能区域。分别在这 3 个样区中选择具有相同的典型沼泽植被类型作为本节的研究区，研究区位置见图 3-1。

以核心区为例，无人机原始航摄影像是在 2019 年 8 月 29 日上午 11：00—12：00，采用 DJI 公司生产的 Phantom 4 Pro 无人机搭载一台 MAPIR Survey 3W RGN 多光谱相机获取。采集过程中天气晴朗，无风，视野良好。航向重叠率为 80%，旁向重叠率为 70%，飞行高度为 110m，获得 606 张无人机影像和 1294 张多光谱影像。

多光谱影像包括 2 种格式，分别为 RAW 和 JPG，多光谱原始影像不能直接进行处理，需要进行辐射定标。辐射定标采用 MAPIR 公司自带的处理软件将多光谱影像 DN 值转化为反射率。利用 Pix4D Mapper v4.3 专业级无人机图像处理软件对无人机和辐射定标后的多光谱影像进行处理。具体处理过程包括：①导入原始航摄影像、经纬度坐标以及飞行姿态等 POS 数据；②影像质量检查时剔除航向重叠率小于 70%、旁向重叠率小于 60%、起

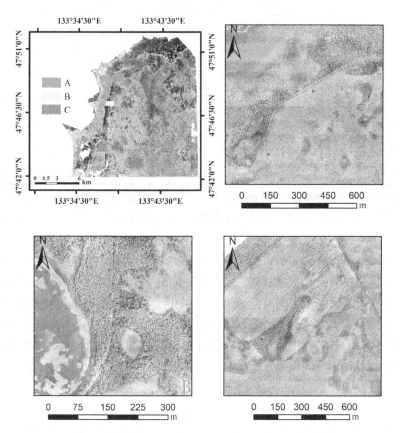

图 3-1　研究区位置（A 位于核心区；B 位于缓冲区；C 位于实验区）

飞和降落、曝光不足与过度的影像，保证进行空中三角测量解算和构建加密网的精度；③影像数据自动匹配、空中三角测量解算和区域网平差，生成研究区密集点云数据；④利用密集点云数据构建研究区不规则三角网，生成研究区数字地表三维模型（DSM）；⑤利用 DSM 和空中三角测量解算参数、通过影像匀色、拼接和裁剪处理，得到研究区数字正射影像图（DOM）。

实地调查于 2019 年 8 月 24 日至 30 日进行，样本数据的获取主要有 2 种途径：一种是通过手持厘米级定位精度的 RTK 进行拍照记录，如对白桦林、白杨林和灌木；另一种是采用大疆公司御 Mavic Pro 无人机搭载的 FC220 相机进行航摄，飞行高度为 30m，对航摄的影像进行解译来确定植被类型，如小叶樟、塔头苔草和芦苇。综合考虑野外实地调查结果和无人机影像特征，确定分为水体、白桦林、白杨林、退化白桦林、灌木、小叶樟、塔头苔草、小叶樟和塔头苔草混合、芦苇、道路等 10 种类别，并使用 ArcGIS 10.6 的地理统计分析模块中的 Subset Features 工具将实地采样数据获取样本数据按照 7∶3 的比例随机分成训练样本数据和验证样本数据，具体见表 3-1。

表 3-1　　　　　　　　　研究区各类的训练样本数据和验证样本数据

样区	样本类型*	A	B	C	D	E	F	G	H	I	J	T
核心区	训练样本	22	28	35	28	34	28	102	29	56	28	390
	验证样本	9	12	15	11	14	12	44	12	25	12	167
缓冲区	训练样本	28	43	42	35	35	42	49	28	36	35	373
	验证样本	12	18	18	15	15	18	21	12	16	15	160
实验区	训练样本	42	63	42	35	71	21	84	91	42	—	491
	验证样本	18	27	18	16	31	8	35	39	17	—	209

注：*样本类型中 A 为水体；B 为白桦林；C 为白杨林；D 为退化白桦林；E 为灌木；F 为道路；G 为小叶樟；H 为塔头苔草；I 为小叶樟与塔头苔草混合；J 为芦苇；T 为总数。

本节在 eCognition Developer 9.4 软件中采用湿地植被信息提取应用最广泛的多尺度分割算法。已有研究表明，颜色/形状权重为 0.7/0.3，平滑度/紧凑度权重为 0.5/0.5 的对象最容易识别不同的沼泽植被斑块。因此，本节中形状权重和紧凑度权重分别设置为 0.3 和 0.5。在确定这 2 个参数后，利用 eCognition Developer 9.4 软件中最佳分割尺度评价工具 ESP2 对 3 个典型区进行 100 次迭代分割运算，确定研究区的最佳分割尺度参数。确定形状权重和紧凑度权重为 0.3 和 0.5 后，每个样区的最大分割尺度和最小分割尺度见图 3-2。

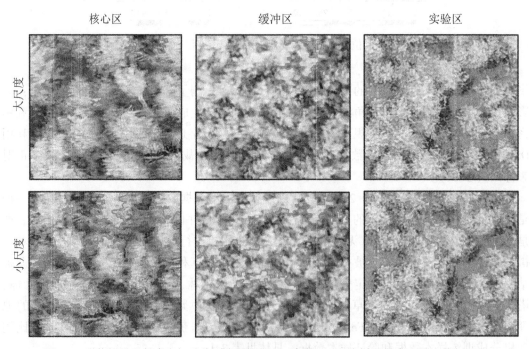

图 3-2　形状权重和紧凑度权重分别为 0.3 和 0.5 条件下，3 个样区最大和最小分割尺度

当用光学数据分类时，由于它们具有相似的光谱响应，无法将某些光谱曲线相似的沼泽植被群落区分开，因此需要进一步提取影像的纹理特征、几何特征、位置特征、地表高程等信息和植被指数，综合利用以上特征信息进行沼泽湿地植被群落识别，最终确定以下多维数据集。

（1）光谱特征：无人机影像红绿蓝波段（RGB）、多光谱影像橙青近红外波段（OCN）和 DSM 光谱特征的平均值、标准偏差、亮度和波段最大差异。

（2）纹理特征：通过灰度共生矩阵（GLCM）提取 DOM 和 DSM 的纹理特征。使用9×9 的窗口和 64 个灰度量化级别的 GLCM 生成平均值、方差、同质性、对比性、异质性、信息熵、角二阶距和相关性。

（3）植被指数：为了消除不同辐照度对植被光谱特征的影响，更好地区分不同地物类型，提高沼泽湿地植被群落的识别精度，计算了 5 个无人机植被指数和 18 个多光谱植被指数。具体见表 3-2。

表 3-2   **植被指数计算公式**

类型	植 被 指 数	计 算 公 式*
无人机植被指数	归一化蓝色指数（Blue）	$Blue = B/(R + G + B)$
	归一化绿色指数（Green）	$Green = G/(R + G + B)$
	归一化红色指数（Red）	$Red = R/(R + G + B)$
	归一化绿度差异植被指数（GRDI）	$GRDI = (G - R)/(G + R)$
	绿叶指数（GLI）	$GLI = (2G - R - B)/(2G + R + B)$
多光谱植被指数	归一化差异植被指数（NDVI）	$NDVI = (NIR - R)/(NIR + R)$
	绿色归一化差值植被指数（GNDVI）	$GNDVI = (NIR - G)/(NIR + G)$
	比值植被指数（RVI）	$RVI = R/NIR$
	绿色比值植被指数（GRVI）	$GRVI = NIR/G$
	差值植被指数（DVI）	$DVI = NIR - R$
	绿色差值植被指数（GDVI）	$GDVI = NIR - G$
	简单比率（SR）	$SR = NIR/R$
	绿色差异指数（GDI）	$GDI = NIR - R + G$
	绿红外植被指数（GIPVI）	$GIPVI = NIR/(NIR + G)$
	归一化绿度差异植被指数（GRDIM）	$GRDIM = (G - R)/(G + R)$
	重归一化植被指数（RDVI）	$RDVI = (NIR - R)/\sqrt{(NIR + R)}$
	非线性植被指数（NLI）	$NLI = (NIR^2 - R)/(NIR^2 + R)$
	改进简单比值植被指数（MSR）	$MSR = (NIR/R - 1)/\sqrt{NIR/R} + 1$
	改进非线性植被指数（MNLI）	$MNLI = (1.5 NIR^2 - 1.5G)/(NIR^2 + R + 0.5)$
	增强型植被指数（EVI）	$EVI = 2.5(NIR - R)/(NIR + 6R - 7B + 1)$
	土壤调节植被指数（SAVI）	$SAVI = (NIR - R)/1.5(NIR + R + 0.5)$
	优化土壤调节植被指数（OSAVI）	$OSAVI = (NIR - R)/(NIR + R + 0.16)$
	二次改进土壤调节植被指数（MSAVI2）	$MSAVI2 = (2NIR + 1 - \sqrt{(2NIR + 1)^2 - 8(NIR - R)})/2$

注：*计算公式中 NIR 为近红外波段；R 为红波段；G 为绿波段；B 为蓝波段。

（4）几何特征：提取不对称性、形状指数、紧凑型、密度、面积、宽和长宽比等特征。

（5）位置特征：提取坐标中心点（x, y）位置特征、x 坐标到左/右边框的距离、x 坐标的最大值和 x 坐标的最小值等特征。

根据光谱特征、影像多尺度分割后的几何特征与位置特征、纹理特征和植被指数构建多维数据集，建立了核心区、缓冲区和实验区的 4 种分类方案，见表 3-3。

表 3-3   **核心区、缓冲区和实验区的 4 种分类方案**

分类方案	样区	特征变量个数	多维数据集描述
方案一	核心区、缓冲区和实验区	57	3 个光谱特征（RGB）、几何特征和位置特征
方案二	核心区、缓冲区和实验区	64	6 个光谱特征（RGB+OCN）、几何特征和位置特征
方案三	核心区、缓冲区和实验区	104	6 个光谱特征（RGB+OCN）、几何特征、位置特征和 40 个纹理特征
方案四	核心区、缓冲区和实验区	129	6 个光谱特征（RGB+OCN）、几何特征、位置特征、40 个纹理特征、23 个植被指数和 DSM

采用 RF 分类器对构建的多维数据集进行去除高相关性（去除相关系数大于 0.95 的变量）、递归特征消除（RFE）和参数调优，构建适合沼泽植被群落尺度识别的模型并对 3 个典型样区中的 10 种类型进行分类，通过验证样本数据集来评价分类精度。已有研究表明 RF 算法中的默认 mtry 数是输入变量总数的平方，默认 ntree 数是 500（Nguyen et al.，2019）。RF 算法虽然采用默认参数进行沼泽植被识别，总体精度较高，但极不稳定，不具代表性。与默认参数相比，优化参数的整体精度更稳定（Lou et al.，2020）。因此，本节以最佳变量构成的训练数据集为输入变量对 RF 分类器进行参数调优，确定 mtry 的范围为 1~15；ntree 的范围为 0~2000，步长为 100。每个方案使用 mtry 和 ntree 的不同组合迭代训练 15 次，以找到总体精度最高的最优组合。

对 3 个样区的 4 种分类方案进行 RFE 变量选择，RF 训练精度的对比见表 3-4。采用 RFE 后，核心区方案一输入 9 个变量（缓冲区为 17 个、实验区为 8 个）时，在 95% 置信区间内的模型训练精度提高到 79.50%（缓冲区为 75.10%、实验区为 78.30%）。核心区方案二输入 7 个变量（缓冲区为 9 个、实验区为 9 个）时，在 95% 置信区间内的模型训练精度提高到 73.00%（缓冲区为 71.20%、实验区为 74.00%）。核心区方案三输入 11 个变量（缓冲区为 11 个、实验区为 14 个）时，在 95% 置信区间内的模型训练精度为 75.10%（缓冲区为 74.00%、实验区为 76.00%）。核心区方案四输入 16 个变量（缓冲区为 67 个、实验区为 18 个）时，在 95% 置信区间内的模型训练精度达到 82.50%（缓冲区为 79.20%、实验区为 81.50%）。对 3 个样区的每种方案进行 RFE 变量选择后，模型训练精度都提高了，提高最明显的是缓冲区方案三（提高了 11.38%），论证了去除多维数据集中无关和冗余变量可以提高面向对象的 RF 分类器在沼泽植被识别中的性能。

表 3-4 采用 RFE 变量选择前后，RF 训练精度的对比

| 样区 | 方案 | 原始变量 | 去除相关性大于 0.95 的变量 | | | | | |
| | | | 采用 RFE 前 | | | 采用 RFE 后 | | |
			输入变量个数	模型精度（%）	Kappa 系数	输入变量个数	模型精度（%）	Kappa 系数
核心区	方案一	57	34	71.50	0.668	9	79.50	0.763
	方案二	64	39	69.00	0.635	7	73.00	0.682
	方案三	104	55	69.13	0.634	11	75.10	0.711
	方案四	129	67	79.10	0.756	16	82.50	0.797
缓冲区	方案一	57	36	69.76	0.663	17	75.10	0.709
	方案二	64	37	65.79	0.618	9	71.20	0.678
	方案三	104	59	62.62	0.583	11	74.00	0.694
	方案四	129	69	75.74	0.729	67	79.20	0.761
实验区	方案一	57	35	67.54	0.623	8	78.30	0.743
	方案二	64	40	69.61	0.647	9	74.00	0.703
	方案三	104	55	70.01	0.648	14	76.00	0.716
	方案四	129	68	77.14	0.734	18	81.50	0.784

对于 3 个样区的方案一，经过 RFE 变量选择之后构建的 RF 模型训练精度比输入全部非高相关变量构建的 RF 模型训练精度，分别提升了 8.00%、5.34% 和 10.76%。在输入的 3 个光谱特征、几何特征和位置特征中，波段最大差分、光谱波段的平均值和标准偏差的重要性最高。方案二模型训练精度分别提升了 4.00%、5.41% 和 4.39%，比方案一多加入的多光谱特征中多光谱波段标准偏差获得较高的重要性。方案三模型训练精度分别提升了 5.97%、11.38% 和 5.99%，比方案二多加入的纹理特征中同质性的重要性高。每个样区方案四的模型训练精度都是最高的，分别为 82.50%、79.20% 和 81.50%，比输入全部非高相关变量构建的 RF 模型训练精度分别提高了 3.40%、3.46% 和 4.36%，其中无人机光谱波段计算的 5 个指数、DSM 和光谱波段的标准差的重要性最高。见图 3-3 基于 RFE 变量选择的前 10 个最佳变量及重要性排序。

通过 RFE 变量选择后，确定最佳变量个数，通过调整参数确定面向对象的 RF 分类器的 mtry 和 ntree 最优组合并进行迭代训练。图 3-4 显示 3 个样区中训练样本数据的 4 种方

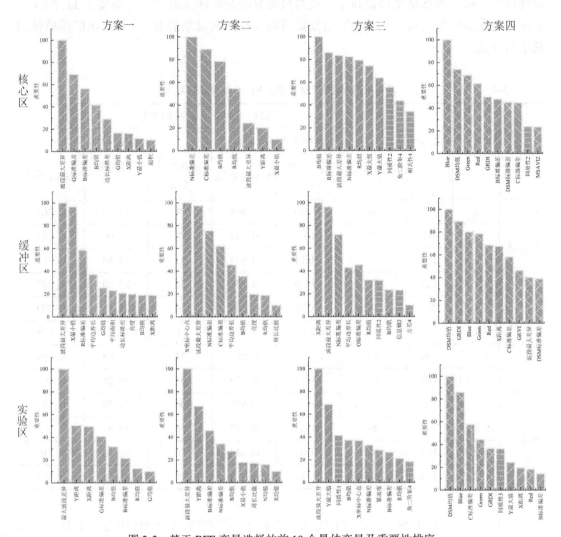

图 3-3 基于 RFE 变量选择的前 10 个最佳变量及重要性排序

案的学习曲线，随着 mtry 和 ntree 数量的增加，模型的训练精度呈上升趋势，当 ntree 为 1000 时，具有不同 mtry 值的每个分类方案的总体精度的波动趋于平稳。

根据表 3-5 对核心区、缓冲区和实验区 4 种分类方案的参数调优结果进行分析可知，多光谱数据添加到多维数据集中时，3 个样区中方案二的模型训练精度比方案一分别降低 8.02%、3.11% 和 3.17%，说明多光谱数据对沼泽植被群落识别性能不如无人机数据，可能是多光谱影像存在噪声，降低了模型精度和效率。方案三比方案二多加入了 40 个纹理特征，但是 RF 模型的训练精度并没有明显变化，核心区提升了 1.54%、缓冲区下降了 1.50%、实验区下降了 0.19%。方案四结合了光谱数据、光谱指数、DSM、位置特征、几何特征和纹理特征，RF 模型训练精度达到最高分别为 81.83%、79.23% 和 79.36%，比方

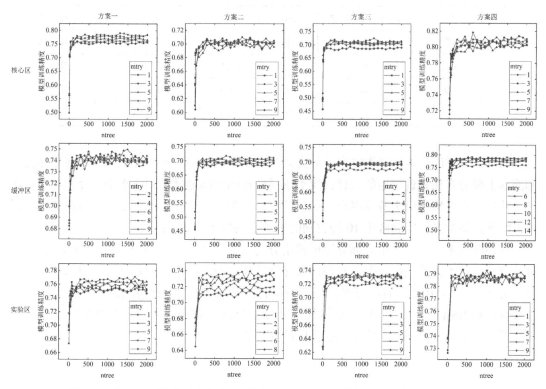

图 3-4 核心区、缓冲区和实验区不同 mtry 和 ntree 组合与 RF 训练精度变化趋势

案三多加入了 23 个植被指数和 DSM，RF 模型精度分别提高了 9.26%、8.86% 和 5.61%，说明 DSM 和光谱植被指数能有效地提高分类精度。

表 3-5 核心区、缓冲区和实验区最佳 mtry 和 ntree 组合的 RF 训练精度（变量选择后）

样区	方案	输入变量个数	mtry	ntree	模型精度（%）	Kappa 系数
核心区	方案一	9	1	1300	79.05	0.755
	方案二	7	1	1200	71.03	0.660
	方案三	11	3	1300	72.57	0.676
	方案四	16	3	1000	81.83	0.787
缓冲区	方案一	17	6	1500	74.98	0.721
	方案二	9	1	800	71.87	0.686
	方案三	11	4	500	70.37	0.669
	方案四	67	12	600	79.23	0.768

续表

样区	方案	输入变量个数	mtry	ntree	模型精度（%）	Kappa 系数
实验区	方案一	8	1	1700	77.11	0.735
	方案二	9	2	1400	73.94	0.698
	方案三	14	3	800	73.75	0.695
	方案四	18	9	400	79.36	0.761

　　综合 3 个样区的 4 种分类方案的分类效果图，发现核心区中乔木（白桦林和白杨林）和灌木主要分布在靠近陆地的区域；浅水沼泽植被则由陆地过渡到浅水中，分布顺序依次是小叶樟、小叶樟与塔头苔草混合、塔头苔草、芦苇；退化的白桦林主要分布在浅水沼泽植被附近。缓冲区和实验区中 10 种类别的植被空间分布与核心区保持一致。

　　核心区方案一，水体中有部分图斑被错分为小叶樟类型，在方案二中错分现象严重，可能与该区域水体的颜色较深、较亮以及光谱特征取值与小叶樟接近有关。引入纹理特征时（方案三），上述错分有所改善，却进一步加剧了部分芦苇被错分为灌木的现象。引入指数特征和 DSM 时（方案四），水体与小叶樟错分现象有明显改善，但又出现小斑块芦苇被误分为水体（见图 3-5 核心区沼泽植被分类结果对比）。

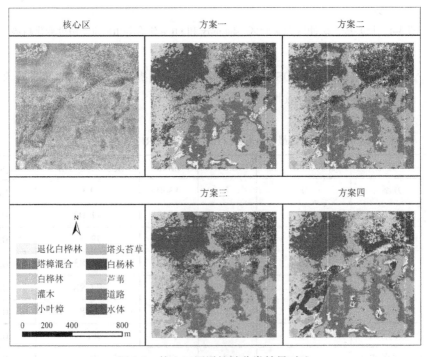

图 3-5　核心区沼泽植被分类结果对比

缓冲区4种分类方案都存在水体与道路错分现象（见图3-6），这是由于获取缓冲区影像时，水体淹没栈桥造成影像上栈桥表层光谱特性与水体相近，这种同谱异物现象造成沼泽植被群落尺度识别模型将水体和道路混淆提取。

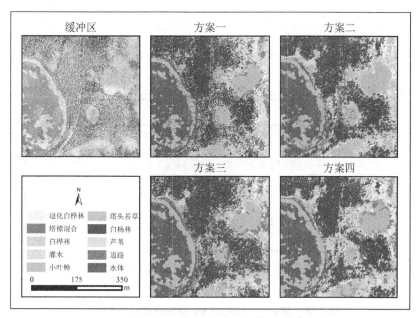

图 3-6　缓冲区沼泽植被分类结果对比

实验区方案一中存在灌木和乔木（白杨林和白桦林）错分现象，在方案二中错分现象明显加剧，与该区域光谱信息复杂和部分灌木和乔木具有相似的光谱曲线有关，因此，利用光谱特征的分类方案，这种情况下区分效果不明显，易造成误分现象。当加入纹理信息后（方案三），分类结果中小面积斑块减少，灌木和乔木的混分现象减少。引入指数特征和DSM时（方案四），灌木和乔木错分现象有明显改善，因为DSM提供的地表高程信息可以很好地将乔木同灌木区分开（见图3-7）。上述各样区中，方案四错分现象都有所改善，分类效果最好，分类结果能够准确描述保护区内沼泽植被的空间分布位置，说明优化的面向对象的RF算法模型对沼泽植被群丛分类具有较高的精度。

由表3-6可知，通过变量选择和参数调优后，每个样区的方案四在95%的置信区间内的总体分类精度最高（87.12%、83.33%和83.82%），说明在光谱波段、光谱指数、DSM、纹理特征、位置信息和几何信息的共同作用下，可以提高沼泽植被群落识别的总体精度；其次是方案一的总体分类精度（83.23%、79.11%和81.46%），说明无人机影像是区分沼泽植被群落重要的数据源；方案二在95%的置信区间内的总体分类精度最差（74.85%、74.84%和74.88%），这是由于多光谱影像存在噪点，不易区分光谱相似的沼泽植被群落造成的；其次是方案三的总体分类精度（77.91%、77.42%和75.86%），比方案二分别提高了3.06%、2.58%和0.98%，说明纹理特征可以提高沼泽植被群落的总体分类精度。

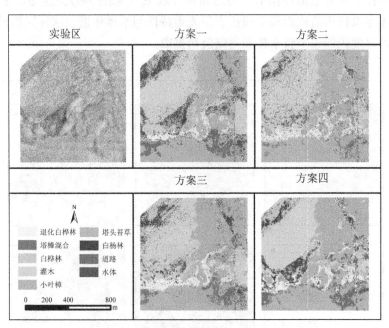

图 3-7　实验区沼泽植被分类结果对比图

表 3-6　　　　　　　　核心区、缓冲区和实验区 RF 分类结果的验证精度

样区	方案	输入变量个数	mtry	ntree	总体精度（%）	Kappa 系数	95%置信区间（%）
核心区	方案一	9	1	1300	83.23	0.806	76.55~88.65
	方案二	7	1	1200	74.85	0.710	67.46~81.31
	方案三	11	3	1300	77.91	0.739	70.76~84.03
	方案四	16	3	1000	87.12	0.850	80.98~91.84
缓冲区	方案一	17	6	1500	79.11	0.767	71.94~85.17
	方案二	9	1	800	74.84	0.720	67.25~81.46
	方案三	11	4	500	77.42	0.748	70.02~83.74
	方案四	67	12	600	83.33	0.814	76.54~88.81
实验区	方案一	8	1	1700	81.46	0.786	75.46~86.54
	方案二	9	2	1400	74.88	0.708	68.33~80.69
	方案三	14	3	800	75.86	0.720	69.37~81.58
	方案四	18	9	400	83.82	0.813	78.04~88.60

　　为了评估 RF 分类器对沼泽植被群落分类结果的准确性，以及无人机多光谱在沼泽湿地植被识别中的有效性，利用实地采样数据获得的验证样本，建立混淆矩阵和计算各类的

用户精度与生产者精度（见表3-7）。核心区方案四对水体、白桦林、退化白桦林、灌木、道路、小叶樟和塔头苔草混合和芦苇的识别能力较好，用户精度在91%以上；用户精度最低的是塔头苔草45.4%，生产者精度为41.6%，这是由于塔头苔草与小叶樟混合生长条件与分布一致，光谱特征和纹理特征相似，导致不易区分。缓冲区方案四对水体、白桦林、灌木、道路、小叶樟和芦苇的分类最好，用户精度都为86%以上，小叶樟和塔头苔草混合用户精度最差，为63.6%。实验区方案四中水体、白杨林、道路和小叶樟的分类最好，用户精度都为91%以上，其中白桦林用户精度为77.8%，而生产者精度最低，为46.7%，这可能由于沼泽湿地植被类型分布不均一，散碎斑块较多，出现白桦林被错分为小叶樟与塔头苔草混合。

表 3-7 沼泽湿地地物类型混淆矩阵（方案四）

	类型*	A	B	C	D	E	F	G	H	I	J	T	U
核心区	A	9	0	0	0	0	0	0	0	0	0	9	100.0
	B	0	9	0	0	0	0	0	0	0	0	9	100.0
	C	0	2	15	0	1	0	0	0	0	0	18	83.3
	D	0	1	0	11	0	0	0	0	0	0	12	91.7
	E	0	0	0	0	12	0	0	0	0	0	12	100.0
	F	0	0	0	0	0	11	0	0	0	0	11	100.0
	G	0	0	0	0	1	0	39	7	2	1	50	78.0
	H	0	0	0	0	0	0	4	5	2	0	11	45.4
	I	0	0	0	0	0	0	0	0	20	0	20	100.0
	J	0	0	0	0	0	0	0	0	0	11	11	100.0
	T	9	12	15	11	14	11	43	12	24	12	163	—
	P	100.0	75.0	100.0	100.0	85.7	100.0	90.7	41.6	83.3	91.7	—	—
缓冲区	A	12	0	0	0	0	1	0	0	0	0	13	92.3
	B	0	13	0	2	0	0	0	0	0	0	15	86.7
	C	0	5	18	1	0	0	0	0	0	0	24	75.0
	D	0	0	0	9	2	0	0	0	0	0	11	81.8
	E	0	0	0	1	12	0	0	0	0	0	13	92.3
	F	0	0	0	0	0	14	0	0	0	0	14	100.0
	G	0	0	0	0	0	0	18	2	0	0	20	90.0
	H	0	0	0	0	0	1	0	5	1	0	7	71.4
	I	0	0	0	2	0	0	2	4	14	0	22	63.6

续表

	类型*	A	B	C	D	E	F	G	H	I	J	T	U
缓冲区	J	0	0	0	0	0	1	1	0	0	15	17	88.2
	T	12	18	18	15	15	16	21	11	15	15	156	—
	P	100.0	72.2	100.0	60.0	80.0	87.5	85.7	45.5	93.3	100.0	—	—
实验区	A	17	0	0	0	0	0	0	0	0	—	17	100.0
	B	0	26	4	1	0	0	0	0	0	—	31	83.9
	C	0	1	14	0	0	0	0	0	0	—	15	93.3
	D	0	0	0	7	1	0	0	1	0	—	9	77.8
	E	0	0	0	3	27	0	0	0	1	—	31	87.1
	F	0	0	0	0	0	7	0	0	0	—	7	100.0
	G	0	0	0	0	2	0	31	0	1	—	34	91.2
	H	0	0	0	0	0	0	0	34	7	—	43	79.1
	I	0	0	0	4	0	0	2	3	8	—	17	47.1
	J	—	—	—	—	—	—	—	—	—	—	—	—
	T	17	27	18	15	30	7	35	38	17	—	204	—
	P	100.0	96.3	77.8	46.7	90.0	100.0	88.6	89.5	47.1	—	—	—

注：*类型 A 为水体；B 为白桦林；C 为白杨林；D 为退化白桦林；E 为灌木；F 为道路；G 为小叶樟；H 为塔头苔草；I 为小叶樟与塔头苔草混合；J 为芦苇；T 为总数；U 为用户精度；P 为生产者精度。

2. 基于浅层机器学习算法的岩溶湿地植被分类研究

受特殊水土结构的影响，喀斯特地貌区广泛分布着一种特殊的湿地类型——岩溶湿地，在 Mitsch and Gosselink（2015）列举的 65 个世界主要湿地中有两个属于岩溶湿地，其中一个是位于加拿大的哈德逊湾湿地，这也是世界上面积最大的湿地之一。岩溶湿地同其他湿地生态系统在成因、演化和水文特征等方面有着本质的差异，具有规模小，零散分布于岩溶峰丛洼地、峰林平原中，以岩溶湖泊水体为载体，受岩溶水系统动态变化的影响明显，稳定性差等特点。下面以广西桂林会仙喀斯特国家湿地公园为研究区（见图 3-8），以高空间分辨率星载可见光影像和无人机航摄影像为数据源，综合利用面向对象影像分析技术、RF 算法、阈值分类方法和 Boruta 全相关特征变量选择算法进行岩溶湿地信息高精度遥感提取。

会仙岩溶湿地位于广西、桂林市境内，是漓江流域最大的喀斯特地貌原生态湿地，被誉为"漓江之肾"，是目前我国乃至世界上的中低纬度、低海拔岩溶地区最具有代表性及面积最大的岩溶湿地。在 2012 年，会仙湿地被国家林业局列入国家湿地公园试点，并命

图 3-8　桂林会仙喀斯特国家湿地公园

名为"广西桂林会仙喀斯特国家湿地公园"。20 世纪 70 年代以来，会仙岩溶湿地曾受到不断加剧的人类干扰活动，加上对其缺乏有效的管理和保护措施，导致原有湿地生态系统不断遭到破坏，水面已经逐渐萎缩，湿地面积日益减少，动植物多样性减少，湿地中心部分地块被鱼塘、农田占据，大量的农业污水肆意进入湿地水系，同时水葫芦及福寿螺等外来入侵物种严重威胁到湿地内仅存的少量野生植物群种。在被列入国家公园试点后，政府专门抽调人员开展湿地管扩工作。

原始航摄影像采集时间为 2018 年 5 月 9 日 16：00，采用某公司生产的轻小型无人机御 Mavic Pro 搭载的 FC220 相机进行航摄成像。在航摄影像的同时，用亚米级手持 GPS 开展地面同步湿地植被类型调查和数据采集。在综合考虑野外实地调查结果和无人机影像特征后，确定将高空间分辨率星载可见光影像分为天然岩溶湿地植被、人工湿地植被和人工鱼塘等 5 个类别（见表 3-8）；航摄区 A 分为耕地、水葫芦和狗牙根等 7 个类别（见表 3-9）；航摄区 B 分为桂花、耕地和菩提树等 7 个类别（见表 3-10）；航摄区 C 分为岩溶河流-岩溶湖泊、荷花和狗牙根-牛筋草-雀稗等 8 个类别（见表 3-11）。

表 3-8　　　　　　　　高空间分辨率星载可见光影像分类训练和验证样本数据

类型	人工鱼塘	建设用地	人工湿地植被	岩溶河流-岩溶湖泊	天然岩溶湿地植被	总计
训练样本	47	48	45	41	112	293
验证样本	31	32	30	27	75	195

表 3-9 　　　　　　　　　　　　　航摄区 A 分类训练和验证样本数据

类型	岩溶河流-岩溶湖泊	耕地	水葫芦	荷花	芦苇-白茅	狗牙根	竹子-柳树-朴树	总计
训练样本	59	55	54	28	61	88	44	389
验证样本	39	37	36	19	41	59	29	260

表 3-10 　　　　　　　　　　　　航摄区 B 分类训练和验证样本数据

类型	岩溶河流-岩溶湖泊	建设用地	耕地	狗牙根-白茅-水龙	桂花	竹子-马甲子	菩提树	总计
训练样本	57	24	28	72	—			181
验证样本	38	16	19	48	36	26	31	214

表 3-11 　　　　　　　　　　　　航摄区 C 分类训练和验证样本数据

类型	岩溶河流-岩溶湖泊	耕地	水葫芦	狗牙根-牛筋草-雀稗	建设用地	菩提树-竹子-马甲子	荷花	阴影	总计
训练样本	116	63	70	75	21	116	48	30	539
验证样本	77	42	47	50	14	77	32	20	359

多尺度影像分割在 eCognition Developer 9.4 软件上进行，首先确定最优形状参数和紧度参数为 0.1 和 0.5，再利用最佳分割尺度评价工具 ESP2 进行迭代分割，最终确定高空间分辨率星载可见光影像中等尺度分割参数为 121，航摄区 A、B 和 C 精细尺度分割参数分别为 120、121 和 127。

特征选择也是面向对象遥感分类的重要步骤之一，综合考虑光谱特征、纹理特征、几何特征和上下文变量 4 大类影像特征计算特征变量，最终高空间分辨率星载可见光影像提取了 67 个特征变量，无人机 DOM 和 DSM 提取了 76 个特征变量。

采用面向对象的 RF 分类方法时，为了降低多源特征变量作为输入数据构建岩溶湿地信息提取遥感识别模型的复杂性，提高模型训练的效率和精度，在特征变量对分类中贡献率做出评价。利用 Boruta 全相关特征变量选择算法进行特征优选，确定最优的特征变量作为输入数据集。

在进行最优参数多尺度分割以及最优特征变量数据集选择后，直接利用训练样本数据集对高空间分辨率星载可见光影像和航摄区 A 影像（DOM 和 DSM）进行面向对象 RF 识别模型的构建并实现影像分类，最终结果见图 3-10 和图 3-11（A）；考虑到航摄区 B 面积较小且地面高度起伏不大，根据 DSM（已做归一化处理）提供的地表高程信息可以很好地将乔木、灌木同其他低矮草本植被或地物区分开来。因此，首先基于 DSM 的阈值分类方法对航摄区 B 中的菩提树、荷花和竹子-马甲子进行植被群落提取，然后再通过 RF 算法将其余植被群落类型进行分类，避免了乔木、灌木和岩溶草本植物的光谱混淆现象，并提高了整体分类精度，具体分类规则和分类结果如图 3-9 和图 3-11（B）所示；由于受到航摄时间以及航摄区特点等因素的影响，航摄区 C 阴影面积较多，为了避免其对整体分类精度的影响，利用基于影像亮度（Brightness）特征的阈值分类方法提取阴影。航摄区 C 面积相对较大，地势起伏比航摄区 B 大，直接利用 DSM 阈值分类方法提取乔木和灌木，会将人工建筑、地势较高的草本植被等错分为乔木或灌木。同时前期实验中发现，航摄区 C 乔木和灌木较多，岩溶草本植被群落茂盛，而无人机影像光谱分辨率较低，只有红、绿、蓝 3 个波段，直接利用 RF 算法进行分类，部分岩溶湖泊周围的低矮灌木会被错分为草本植被群落。因此，首先基于面向对象的 RF 算法对航摄区 C 进行分类，再进一步通过基于 DSM 阈值分类方法将岩溶草本植被群落的分类结果进行二次优化处理，具体的分类规则如图 3-9，最终的分类结果见图 3-12。

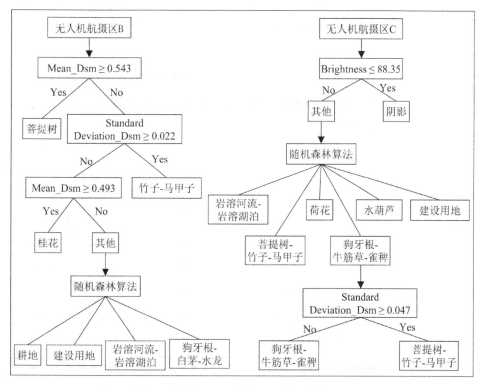

图 3-9　航摄区 B 和航摄区 C 详细分类规则

结合研究区的分类结果（见图 3-10 至图 3-12）可知，湿地核心区域北部（航摄区 A）主要是以芦苇和白茅为主的草本沼泽湿地，岩溶湖泊主要分布在湿地核心区域南部（航摄区 C），其周围植被类型复杂，乔木主要是菩提树，灌木主要是竹子和马甲子。并且，会仙岩溶湿地的整体状况不容乐观，迫切需要人类的合理管理和保护。由于湿地核心区域东部的岩溶湖泊位于乡村主干道附近，交通便捷，大部分已被退化为人工鱼塘，同时，西

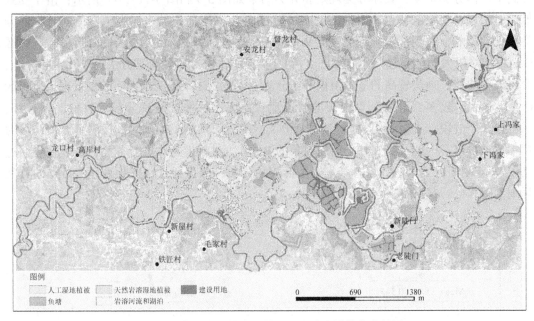

图 3-10　高空间分辨率星载可见光波段影像分类结果

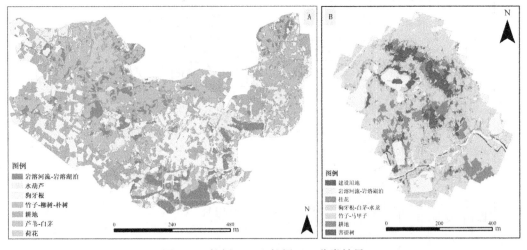

图 3-11　航摄区 A 和航摄区 B 分类结果

北部的岩溶湖泊也受该因素的影响，已有退化为人工鱼塘的趋势；湿地核心区域大部分的天然岩溶湿地已退化为人工湿地植被，其中核心区域西部靠近河流主干道且地势较高，水源充足且在雨季不容易出现洪涝灾害，人工湿地植被主要是水稻田和旱地等，东部靠近人工鱼塘区域的人工湿地植被主要是桂花，集中分布在菩提树和草地（狗牙根、白茅和水龙）或灌木（竹子和马甲子）的过渡区域；同时，湿地内部的天然岩溶湿地植被也受到

图 3-12　无人机航摄区 C 分类结果

了外来入侵物种水葫芦的侵扰，在核心区域北部，水葫芦主要与芦苇和白茅混杂在一起，在核心区域南部，水葫芦主要和荷花混杂一起或分布在岩溶湖泊中，严重影响了岩溶湿地原有的生态环境。

　　结合表 3-12 至表 3-15 可知，岩溶湿地植被群落总体分类精度较高，都在 85% 以上，其中航摄区 C 最高，总体精度 91.90%，Kappa 系数 0.90，但是单一植被群落类型精度差异明显。航摄区 A 中，芦苇-白茅的用户精度较低，仅为 73.08%，荷花的生产者精度较低，仅为 70.59%。这是由于岩溶湿地植被类型复杂，各种植被混杂在一起，边界很难界定，且其光谱特征和纹理特征相似度极高，因而导致错分和漏分现象严重；航摄区 B 中，由于在进行耕地和建设用地等面向对象 RF 算法分类时，已通过阈值分类方法将菩提树、桂花和竹子-马甲子进行了识别，因此，岩溶河流-岩溶湖泊、耕地及建设用地的用户精度都达到了 100%。但是建设用地的生产者精度还相对较低，仅为 84.62%，这是由于人工栈桥附近植被茂密及目前的分割结果还有没有到达真正意义上的最优，没有很好的界定建设用地和植被导致的。并且发现基于 DSM 平均值和标准差特征提取的桂花和竹子-马甲子精度还相对较低，特别是竹子-马甲子，用户精度和生产者精度都低于 70%；航摄区 C 中，岩溶河流-岩溶湖泊、耕地和建设用地识别精度较高，这也体现了面向对象 RF 算法的优点，即对纹理特征均一的植被或地物具有较高的识别能力。基于影像亮度特征提取的阴影生产者精度达到了 100%，而用户精度仅为 79.17%，这主要是由于阴影和水葫芦亮度比较相近而造成了有部分水葫芦错误的提取为阴影。通过基于地表高程信息的阈值分类算法对面向对象的 RF 算法优化后，航摄区 C 中的菩提树-竹子-马甲子识别的用户精度和生产者精度都达到 90% 以上。

表 3-12   高空间分辨率星载可见光影像的分类精度

	人工鱼塘	建设用地	人工湿地植被	岩溶河流-岩溶湖泊	天然岩溶湿地植被
用户精度［%］	96.55	95.24	76.67	92.86	88.00
生产者精度［%］	90.32	95.24	82.14	83.87	91.67
总体精度［%］	89.07				
Kappa 系数	0.85				

表 3-13   航摄区 A 分类精度

	岩溶河流-岩溶湖泊	耕地	水葫芦	荷花	芦苇-白茅	狗牙根	竹子-柳树-朴树
用户精度［%］	97.50	97.12	97.14	92.31	73.08	87.50	96.43
生产者精度［%］	100	86.49	94.44	70.59	92.68	83.05	93.10
总体精度［%］	89.53						
Kappa 系数	0.88						

表 3-14   航摄区 B 分类精度

	岩溶河流-岩溶湖泊	建设用地	耕地	狗牙根-白茅-水龙	桂花	竹子-马甲子	菩提树
用户精度［%］	100	100	100	92.31	83.87	60.00	85.71
生产者精度［%］	89.47	84.62	100	100	76.47	69.23	88.89
总体精度［%］	87.80						
Kappa 系数	0.85						

表 3-15   航摄区 C 分类精度

	岩溶河流-岩溶湖泊	耕地	水葫芦	狗牙根-牛筋草-雀稗	建设用地	菩提树-竹子-马甲子	荷花	阴影
用户精度［%］	96.10	85.71	95.00	97.62	100	91.67	85.71	79.17
生产者精度［%］	96.10	85.71	80.85	82.00	100	100	93.75	100
总体精度［%］	91.90							
Kappa 系数	0.90							

3.1.2 基于深度学习算法的湿地植被无人机遥感分类研究

本节以桂林会仙喀斯特国家湿地公园的核心区为研究区，整合 3.1.1 节中面向对象的 RF 算法分类结果并通过人工目视解译制作岩溶湿地标签数据，利用无人机 DOM 影像和岩溶湿地标签数据组成的岩溶湿地遥感数据集构建 SegNet、PSPNet、DeepLabV3plus 和 RAUNet 等 4 种多分类深度学习模型，识别岩溶草本、耕地、菩提树-马甲子-竹子、水葫芦、荷花、岩溶河流与湖泊和建设用地等 7 种岩溶湿地信息，并分别利用 DSM 数据集和纹理特征数据集（对比度、相异性和均值）构建岩溶草本、耕地、菩提树-马甲子-竹子、荷花和水葫芦等 5 种单分类深度学习模型。探究不同深度学习网络架构对识别岩溶湿地植被信息的差异，并探讨 DSM 和纹理特征对深度学习模型识别岩溶湿地植被能力的影响。

本节所采用的超参数参考 Kingma 和 Ba（2014）的实验，使用了 Adam 梯度下降算法，通过反向传播进行优化，在本节中初始学习率设置为 0.001、动量参数设置为 0.8 来学习地物表征特性，学习率在每三个批次后根据下降因子 0.1 迭代降低，并设置损失函数为多分类交叉熵损失函数。

本节采用 4 种深度学习模型，训练时提供最多 100 次 EPOCH，在多数情况下模型会在大约 50 次 EPOCH 内收敛，每次 EPOCH 都需使用几个小时的 GPU 加速训练。在本节的模型训练期间，从未达到 100 个 EPOCH 的极限；同时为了避免过拟合现象，使用了一种早期停止方法对模型进行了训练，例如当连续 10 个 EPOCH 的验证损失值没有减少且最终权重是提供最佳总体精度的权重时停止训练。

1. 基于多分类模型和 DOM 影像的岩溶湿地植被分类研究

为了对比深度学习卷积神经网络 SegNet、RAUNet、DeepLabV3plus 和 PSPNet 网络构建的岩溶湿地植被信息识别模型的精度，以无人机 DOM 影像为训练影像构建模型，采用验证影像得出各模型的识别结果。从图 3-13 基于 DOM 影像的岩溶湿地植被信息识别的深度学习多分类模型结果可看出，4 种模型识别岩溶湿地植被信息的结果与标签图大致一样，说明深度学习识别岩溶湿地植被信息的效果较好。但 4 种模型局部区域的识别效果有所差异。

（1）区域一结果如图 3-14 所示，包含了岩溶河流与岩溶湖泊、耕地、岩溶草本、菩提树-马甲子-竹子和建设用地等地物信息。在岩溶河流与岩溶湖泊类型中，DeeplabV3plus 模型识别几何信息和属性信息都是最佳的，PSPNet 模型识别几何信息较好，但出现了错分现象，SegNet 模型和 RAUNet 模型均出现了严重的漏分现象从而导致其类型识别效果较差；在菩提树-马甲子-竹子类型中，RAUNet 模型和 PSPNet 模型识别属性信息效果相对较好，但几何信息出现了部分区域的错分（岩溶草本类型被识别成该类型），而 SegNet 模型和 DeepLabV3plus 模型的结果中出现了错误识别（该类型大部分被识别成岩溶草本类型），由于 4 种深度学习网络均将该类型和岩溶草本类型混淆识别，导致两者识别结果效果都较差；在耕地类型中，总体识别效果较好的是 DeepLabV3plus 模型，另外 3 种模型在几何信息和属性信息中都有错分和漏分现象；在建设用地类型中，SegNet 模型出现了错分现象，

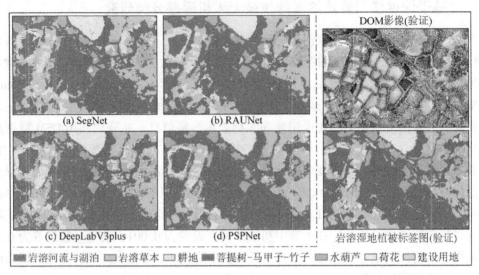

图 3-13　基于 DOM 影像的岩溶湿地植被信息识别的深度学习多分类模型结果

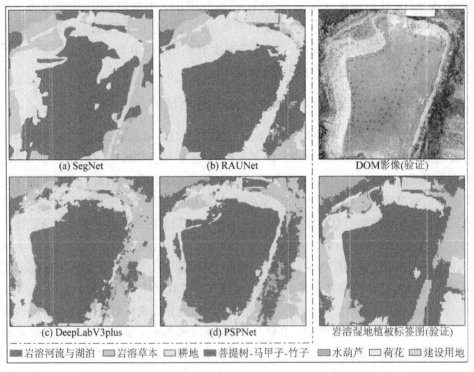

图 3-14　深度学习多分类模型区域一结果

但正确识别部分的几何信息和属性信息效果都较好，PSPNet 模型将该类型错误识别成岩溶河流与岩溶湖泊类型，RAUNet 模型识别效果相对较好。总的来说，在区域一内，由于岩溶草本和菩提树-马甲子-竹子的异物同谱现象，4 种模型对这 2 种类型的分类都出现了混淆识别；而 DeepLabV3plus 模型识别耕地、岩溶河流与岩溶湖泊类型总体效果较好，RAUNet 模型识别建设用地类型总体效果较好。

（2）区域二结果如图 3-15 所示，区域内包含荷花、岩溶草本、水葫芦、岩溶河流与岩溶湖泊、菩提树-马甲子-竹子等类型信息。4 种模型结果与标签图相比较，RAUNet 模型的识别效果最好。对于荷花类型，4 种模型中 DeepLabV3plus 模型识别荷花轮廓信息最好，SegNet 模型识别属性信息的结果中出现大面积的错分现象。在岩溶草本类型中，PSPNet 模型和 DeepLabV3plus 模型都出现了多区域未识别现象；SegNet 模型较好地识别了属性信息，但几何信息过于平滑，与真实地物边缘不吻合；相比其他 3 个模型，RAUNet 模型可较好地识别几何信息和属性信息。

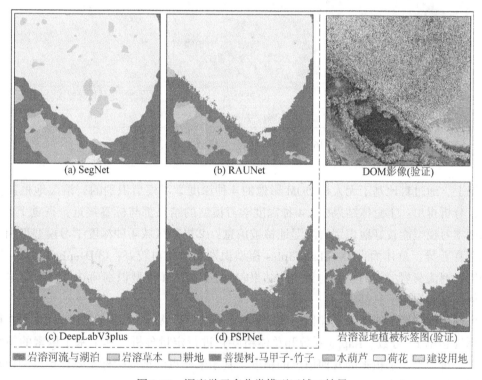

图 3-15　深度学习多分类模型区域二结果

（3）区域三结果如图 3-16 所示，该区域交错生长着岩溶草本、水葫芦、菩提树-马甲子-竹子还有岩溶河流与岩溶湖泊。在该区域中，DeepLabV3plus 模型识别菩提树-马甲子-竹子类型的结果相对较好，RAUNet 模型识别水葫芦类型与标签接近，SegNet 模型识别岩溶河流与岩溶湖泊类型的结果更接近真实地物，但是 DeepLabV3plus 模型和 RAUNet 模型识别水葫芦、菩提树-马甲子-竹子和岩溶草本易出现混淆识别现象。

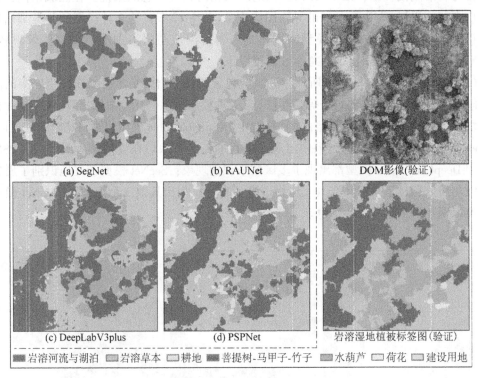

图 3-16　深度学习多分类模型区域三结果

综上，通过对比基于无人机 DOM 影像的 4 种深度学习模型识别的岩溶湿地植被信息结果，分析得出：①总体结果中，4 种深度学习模型的结果都与标签接近，视觉上表明 4 种深度学习模型能较好地识别岩溶湿地植被信息；②局部区域 4 种深度学习模型识别结果表现存在差异，总体而言 DeepLabV3plus 模型识别结果相对较好；③DeepLabV3plus 模型识别岩溶河流与岩溶湖泊、耕地类型的结果较好，RAUNet 模型识别荷花、岩溶草本类型的几何信息和属性信息都较好。

可视化的结果不能准确地评估模型的精度，因此采用基于像素和基于采样点的 2 种精度指标（包括 F1 分数、Kappa 系数和总体精度）进行定量分析，其中基于像素的精度指标主要评价模型识别植被的几何信息的精度，基于采样点的精度指标主要评价模型识别植被的属性信息的精度。

由表 3-16 可看出，4 种深度学习模型中基于像素的 F1 分数和 Kappa 系数都高于 0.70，总体精度高于 72.79%；基于采样点的 F1 分数和 Kappa 系数都高于 0.80 总体精度高于 83.24%。这表明 4 种深度学习模型可较好地识别岩溶湿地植被的几何信息、属性信息，其中属性信息的识别效果要优于几何信息。基于像素的精度指标中，DeepLabV3plus 模型的 F1 分数、Kappa 系数和总体精度都是最高的，比最低的 PSPNet 模型分别高 7.01%、2.55% 和 5.24%。这表明了 DeepLabV3plus 模型识别岩溶湿地植被的几何信息的精度比另外 3 种模型的精度高，SegNet 模型和 RAUNet 模型识别几何信息的精度接近。在基于采样点的精度指标中，RAUNet 模型的识别精度最高，F1 分数、Kappa 系数和总体精度分别达到了 0.8802、0.8492 与 87.78%；而 PSPNet 模型精度最低，分别为 0.8350、0.8035 与 83.24%，SegNet 和 DeepLabV3plus 这 2 个模型识别精度表现类似，这也表明了 RAUNet 模型识别岩溶湿地植被的属性信息较好，PSPNet 模型识别精度较差。4 种深度学习模型识别植被属性信息的精度要优于几何信息，说明深度学习模型对岩溶湿地植被的几何形状的学习还有提升的空间。

表 3-16　　　　DOM 影像中识别岩溶湿地植被信息的深度学习多分类模型的精度

模型	基于像素的精度指标			基于采样点的精度指标		
	F1 分数	Kappa 系数	总体精度（%）	F1 分数	Kappa 系数	总体精度（%）
SegNet	0.7693	0.7023	77.16	0.8629	0.8287	86.11
PSPNet	0.7212	0.6880	72.79	0.8350	0.8035	83.24
DeepLabV3plus	0.7913	0.7135	78.03	0.8563	0.8215	85.56
RAUNet	0.7648	0.6915	76.06	0.8802	0.8492	87.78

2. 基于单分类模型和纹理特征、DSM 的岩溶湿地植被分类研究

下面以无人机 DOM 影像、DOM 影像+纹理特征、DOM +DSM 的数据集为数据源，分别以 SegNet、PSPNet、DeepLabV3plus 和 RAUNet 为方法，构建岩溶草本、耕地、菩提树-马甲子-竹子、水葫芦和荷花等的单分类模型，主要探究纹理特征、DSM 对 4 种深度学习模型识别岩溶草本、耕地、菩提树-马甲子-竹子、水葫芦和荷花信息的影响。

1）岩溶草本单分类模型研究

岩溶草本单分类模型结果和精度见图 3-17 和表 3-17。在图 3-17 中，4 种深度学习识别岩溶草本类型信息总体较好，但纹理特征数据集构建的 PSPNet 模型和 DSM 数据集构建的 RAUNet 模型识别其信息与实际地物相差较大。纹理数据集的模型识别结果与 DOM 数据集的模型相比较，纹理数据集的 4 种深度学习模型识别结果比 DOM 数据集的差，其中 PSPNet 模型和 RAUNet 模型中纹理数据的结果最差。DSM 数据集的模型识别结果与 DOM 数据集的模型识别结果相比较，DSM 数据集的 4 种模型识别结果与 DOM 数据集的接近。识别岩溶草本信息的所有模型识别结果相比较，纹理数据集的 PSPNet 模型识别结果最差，其中虽识别该类型的几何信息较差但能正确识别大部分的属性信息；识别结果最好的是 DSM 数据集的 SegNet 模型和 DeepLabV3plus 模型。

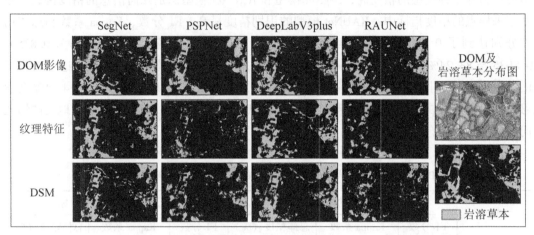

图 3-17　基于多数据的岩溶草本信息识别的深度学习单分类模型结果

说明：图中纹理特征为 DOM 影像+纹理特征的数据集，DSM 为 DOM+DSM 的数据集。

表 3-17　　　　　　　岩溶草本中不同影像构建的深度学习模型的识别精度

模型	数据类型	基于像素的精度指标			基于采样点的精度指标		
		精确率	召回率	F1 分数	精确率	召回率	F1 分数
SegNet	DOM 影像	0.66	0.74	0.70	0.74	0.93	0.82
	DOM+纹理	0.65	0.59	0.60	0.79	0.68	0.73
	DOM+DSM	0.75	0.67	0.71	0.96	0.77	0.85
PSPNet	DOM 影像	0.71	0.65	0.67	0.69	0.83	0.76
	DOM+纹理	0.59	0.48	0.53	0.72	0.59	0.65
	DOM+DSM	0.65	0.68	0.68	0.86	0.73	0.78
DeepLab V3plus	DOM 影像	0.68	0.74	0.71	0.82	0.80	0.81
	DOM+纹理	0.76	0.58	0.66	0.76	0.82	0.79
	DOM+DSM	0.69	0.78	0.73	0.92	0.83	0.87
RAUNet	DOM 影像	0.67	0.65	0.66	0.73	0.74	0.73
	DOM+纹理	0.52	0.39	0.44	0.62	0.51	0.56
	DOM+DSM	0.75	0.58	0.65	0.81	0.70	0.76

结合上述结果分析，由基于像素和基于采样点的精度（见表 3-17）可知：①在纹理数据集构建的模型与 DOM 数据集的识别结果比较中，纹理数据的 SegNet 模型、PSPNet 模型识别结果中基于像素的 F1 分数、基于采样点的 F1 分数比 DOM 数据的模型都低 0.11；纹理数据的 DeepLabV3plus 模型识别结果中基于像素的 F1 分数、基于采样点的 F1

分数比 DOM 数据集的模型都低 0.05 和 0.02；纹理数据的 RAUNet 模型识别结果中基于像素的 F1 分数、基于采样点的 F1 分数比 DOM 数据集的模型都低 0.22 和 0.17。结果表明纹理特征会降低深度学习识别岩溶草本几何信息和属性信息的精度，其中 RAUNet 模型降低幅度最大。②DSM 集构建的模型识别结果与 DOM 数据集的相比，DSM 数据集的 SegNet、PSPNet 和 RAUNet 模型识别结果中的基于像素的 F1 分数、基于采样点的 F1 分数比 DOM 数据集的模型都平均高 0.02，而 DSM 数据集的 DeepLabV3plus 模型识别结果中基于采样点的 F1 分数比 DOM 数据集的模型都平均高 0.06。结果表明 DSM 对 SegNet、PSPNet 和 RAUNet 模型识别岩溶草本的几何信息和属性信息的精度影响较小，而 DSM 提高 DeepLabV3plus 模型识别岩溶草本的属性信息的精度较大。③将识别岩溶草本信息的所有模型的精度进行对比可知，SegNet 模型和 DeepLabV3plus 模型总体比 PSPNet 模型和 RAUNet 模型识别结果好，DSM 数据集的 DeepLabV3plus 模型识别效果最好，基于像素的 F1 分数为 0.73、基于采样点的 F1 分数为 0.87；纹理数据集的 RAUNet 模型识别效果最差，基于像素的 F1 分数为 0.44、基于采样点的 F1 分数为 0.56。

2）耕地单分类模型分类研究

耕地单分类模型结果和学习模型的识别精度分别如图 3-18 和表 3-18 所示。在图 3-18 中，4 种模型对耕地类型信息的识别总体较好，但纹理特征数据集构建的 PSPNet 模型和 DeepLabV3plus 模型识别其信息较差，不同深度学习模型识别耕地类型信息略有差异。①纹理数据集的 4 种模型虽未出现大范围的多分区域，但 PSPNet 模型和 DeepLabV3plus 模型有明显的漏分现象，总体上纹理特征对 4 种模型识别耕地类型信息有细微提升。②DSM 数据集的 4 种深度学习模型都有较明显的多分区域，而正确分类区域与真实地物相近，总体上 DSM 数据集的 4 种模型能正确识别耕地类型信息，但有明显的多分区域。③对比识别耕地信息的所有模型的识别精度可知，纹理特征和 DSM 影像能提升 4 种深度学习模型识别耕地类型信息的精度，其中纹理数据集的 RAUNet 模型识别结果最好。

表 3-18　　　　　　　　　耕地中不同影像构建的各深度学习模型的识别精度

模型	数据类型	基于像素的精度指标			基于采样点的精度指标		
		精确率	召回率	F1 分数	精确率	召回率	F1 分数
SegNet	DOM 影像	0.42	0.71	0.52	0.53	0.80	0.64
	DOM+纹理	0.34	0.78	0.56	0.90	0.83	0.86
	DOM+DSM	0.44	0.74	0.55	0.92	0.75	0.83
PSPNet	DOM 影像	0.51	0.58	0.54	0.57	0.80	0.67
	DOM+纹理	0.63	0.50	0.56	1.00	0.70	0.82
	DOM+DSM	0.42	0.78	0.55	0.82	0.85	0.81

模型	数据类型	基于像素的精度指标			基于采样点的精度指标		
		精确率	召回率	F1 分数	精确率	召回率	F1 分数
DeepLab V3plus	DOM 影像	0.43	0.76	0.55	0.56	0.90	0.69
	DOM+纹理	0.54	0.69	0.61	0.98	0.60	0.74
	DOM+DSM	0.45	0.79	0.56	0.95	0.80	0.87
RAUNet	DOM 影像	0.40	0.79	0.54	0.69	0.90	0.78
	DOM+纹理	0.56	0.71	0.63	0.92	0.68	0.78
	DOM+DSM	0.45	0.80	0.55	0.98	0.72	0.83

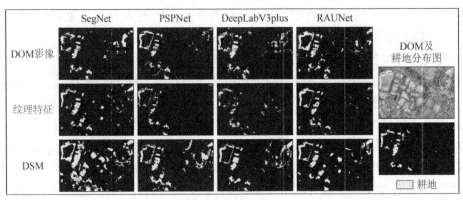

图 3-18　基于多数据的耕地信息识别的深度学习单分类模型结果

说明：图中纹理特征为 DOM 影像+纹理特征的数据集，DSM 为 DOM+DSM 的数据集。

综合上述的结果分析，由基于像素和基于采样点的精度表（表 3-18）可知：①对比 DOM 数据集的模型，纹理数据集的 SegNet 模型、PSPNet 模型识别结果中，基于像素的 F1 分数高 0.02～0.04，基于采样点的 F1 分数高 0.15～0.22，纹理数据集的 DeepLabV3plus 模型识别结果中基于像素和基于采样点的 F1 分数都平均高 0.05，纹理数据集的 RAUNet 模型识别结果中基于像素的 F1 分数高 0.09。结果表明纹理特征对 4 种深度学习识别耕地类型信息都有提升，其中纹理特征对 SegNet 模型和 PSPNet 模型提升识别耕地的属性信息明显。②DSM 数据集构建的模型识别结果与 DOM 数据集的相比，DSM 数据集的 SegNet、PSPNet 和 DeepLabV3plus 模型识别结果中基于采样点的 F1 分数平均高 0.17，而 DSM 数据集的 RAUNet 则高 0.05。结果表明 DSM 影像构建的 SegNet、PSPNet 和 DeepLabV3plus 模型多分耕地信息导致其属性信息提高。③对比识别耕地信息的所有模型的精度可知，RAUNet 模型识别结果较好；其中纹理数据集的 RAUNet 模型识别耕地的几何信息最好，基于像素的 F1 分数为 0.63；DSM 数据集的 DeepLabV3plus 模型识别耕地的属性信息最好，基于采样点的 F1 分数为 0.87。

3）菩提树-马甲子-竹子单分类模型分类研究

菩提树-马甲子-竹子单分类模型结果和识别精度分别见图 3-19 和表 3-19。在图 3-19 中，4 种模型识别菩提树-马甲子-竹子类型信息总体较好，但纹理特征数据集构建的 PSPNet 模型和 SegNet 模型识别的信息较差，不同深度学习模型识别菩提树-马甲子-竹子信息略有差异。①纹理数据集的 4 种模型都出现大范围的漏分，其中 SegNet 和 PSPNet 模型较为明显，总体上纹理特征对 4 种模型识别菩提树-马甲子-竹子信息有细微下降。② DSM 数据集的 SegNet 和 PSPNet 模型都有细微的漏分，但正确分类区域与真实地物相近，总体上 DSM 数据集的 4 种深度学习模型能正确识别菩提树-马甲子-竹子信息。③对比识别菩提树-马甲子-竹子信息的所有模型的精度可知，纹理特征能影响 4 种深度学习模型识别菩提树-马甲子-竹子信息的精度，而 DSM 影像能提升其精度，其中纹理数据集的 RAUNet 模型识别结果最好。

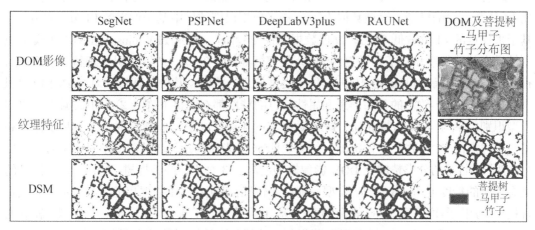

图 3-19　基于多数据的菩提树-马甲子-竹子信息识别的深度学习单分类模型结果

说明：图中纹理特征为 DOM 影像+纹理特征的数据集，DSM 为 DOM+DSM 的数据集。

表 3-19　　　菩提树-马甲子-竹子中不同影像构建的各深度学习模型的识别精度

模型	数据类型	基于像素的精度指标			基于采样点的精度指标		
		精确率	召回率	F1 分数	精确率	召回率	F1 分数
SegNet	DOM 影像	0.79	0.78	0.78	0.98	0.78	0.87
	DOM+纹理	0.77	0.68	0.72	0.90	0.68	0.77
	DOM+DSM	0.87	0.83	0.85	0.93	0.85	0.89
SPNet	DOM 影像	0.76	0.73	0.74	0.80	0.88	0.84
	DOM+纹理	0.76	0.67	0.71	1.00	0.75	0.78
	DOM+DSM	0.88	0.70	0.78	0.95	0.85	0.90

模型	数据类型	基于像素的精度指标			基于采样点的精度指标		
		精确率	召回率	F1 分数	精确率	召回率	F1 分数
DeepLab V3plus	DOM 影像	0.79	0.80	0.79	0.88	0.88	0.88
	DOM+纹理	0.83	0.63	0.72	0.98	0.72	0.83
	DOM+DSM	0.85	0.83	0.84	0.99	0.82	0.90
RAUNet	DOM 影像	0.74	0.82	0.78	0.85	0.85	0.85
	DOM+纹理	0.71	0.80	0.75	0.96	0.78	0.86
	DOM+DSM	0.87	0.86	0.86	0.98	0.82	0.90

综合上述的结果分析，由基于像素和基于采样点的精度表（见表 3-19）可知：①对比 DOM 数据集的模型，纹理数据集的 SegNet 模型识别结果中基于像素的 F1 分数低 0.06、基于采样点的 F1 分数低 0.10，纹理数据集的 PSPNet、DeepLabV3plus 和 RAUNet 模型识别结果中基于像素和基于采样点的 F1 分数都低 0.01~0.07。结果表明纹理特征会降低 4 种深度学习模型识别菩提树-马甲子-竹子类型信息的精度，其中纹理特征对 SegNet 模型识别菩提树-马甲子-竹子的几何信息和属性信息的精度都有明显下降。②DSM 数据集构建的模型识别结果与 DOM 数据相比，DSM 数据集的 4 种深度学习模型识别结果中基于像素和基于采样点的 F1 分数平均高 0.05。结果表明 DSM 影像构建的 4 种深度学习模型对于菩提树-马甲子-竹子的分类精度比 DOM 影像模型的高。③对比识别菩提树-马甲子-竹子信息的所有模型的精度可知，RAUNet 模型识别结果较好；其中 DSM 数据集的 RAUNet 模型识别菩提树-马甲子-竹子的几何信息最好，基于像素的 F1 分数为 0.86；DSM 数据集的 DeepLabV3plus 和 RAUNet 模型识别菩提树-马甲子-竹子的属性信息最好，基于采样点的 F1 分数为 0.90。

4）水葫芦单分类模型分类研究

水葫芦单分类模型结果和识别精度见图 3-20 和表 3-20 所示。

表 3-20　　　　水葫芦中不同影像构建的各深度学习模型的识别精度

模型	数据类型	基于像素的精度指标			基于采样点的精度指标		
		精确率	召回率	F1 分数	精确率	召回率	F1 分数
SegNet	DOM 影像	0.85	0.57	0.68	0.88	0.70	0.78
	DOM+纹理	0.86	0.61	0.72	0.96	0.80	0.87
	DOM+DSM	0.93	0.61	0.74	0.98	0.91	0.94

续表

模型	数据类型	基于像素的精度指标			基于采样点的精度指标		
		精确率	召回率	F1 分数	精确率	召回率	F1 分数
PSPNet	DOM 影像	0.80	0.54	0.64	0.96	0.73	0.83
	DOM+纹理	0.92	0.52	0.66	1.00	0.75	0.86
	DOM+DSM	0.85	0.59	0.69	0.95	0.80	0.87
DeepLab V3plus	DOM 影像	0.88	0.52	0.65	1.00	0.63	0.78
	DOM+纹理	0.95	0.57	0.71	1.00	0.77	0.87
	DOM+DSM	0.86	0.65	0.74	1.00	0.77	0.87
RAUNet	DOM 影像	0.89	0.52	0.66	1.00	0.77	0.87
	DOM+纹理	0.78	0.73	0.75	1.00	0.87	0.93
	DOM+DSM	0.88	0.63	0.73	1.00	0.80	0.90

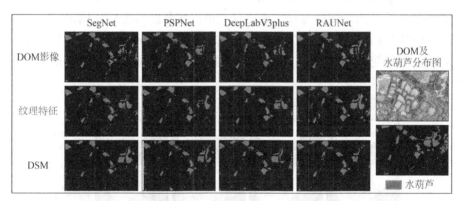

图 3-20 基于多数据的水葫芦信息识别的深度学习单分类模型结果

说明：图中纹理特征为 DOM 影像+纹理特征的数据集，DSM 为 DOM+DSM 的数据集。

图 3-20 中，4 种深度学习识别水葫芦类型信息总体较好，但纹理特征数据集构建的 PSPNet 模型识别该类型信息较差，不同深度学习模型识别水葫芦信息略有差异。①纹理数据集的 4 种模型出现部分区域的漏分现象，总体上纹理特征对 4 种深度学习模型识别水葫芦信息有细微提升。②DSM 数据集的 4 种模型正确分类区域与真实地物相近，总体上 DSM 数据集的 4 种模型能正确识别水葫芦信息，但有明显的多分区域。③对比识别水葫芦信息的所有模型结果可知，纹理特征和 DSM 影像能提升 4 种模型的识别精度，其中 DSM 数据集的 SegNet 模型识别结果最好。

综合上述的结果分析，由基于像素和基于采样点的精度表（表 3-20）可知：①对比 DOM 数据集的模型，纹理数据集的 SegNet 模型和 PSPNet 模型识别结果中，基于像素和基于采样点的 F1 分数相比高 0.02~0.09。纹理数据集的 DeepLabV3plus 模型和 RAUNet 模型识别结果中基于像素和基于采样点的 F1 分数都在 0.06 以上。结果表明纹理特征对 4 种深度学习识别水葫芦类型信息都有提升，其中纹理特征对 RAUNet 模型和 DeepLabV3plus 模型识别水葫芦信息的属性信息有明显提升作用，而 PSPNet 模型提升效果较小，SegNet 模型提升识别属性信息明显。②DSM 数据集构建的模型识别结果与 DOM 数据集相比，DSM 数据集的 RAUNet 模型、PSPNet 模型和 DeepLabV3plus 模型识别结果中，基于像素和基于采样点的 F1 分数都在 0.03～0.09 范围，而 DSM 数据集的 SegNet 模型识别结果中基于采样点的 F1 分数高 0.16。结果表明 DSM 影像构建的 4 种模型识别水葫芦信息比 DOM 数据集的模型精度高，而且 DSM 影像能明显提升 SegNet 模型识别水葫芦属性信息的精度。③对比识别水葫芦信息的所有模型精度可知，纹理数据集的 RAUNet 模型识别水葫芦的几何信息最好，基于像素的 F1 分数为 0.75；DSM 数据集的 SegNet 模型识别水葫芦的属性信息最好，基于采样点的 F1 分数为 0.94。

　　5）荷花单分类模型分类研究

　　荷花单分类模型结果和识别精度见图 3-21 和表 3-21。在图 3-21 中 DOM 数据集的 SegNet 模型和 DeepLabV3plus 模型出现局部区域漏分，纹理数据集的 RAUNet 模型和 DSM 数据集的 PSPNet 模型边缘信息与真实地物有差距，其余模型能较好地识别荷花类型。纹理数据集或 DSM 数据集的添加减少了 SegNet 和 DeepLabV3plus 模型的漏分现象，表明纹理特征和 DSM 影像能提升 SegNet、DeepLabV3plus 模型识别荷花信息的精度。

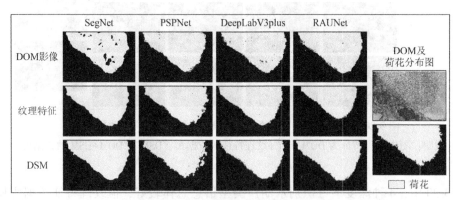

图 3-21　基于多数据的荷花信息识别的深度学习单分类模型结果

说明：图中纹理特征为 DOM 影像+纹理特征的数据集，DSM 为 DOM+DSM 的数据集。

表 3-21　　　　　　　荷花中不同影像构建的各深度学习模型的识别精度

模型	数据类型	基于像素的精度指标			基于采样点的精度指标		
		精确率	召回率	F1 分数	精确率	召回率	F1 分数
SegNet	DOM 影像	0.96	0.88	0.92	0.90	0.90	0.90
	DOM+纹理	0.96	0.94	0.95	1.00	1.00	1.00
	DOM+DSM	0.93	0.93	0.93	1.00	1.00	1.00

续表

模型	数据类型	基于像素的精度指标			基于采样点的精度指标		
		精确率	召回率	F1 分数	精确率	召回率	F1 分数
PSPNet	DOM 影像	0.91	0.90	0.90	1.00	1.00	1.00
	DOM+纹理	0.98	0.92	0.95	1.00	1.00	1.00
	DOM+DSM	0.91	0.89	0.90	1.00	1.00	1.00
DeepLab V3plus	DOM 影像	0.94	0.94	0.94	1.00	1.00	1.00
	DOM+纹理	0.97	0.93	0.95	1.00	1.00	1.00
	DOM+DSM	0.94	0.95	0.94	1.00	1.00	1.00
RAUNet	DOM 影像	0.92	0.93	0.92	1.00	1.00	1.00
	DOM+纹理	0.94	0.94	0.94	1.00	1.00	1.00
	DOM+DSM	0.93	0.94	0.93	1.00	0.90	0.95

综合上述的结果分析，由基于像素和基于采样点的精度表（表 3-21），可知：①对比 DOM 数据集的模型，纹理数据集的 4 种深度学习模型识别结果中基于像素的 F1 分数平均高 0.02，而纹理数据集的 PSPNet 模型、DeepLabV3plus 模型和 RAUNet 模型识别荷花的属性信息完全正确。结果表明纹理特征对 4 种深度学习识别荷花类型的几何信息都略有提升。②DSM 数据集构建的模型识别结果与 DOM 数据集相比，DSM 数据集的 4 种深度学习模型识别结果与 DOM 的模型平均 F1 分数接近。结果表明 DSM 影像构建的 4 种深度学习模型识别荷花几何信息与 DOM 模型的一致，而识别属性信息达到最佳。③纹理特征的 SegNet 模型、PSPNet 模型和 DeepLabV3plus 模型识别荷花的几何信息最好，基于像素的 F1 分数为 0.95；除了 DOM 数据集的 SegNet 模型和 DOM+DSM 数据集的 RAUNet 模型的基于采样点的 F1 分数分别为 0.90 和 0.95 外，其余模型基于采样点的 F1 分数都为 1.00。

以下主要以纹理特征、DSM 为数据源，以深度学习卷积神经网络 SegNet、PSPNet、DeepLabV3plus 和 RAUNet 为方法构建岩溶湿地植被信息的单分类模型，探究纹理特征、DSM 分别对 4 种深度学习模型识别岩溶湿地植被信息的影响，得出下列结论。

①同一单分类模型中，DSM 数据集的 DeepLabV3plus 模型识别岩溶草本效果最好，基于像素的 F1 分数为 0.73、基于采样点的 F1 分数为 0.87。纹理数据集的 RAUNet 模型识别耕地的几何信息最好，基于像素的 F1 分数为 0.63；DSM 数据集的 DeepLabV3plus 模型识别耕地的属性信息最好，基于采样点的 F1 分数为 0.87。纹理数据集的 RAUNet 模型识别菩提树-马甲子-竹子的几何信息最好，基于像素的 F1 分数为 0.86；DSM 数据集的 DeepLabV3plus 和 RAUNet 模型识别菩提树-马甲子-竹子的属性信息最好，基于采样点的

F1 分数为 0.90。纹理数据集的 RAUNet 模型识别水葫芦的几何信息最好，基于像素的 F1 分数为 0.75；DSM 数据集的 SegNet 模型识别水葫芦的属性信息最好，基于采样点的 F1 分数为 0.94。纹理特征的 SegNet 模型、PSPNet 模型和 DeepLabV3plus 模型识别荷花的几何信息最好，基于像素的 F1 分数为 0.95；除了 DOM 数据集的 SegNet 模型和 DSM 数据集的 RAUNet 模型的基于采样点的 F1 分数分别为 0.90、0.95，其余模型达到最佳，基于采样点的 F1 分数为 1.00。

②纹理特征对 4 种深度学习模型都有影响，能提升模型识别耕地、水葫芦和荷花信息的精度，其中对 SegNet 模型和 PSPNet 模型识别耕地的属性信息、SegNet 模型识别水葫芦的属性信息有明显提升；却降低模型识别岩溶草本、菩提树-马甲子-竹子信息的精度，其中 RAUNet 模型识别岩溶草本信息和 SegNet 模型识别菩提树-马甲子-竹子信息都有明显地下降现象。

③DSM 影像对 4 种深度学习模型都有提升作用，其中 DSM 数据集的 DeepLabV3plus 模型识别岩溶草本和耕地的属性信息、DSM 数据集的 RAUNet 模型识别菩提树-马甲子-竹子信息有明显提升。

④对比纹理特征和 DSM 影像对 4 种深度学习模型识别都有提升的耕地、水葫芦和荷花 3 种类型，其中对于荷花的识别中，仅有 DSM 数据集构建的 RAUNet 模型进度没有提升。在对耕地类型的识别中，DSM 影像对基于像素的平均 F1 分数提升 0.02、对基于采样点的平均 F1 分数提升 0.14，纹理特征对基于像素的平均 F1 分数提升 0.05、对基于采样点的平均 F1 分数提升 0.10；水葫芦类型中 DSM 影像对基于像素的平均 F1 分数提升 0.07、对基于采样点的平均 F1 分数提升 0.08，纹理特征对基于像素的平均 F1 分数提升 0.05、对基于采样点的平均 F1 分数提升 0.07；荷花类型中 DSM 影像对基于像素的平均 F1 分数提升 0.005，纹理特征对基于像素的平均 F1 分数提升 0.03。结果表明了 DSM 影像提升程度在模型识别耕地属性信息和水葫芦属性信息比纹理特征高，纹理特征提升程度在模型识别耕地几何信息和荷花几何信息比 DSM 影像高。

3.2　基于多光谱卫星的湿地植被遥感分类研究

为满足植被高精度分类要求，中高空间分辨率遥感影像已被大量用于植被信息提取研究。但目前已有的研究多为对比分析单一的中国陆地遥感卫星或国际陆地遥感卫星对植被的识别能力，缺乏对比研究两类遥感卫星对于复杂空间分布的湿地植被识别能力的差异。鉴于此，以下以洪河国家级自然保护区为研究区，以中国新一代高分辨率对地观测卫星高分一号（GF-1）、高分二号（GF-2）、资源三号（ZY-3）与国际陆地观测卫星 Sentinel-1B、Sentinel-2A、Landsat-8 OLI 为数据源，采用面向对象的 RF 算法以及基于像素的 DeepLabV3plus 算法进行湿地植被遥感分类。遥感影像数据的具体描述见表 3-22。

表 3-22　　　　　　　　　　　遥感影像数据的具体描述

数据源	波段	波谱（nm）	空间分辨率（m）	获取时间
GF-2 PMS	Blue	450~520	4	2018.8
	Green	520~590		
	Red	630~690		
	Near infrared	770~890		
	Pan	450~900	0.8	
GF-1 PMS	Blue	450~520	4	2016.9
	Green	520~590		
	Red	630~690		
	Near infrared	770~890		
	Pan	450~900	2	
ZY-3 MS	Blue	450~520	5.8	2016.9
	Green	520~590		
	Red	630~690		
	Near infrared	770~890		
	Blue	450~515	30	
	Green	525~600		
	Red	630~680		
	Near infrared	845~885		
	Cirrus	1360~1390		
Sentinel-2A	Blue	458~523	10	2019.9 2020.6
	Green	543~578		
	Red	650~680		
	Near infrared	785~900		
	Vegetation Red Edge1	698~713		
	Vegetation Red Edge2	733~748		
	Vegetation Red Edge3	773~793		
	SWIR1	1565~1655		
	SWIR2	2100~2280		
Sentinel-1B	极化：VV+VH		5×20	2019.9 2020.6

中国陆地遥感卫星 GF-1、GF-2、ZY-3 影像来自中国资源卫星应用中心（http：//www. cresda. com/cn/index. shtml）。其中 GF-1 PMS 与 GF-2 PMS 两个传感器具有 4 个多光谱波段（蓝、绿、红与近红外）与一个全色波段。GF-1 全色分辨率是 2m，多光谱分辨率为 8m，GF-2 全色分辨率是 0.8m，多光谱分辨率为 4m。ZY-3 MS 传感器具有蓝、绿、红与近红外 4 个多光谱波段，空间分辨率为 5.8m。

国际陆地遥感卫星。Sentinel-2A 影像来自 https：//scihub. copernicus. eu/，Landsat 8 影像来自美国地质调查局 USGS（https：//earthexplorer. usgs. gov/）。Sentinel-2A 携带一枚多光谱成像仪，可覆盖 13 个光谱波段，具有三种空间分辨率（10m，20m，60m），其中包含 3 个红边波段，这对监测植被健康信息非常有效。Landsat 8 OLI 传感器具有 9 个波段，其中 8 个为空间分辨率 30m 的多光谱波段，1 个为空间分辨率 15m 的全色波段。Sentinel-1B 卫星载有 C 波段合成孔径雷达，可以提供白天、夜晚和各种天气的连续图像，本节是利用干涉测量宽幅模式的单视复影像（Single Look Complex，SLC）数据产品。

采用 ENVI 5.5 软件对 GF-1、GF-2、ZY-3 与 Landsat 8 多光谱影像进行辐射定标、大气校正，并利用 Advanced Land Observing Satellite（ALOS）12.5m DEM 数据进行正射校正，全色影像只需进行辐射校正与正射校正，再利用 Gram-Schmidt Spectral Sharpening（GS）将校正后的全色影像与多光谱影像进行融合。采用 SNAP 8.0 软件对 Sentinel-2A 影像进行预处理，再进行波段合成、影像拼接。使用 PolSARpro v6.0 的 SAR 处理软件对 Sentinel-1B SAR 数据进行一系列处理，包括多视、精化 Lee 滤波、地理编码、辐射定标、距离-多普勒地形校正。最后运用 ArcGIS 10.6 软件 Georeference 工具以 GF-2 影像为基准进行相对配准，配准误差控制在 0.5 个像元内。

3.2.1　基于机器学习算法的湿地植被多光谱遥感分类研究

1. 基于优化的面向对象的 RF 算法的湿地植被遥感分类

以下采用国产高空间分辨率多光谱遥感影像 GF-1 PMS 和 ZY-3 MS 结合优化的面向对象 RF 算法开展沼泽植被自动分类研究，并采用 Recursive Feature Elimination（RFE）、Boruta 和 Variable Selection Using Random Forests（VSURF）这 3 种变量选择算法对所构建的多维数据集的输入变量进行重要性排名和选择。

于 2015 年 8 月至 10 月、2016 年 5 月至 9 月以及 2019 年 8 月份分别进行地面调查，在根据实地情况选取的随机分布在研究区内的 526 个采样区（1m×1m）内进行数据采集，每个样本数据均用数码相机拍摄了多角度照片，同时用 Trimble 厘米级 Real-time kinematic（RTK）记录其地理坐标。由于深水沼泽植被通常生长在交通不便的地区，526 个采样区包含除深水沼泽植被以外的所有地物类型。深水沼泽植被及其他植被类型的部分样本数据则依据 1∶10000 地形图与 1∶25000 植被图进行选取。样本数据具体信息见表 3-23。

表 3-23   样本数据的具体信息

地物类型	验证点个数	描述	影像特征（RGB）	解译标志	野外实景
水体	92	永久性河流、季节性河流或湖泊		呈黑色或黑灰色，形状弯曲呈带状，边界明显，周围有绿色植被	
灌草植被	233	沼柳、柳叶绣线菊等矮小灌木以及小叶樟植被		呈浅绿色，形状不规则，纹理相对细腻	
水田	88	水稻田		呈浅绿色，形状为规则的网格状，有规则田埂，表面光滑	
浅水沼泽植被	213	生长着小叶樟、芦苇、塔头苔草、狭叶甜茅等植物的积水较浅的草本沼泽		呈浅砖红色或浅绿色，形状不规则，纹理细腻	
深水沼泽植被	123	生长着毛果苔草、漂筏苔草等植物的积水较深的草本沼泽		呈深砖红色或深绿色，形状不规则，周围有水体	
白桦-白杨林	283	生长有蒙古栎、白杨林、白桦林等		呈墨绿色，簇状、片状分布，表面纹理粗糙	

续表

地物类型	验证点个数	描述	影像特征（RGB）	解译标志	野外实景
旱地	100	玉米地和高粱地		呈灰绿色或亮白色，形状规则多为长方形	

采用光学遥感影像进行沼泽植被分类时，由于沼泽植被之间具有相似的光谱反射率，因此很难基于遥感影像原始的光谱波段对沼泽植被进行高精度识别，这时光谱指数的引入显得尤为重要。因此，本节基于遥感影像的原始光谱波段来计算光谱指数，如归一化植被指数（NDVI），比值植被指数（RVI），绿色归一化植被指数（GNDVI）和土壤水分指数（SWI），4 种植被指数的计算公式如表 3-24 所示。根据 DEM 数据计算得到的坡度（Slope）可作为湿地植被分类的输入变量，且已有研究认为 Slope 的加入有助于提高分类精度（Maxwell et al.，2016）。地形湿度指数（TWI）与土壤湿度密切相关，可以提供有关湿地植被类型的间接信息（Shawky et al.，2019）。基于空间分辨率为 12.5m 的 ALOS DEM（垂直分辨率为 4~5m）数据和 ArcGIS 10.6 中的水文和地图代数工具箱来计算 slope 和 TWI，具体计算公式见表 3-24。

表 3-24　　　　　　　　　**GF-1 PMS 和 ZY-3 MS 影像的多维数据集**

输入变量	计算公式/描述
NDVI	见表 3-2
RVI	见表 3-2
GNDVI	见表 3-2
SWI	$SWI = Blue + Green - NIR$
slope	ALOS DEM
TWI	$TWI = \ln(A_S{}^* / \tan(Slope))$
纹理信息	GF-1 PMS 和 ZY-3 MS 影像 4 个光谱波段对应的均值、方差、同质性、对比度、非相似性、熵、角二阶矩、标准偏差和相关性
形状因子	GF-1 PMS 和 ZY-3 MS 影像的面积、圆度、主方向、矩形拟合、非对称性、边界指数、密度、最大差异和形状指数

*A_S 为每个像元的汇水面积（流量累积），可由 DEM 计算得到。

遥感影像中蕴含的纹理信息和形状因子是用于描述地物空间分布和变化的重要数据源。前人的研究也证明了纹理信息和形状因子在湿地植被分类中发挥了重要作用（Hidayat et al.，2018）。纹理信息和形状因子基于 eCognition Developer 9.4 软件计算得出，并在表 3-24 中列出。

采用 eCognition Developer 9.4 软件中集成的多尺度分割算法（MRSA）将 GF-1 PMS 和 ZY-3 MS 多光谱影像分别分割成具有相对均匀属性的对象。首先确定形状权重和紧凑度为 0.3 和 0.5。然后采用 eCognition Developer 9.4 中的影像最佳分割尺度评价工具（ESP 2）确定 GF-1 PMS 和 ZY-3 MS 多光谱影像多尺度分割的最佳尺度参数。在面向对象的分类中包含了较精细和较粗糙的两种分割尺度，用于充分描绘更大（例如，旱地和水田）和较为精细的目标对象。图 3-22 和表 3-25 显示了 GF-1 PMS 和 ZY-3 MS 多光谱影像的详细分割参数。

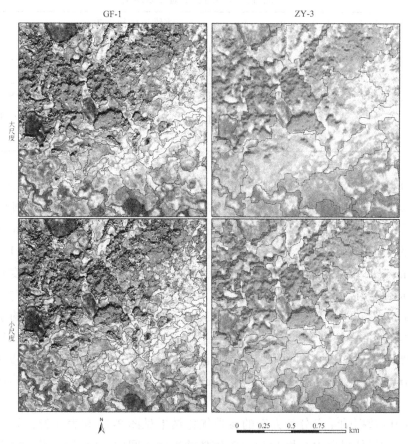

图 3-22　GF-1 PMS 和 ZY-3 MS 多尺度分割结果（颜色/形状权重为 0.7 / 0.3，平滑度/紧凑度权重为 0.5 / 0.5 的假彩色显示：红色、绿色、蓝色（RGB）分别对应波段 4、3、2

73

表 3-25　　　　　　　GF-1 PMS 和 ZY-3 MS 多光谱影像多尺度分割的比例参数

传感器	大尺度	小尺度	颜色/形状权重	平滑/紧凑度权重
GF-1 PMS	150	50	0.7/0.3	0.5/0.5
ZY-3 MS	150	30	0.7/0.3	0.5/0.5

　　针对 GF-1 PMS 和 ZY-3 MS 多光谱影像开发了 4 种分类方案（见表 3-26）。方案一仅使用 GF-1 和 ZY-3 多光谱数据的原始光谱波段和计算得到的光谱指数；方案二使用原始光谱波段、光谱指数、Slope 和 TWI 的组合；方案三使用原始光谱波段、光谱指数、slope、TWI 和 9 个形状因子的组合；方案四使用所有的特征变量、光谱波段、光谱指数、Slope、TWI、9 个形状因子和 96 个纹理信息。

表 3-26　　　　　　　　　　不同分类方案的多维遥感数据集

分类方案	输入变量个数	多维遥感数据集
方案一	24	R、G、B、NIR、NDVI、RVI、GNDVI、SWI
方案二	26	R、G、B、NIR、NDVI、RVI、GNDVI、SWI、Slope、TWI
方案三	35	R、G、B、NIR、NDVI、RVI、GNDVI、SWI、Slope、TWI 和 9 个形状因子
方案四	131	R、G、B、NIR、NDVI、RVI、GNDVI、SWI、Slope、TWI、9 个形状因子和 96 个纹理信息

　　为了构建适用于沼泽植被识别的面向对象 RF 分类器，本节基于网格搜索法，即采用 mtry 和 ntree 的不同组合对每个分类方案对应的 RF 分类器分别进行训练。其中方案一和方案二中的 mtry 范围为 3~7；方案三中的 mtry 范围为 4~8；方案四中的 mtry 范围为 9~13。ntree 的范围是 0~2000，步长设置为 50。针对每种分类方案的面向对象 RF 分类器使用 mtry 和 ntree 的不同组合进行了 15 次迭代训练，以找到具有最高总体精度对应的 mtry 和 ntree 的最佳组合。

　　通过模型训练可得到 GF-1 PMS 和 ZY-3 MS 数据的 4 种分类方案对应的学习精度曲线，如图 3-23 和图 3-24 所示。当决策树数量（ntree）在 0~1000 范围内时，每种分类方案的总体精度较高，但学习曲线呈现出剧烈波动，这表明分类模型的总体精度不稳定。当 ntree 在 1500 左右时，每个分类方案的不同 mtry 值对应的总体精度曲线是稳定的，其结果较为可信。

　　GF-1 PMS 数据的 4 个分类方案的参数优化结果见图 3-23 和表 3-27，分类方案一的 mtry 和 ntree 的最佳组合为 6 和 1450，在 95% 的置信区间内，RF 分类模型的总体精度为 81.87%；分类方案二的 mtry 和 ntree 的最佳组合是 6 和 1400，在 95% 置信区间内，RF 分类模型的总体精度为 83.47%；分类方案三的 mtry 和 ntree 的最佳组合是 5 和 1400，在 95% 的置信区间内，RF 分类模型的整体精度为 84%；分类方案四的 mtry 和 ntree 的最佳

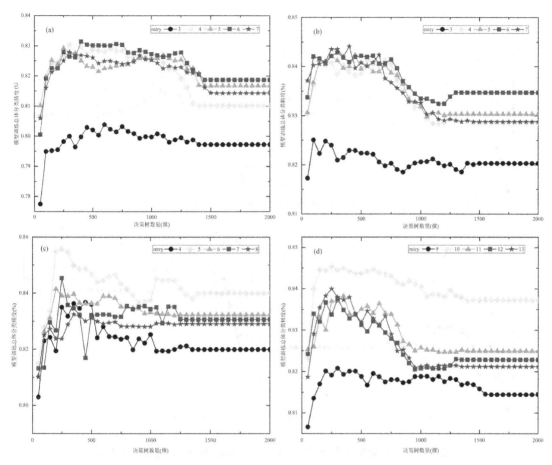

图 3-23 GF-1 PMS 数据 4 个分类方案对应不同 mtry 和 ntree 组合的分类精度
（a）为分类方案一；（b）为分类方案二；（c）为分类方案三；（d）为分类方案四)

组合是 10 和 1450，在 95%的置信区间内，RF 分类模型的总体精度是 83.73%。将 Slope 和 TWI 这两种地形数据添加到多维数据集后，分类方案二与方案一相比，分类总体精度提高了 1.60%；原始光谱波段、光谱指数、Slope、TWI 和形状因子的协同使用将沼泽植被的分类总体精度提高到 84%，与仅使用原始光谱波段和光谱指数相比，分类精度提高了 2.13%。然而，当采用包含原始光谱波段、光谱指数、Slope、TWI、形状因子和纹理信息的分类方案四进行沼泽植被分类时，总体精度并未继续提高，反而下降至 83.73%。4 种分类方案的总体精度变化情况表明，多维数据集内包含的无关变量和冗余变量降低了面向对象 RF 分类算法在沼泽植被分类研究中的应用性能，ZY-3 数据的 4 种分类方案的参数优化结果也支持该结论。

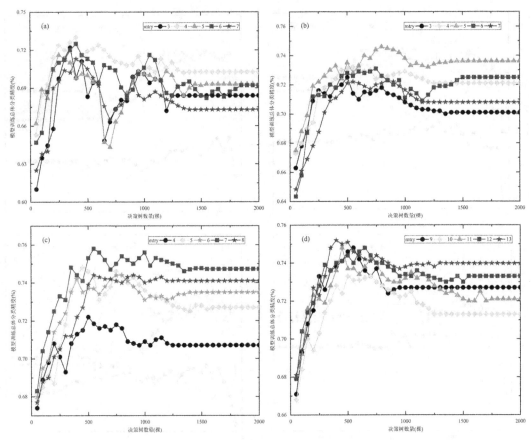

图 3-24　ZY-3 MS 数据 4 个分类方案对应不同 mtry 和 ntrees 组合的分类精度
（a）为分类方案一；（b）为分类方案二；（c）为分类方案三；（d）为分类方案四

表 3-27　　**GF-1 WFV 和 ZY-3 MS 数据 4 个分类方案对应的 RF 模型最优参数**

传感器	分类方案	mtry	ntree	总体精度（%）	Kappa 系数
GF-1 PMS	方案一	6	1450	81.87	0.784
	方案二	6	1550	83.47	0.803
	方案三	5	1400	84.00	0.809
	方案四	10	1500	83.73	0.806
ZY-3 MS	方案一	4	1400	70.26	0.645
	方案二	5	1250	73.61	0.684
	方案三	7	1550	74.72	0.698
	方案四	13	1350	73.98	0.689

ZY-3 MS 数据的 4 个分类方案的参数优化结果见图 3-24，分类方案一的 mtry 和 ntree 的最佳组合为 4 和 1400，在 95% 的置信区间内，RF 分类模型的总体精度为 70.26%；分类方案二的 mtry 和 ntree 的最佳组合是 5 和 1250，在 95% 置信区间内，RF 分类模型的总体精度为 73.61%；分类方案三的 mtry 和 ntree 的最佳组合是 7 和 1550，在 95% 的置信区间内，RF 分类模型的整体精度为 74.72%；分类方案四的 mtry 和 ntree 的最佳组合是 13 和 1350，在 95% 的置信区间内，RF 分类模型的总体精度是 73.98%。将 slope 和 TWI 这两种地形数据添加到多维数据集后，分类方案二与方案一相比，分类总体精度提高了 3.35%；原始光谱波段、光谱指数、slope、TWI 和形状因子的协同使用将沼泽植被的分类总体精度提高到 74.72%，与仅使用原始光谱波段和光谱指数相比，分类精度提高了 4.46%。与 GF-1 PMS 数据的方案四相似，当采用包含原始光谱波段，光谱指数，Slope，TWI，形状因子和纹理信息的多维遥感数据集作为沼泽植被分类的输入变量时，总体精度并未继续提高，反而下降至 73.98%（见表 3-27）。再次表明多维数据集内包含的无关变量和冗余变量降低了面向对象 RF 分类算法在沼泽植被分类研究中的应用性能。

为了探究采用 GF-1 PMS 和 ZY-3 MS 数据的分类方案四进行沼泽植被分类时产生的总体精度下降的原因是否为冗余输入变量的影响，采用 RFE、Boruta 和 VSURF 这 3 种变量选择算法对多维遥感数据集中的特征变量进行重要性排序，并剔除无关和冗余的变量，验证对分类精度产生的影响。

基于 RFE 变量选择算法对 GF-1 PMS 的分类方案四进行变量选择的结果表明，随着输入变量数量的增加，RF 分类器的总体精度首先呈现逐渐增高的趋势，当采用 35 个特征变量作为输入数据层时，在 95% 置信区间内达到 86.13% 的最高总体精度，标准偏差为 3.43%；随后 RF 分类器的总体精度呈现逐渐降低的趋势，直到多维遥感数据集中的 131 个特征变量全部作为输入数据层时，在 95% 置信区间内降至 83.73% 的最低总体精度，标准偏差为 3.04%（见图 3-25（a）和表 3-28）。因此，这 35 个特征变量是 RFE 变量选择算法经过 10 次交叉验证后最终确定保留的重要变量。

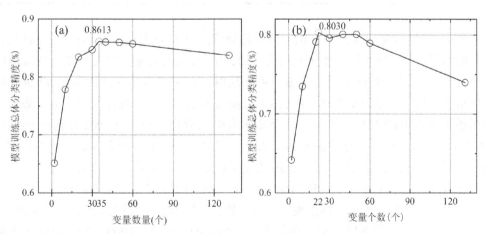

图 3-25　基于 RFE 进行变量选择时分类总体精度随输入变量增加的变化
（垂直线为变量选择后的变量个数和分类总体精度；图（a）为 FG-1 PMS 数据；图（b）为 ZY-3 MS 数据）

表 3-28　　　　　　　　　　基于 **RFE** 变量选择算法的 **RF** 模型总体精度
（**OA** 为总体精度；**SD** 为标准偏差）

传感器	变量个数	OA（%）	SD$_{OA}$（%）	Kappa	SD$_{Kappa}$（%）
GF-1 PMS	2	65.11	8.77	0.5865	7.80
	10	77.81	4.40	0.7370	5.25
	20	83.42	3.15	0.8032	3.39
	30	84.70	3.22	0.8186	3.41
	35	86.13	3.43	0.8368	3.49
	40	86.03	3.83	0.8341	3.76
	50	85.99	3.00	0.8337	3.99
	60	85.74	3.38	0.8308	3.41
	131	83.73	3.04	0.8354	3.02
ZY-3 MS	2	64.15	9.04	0.5913	8.64
	10	73.47	5.14	0.6839	5.79
	20	79.11	4.97	0.7504	4.17
	22	80.30	4.72	0.7644	4.06
	30	79.59	4.86	0.7598	4.25
	40	80.07	4.45	0.7688	4.33
	50	80.06	4.45	0.7674	4.36
	60	78.95	4.41	0.7483	4.25
	131	73.98	4.02	0.6885	4.27

　　与 GF-1 PMS 数据相似，基于 RFE 变量选择算法对 ZY-3 MS 数据的分类方案四进行变量选择的结果表明，随着输入变量数量的增加，RF 分类器的总体精度首先呈现逐渐增高的趋势，当采用 22 个特征变量作为输入数据层时，在 95% 置信区间内达到 80.30% 的最高总体精度，标准偏差为 4.72%；随后 RF 分类器的总体精度呈现逐渐降低的趋势，直到多维遥感数据集中的 131 个特征变量全部作为输入数据层时，在 95% 置信区间内降至 73.98% 的最低总体精度，标准偏差为 4.02%（见图 3-25（b）和表 3-28）。因此，这 22 个特征变量是 RFE 变量选择算法经过 10 次交叉验证后最终确定保留的重要变量。

　　基于 RFE 变量选择算法对 GF-1 PMS 和 ZY-3 MS 数据的分类方案四进行变量选择后保留的输入变量主要包括原始光谱波段，光谱指数，地形因子和纹理信息（见图 3-26）。原始光谱波段和光谱指数在所有输入变量中具有最高的重要性。DEM，TWI 和坡度也是湿地植被制图中重要的输入变量。此外，最终的输入变量还包括形状因子和 19 个纹理数据层。在为 GF-1 PMS 数据的分类方案四进行基于 RFE 的变量选择后，最终保留的输入变量作为输入数据层进行沼泽植被分类时的总体精度提高至 86.13%，相对于将 131 个变量全部作为输入数据层，总体精度提高了 2.40%，而 ZY-3 MS 数据的分类方案四的分类总体精度提高至 80.30%，与将 131 个变量全部作为输入数据层相比提高了 6.32%。

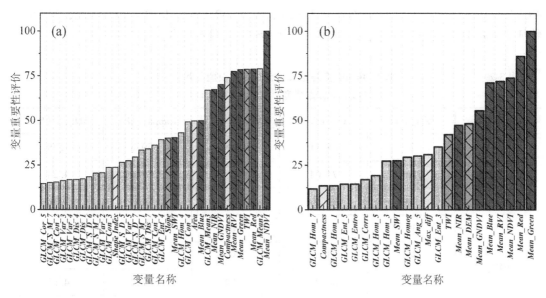

图 3-26　输入变量的重要性排序

（经 RFE 变量选择后，图（a）为 GF-1 数据；图（b）为 ZY-3 数据）

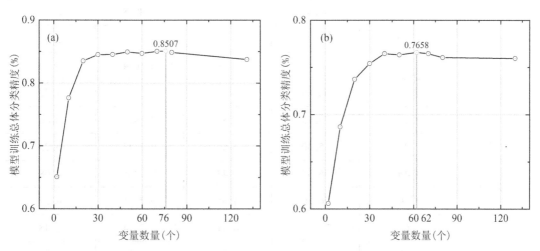

图 3-27　基于 Boruta 进行变量选择分类总体精度随输入变量个数的变化

（垂直线段为变量选择后的变量个数和分类总体精度；图（a）为 GF-1 PMS 数据；图（b）为 ZY-3 MS 数据）

基于 Boruta 变量选择算法对 GF-1 PMS 的分类方案四进行变量选择并执行 99 次模型

迭代后的结果表明，随着输入变量数量的增加，RF 分类器的总体精度首先呈现逐渐增高的趋势，当采用 76 个特征变量作为输入数据层时，在 95% 置信区间内达到 85.07% 的最高总体精度，标准偏差为 3.58%；随后 RF 分类器的总体精度呈现逐渐降低的趋势，直到多维遥感数据集中的 131 个特征变量全部作为输入数据层时，在 95% 置信区间内降至 83.73% 的最低总体精度，标准偏差为 3.32%，见图 3-27（a）和表 3-29。因此，这 76 个特征变量是 RFE 变量选择算法经过 10 次交叉验证后最终确定保留的重要变量。

表 3-29　　　　　　　　　　基于 Boruta 变量选择算法的 RF 模型总体精度

（OA 为总体精度；SD 为标准偏差）

传感器	变量个数	OA（%）	SD_{OA}（%）	Kappa（%）	SD_{Kappa}（%）
GF-1	2	65.11	6.48	0.5938	7.79
	10	77.64	4.75	0.7284	4.24
	20	83.50	3.16	0.8050	3.70
	30	84.50	3.68	0.7973	4.33
	40	84.51	3.92	0.8088	4.65
	50	84.93	3.94	0.8147	4.67
	60	84.58	4.07	0.8158	4.79
	76	85.07	3.58	0.8189	3.22
	80	84.84	3.17	0.8078	3.76
	131	83.73	3.32	0.7928	3.95
ZY-3	2	60.57	8.38	0.5654	8.14
	10	68.69	7.25	0.6447	7.22
	20	73.73	5.84	0.6952	6.06
	30	75.40	4.68	0.7144	5.23
	40	76.44	4.43	0.7205	4.98
	50	76.30	4.35	0.7211	4.57
	62	76.58	4.31	0.7214	4.48
	70	76.45	4.22	0.7325	4.39
	80	76.04	4.15	0.7294	4.37
	131	73.98	4.02	0.6885	4.27

与 GF-1 PMS 数据相似，基于 Boruta 变量选择算法对 ZY-3 MS 数据的分类方案四进行变量选择并执行 99 次模型迭代后的结果表明，随着输入变量数量的增加，RF 分类器的总体精度首先呈现逐渐增高的趋势，当采用 62 个特征变量作为输入数据层时，在 95% 置信区间内达到 76.58% 的最高总体精度，标准偏差为 4.31%；随后 RF 分类器的总体精度呈现逐渐降低的趋势，直到多维遥感数据集中的 131 个特征变量全部作为输入数据层时，在 95% 置信区间内降至 73.98% 的最低总体精度，标准偏差为 4.02%，见图 3-27（b）和表 3-29。因此，这 62 个特征变量是 RFE 变量选择算法经过 10 次交叉验证后最终确定保留的重要变量。

Boruta 变量选择算法采用算法内置的 z 分数来衡量输入变量对于沼泽植被分类结果的重要性。在本节中，设定平均 z 分数高于 3.09 的特征变量为算法保留的重要变量（见图 3-28）。对最终保留的输入变量进行分析发现，NIR 波段、Red 波段、Green 波段、GNDVI、NDVI、TWI 和 slope 具有比其他特征变量更高的 z 得分，这表明这些输入变量对沼泽植被分类更有价值。这与基于 RFE 的变量选择结果相似。与 RFE 变量选择算法相比，Boruta 算法保留了更多的特征变量，尤其是纹理信息，然而基于 Boruta 的变量选择保留的特征变量作为面向对象的 RF 分类器的输入数据层时产生的分类总体精度低于 RFE 变量选择算法。这表明在对沼泽植被进行分类时，RFE 变量选择算法在剔除冗余变量和降维方面比 Boruta 算法表现更优。

经过 99 次 RF 分类模型迭代，基于 VSURF 变量选择算法对 GF-1 PMS 数据的分类方案四进行变量选择后分别生成了两个数据子集，其中第一子集包括一些与解释有关的冗余变量，第二子集则保留特征变量较少。GF-1 数据的分类方案四中，第一子集保留 60 个变量，第二子集仅保留 43 个变量。ZY-3 数据的分类方案四中，第一子集保留 45 个变量，第二子集仅保留 33 个变量，这表明第二子集可以更好地解决采用多维遥感数据集进行沼泽植被分类时出现的数据冗余问题（见图 3-29）。首先，基于 GF-1 PMS 数据的 RF 分类器的总体精度随着输入变量数量的增加而增加，当输入变量个数为 43（第二子集）时，在 95% 置信区间下首先达到了 85.73% 的最高总体精度，标准偏差为 4.63%。当输入变量个数为 60（第一子集）时，在 95% 置信区间总体精度为 84.80%，标准偏差为 3.51%。当输入所有特征变量时，在 95% 置信区间内降至 83.73% 的最低总体精度，标准偏差为 5.03%。与 GF-1 PMS 数据相似，基于 ZY-3 MS 数据的 RF 分类器的总体精度随着输入变量数量的增加而增加，当输入变量个数为 33（第二子集）时，在 95% 置信区间下首先达到了 77.70% 的最高总体精度，标准偏差为 4.68%。当输入变量个数为 45（第一子集）时，在 95% 置信区间总体精度为 76.94%，标准偏差为 4.28%。当输入所有特征变量时，在 95% 置信区间内降至 73.98% 的最低总体精度，标准偏差为 4.02%（见图 3-29 和表 3-30）。

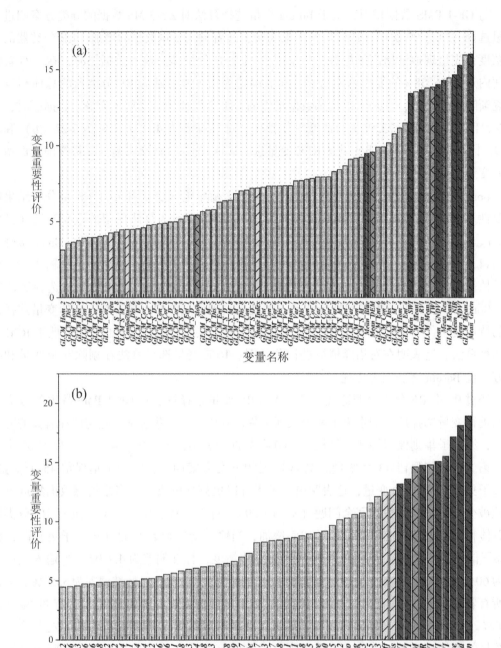

图 3-28　输入变量的重要性排序

经 Boruta 变量选择后；（a）为 GF-1 数据；（b）为 ZY-3 数据

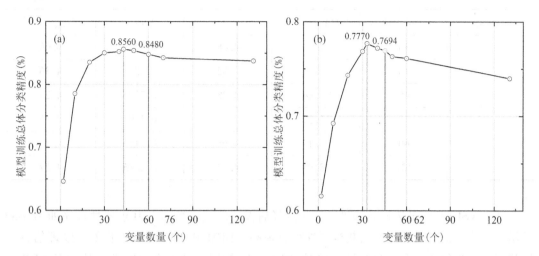

图 3-29　基于 VSURF 进行变量选择分类总体精度随输入变量增加的变化
（第一条垂直线段为变量选择后的变量个数和分类总体精度；
图（a）为 GF-1 PMS 数据；图（b）ZY-3 MS 数据）

表 3-30　　　　　基于 VSURF 变量选择算法的 RF 模型总体精度
（OA 为总体精度；SD 为标准偏差）

传感器	变量个数	OA（%）	SD_OA（%）	Kappa	SD_Kappa（%）
GF-1	2	64.63	6.41	0.5800	6.29
	10	78.54	4.57	0.7390	5.37
	20	83.51	5.17	0.7954	5.58
	30	85.03	4.93	0.8247	4.07
	40	85.21	3.13	0.8310	3.11
	43	85.60	3.63	0.8331	3.54
	50	85.41	3.99	0.8306	3.96
	60	84.80	3.51	0.8237	3.58
	70	84.25	3.48	0.8268	3.52
	131	83.73	3.03	0.8149	3.01
ZY-3	2	61.54	7.75	0.5396	8.37
	10	69.25	6.51	0.6481	7.54
	20	74.32	5.48	0.6987	6.34
	30	76.87	4.97	0.7232	5.11

续表

传感器	变量个数	OA（%）	SD_{OA}（%）	Kappa	SD_{Kappa}（%）
ZY-3	33	77.70	4.68	0.7325	4.69
	40	77.21	4.52	0.7311	4.36
	45	76.94	4.28	0.7284	4.23
	50	76.32	4.31	0.7197	4.15
	60	76.11	4.08	0.7154	4.18
	131	73.98	4.02	0.6885	4.27

　　基于 VSURF 变量选择算法进行变量选择后保留的输入变量及其重要性排序如图 3-30 所示。原始光谱波段和光谱指数重要性得分最高。DEM 和 TWI 也表现良好。纹理信息和形状因子中则包含较多冗余变量，在对 GF-1 PMS 数据的分类方案四进行基于 VSURF 算法的变量选择后，分类的总体精度为 85.60%（ZY-3 MS 为 77.70%），分类的总体精度提高了 1.87%（ZY-3 MS 提高了 3.72%）；在执行数据降维的同时，VSURF 变量选择算法的性能比 RFE 变量选择算法低 0.53%（ZY-3 MS 为 2.60%），但比基于 Boruta 变量选择算法的变量选择高 1.12%。

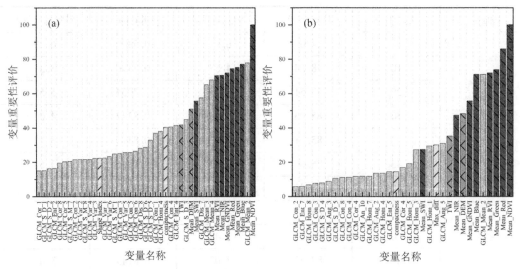

图 3-30　输入变量的重要性排序

（经 VSURF 变量选择；图（a）为 GF-1 PMS 数据；图（b）ZY-3 MS 数据）

　　对 GF-1 PMS 和 ZY-3 MS 数据的分类方案四进行 3 种变量选择算法得出的结果表明，Blue 波段、Red 波段、Green 波段、NIR 波段、NDVI、GNDVI、RVI 和 SWI 对于基于 RF

分类算法的湿地植被分类结果更为重要，其次是 DEM 和 TWI。几何信息和纹理信息中存在更多冗余变量。在这 3 种变量选择算法中，RFE 变量选择算法在沼泽植被分类研究中表现最好，其次是 VSURF 算法，而 Boruta 算法在去除冗余方面的性能不如前两种变量选择算法。

　　GF-1 PMS 和 ZY-3 MS 数据对应的 4 种分类方案都提供了研究区域内植被覆盖类型的准确视觉描述（见图 3-31）。对 GF-1 PMS 和 ZY-3 MS 数据的可视化结果进行对比分析后发现，由于沼泽植被的光谱可分离性较差，水田、浅水沼泽植被、深水沼泽植被和灌草植被很容易发生混淆，特别是基于空间分辨率较低的 ZY-3 MS 数据进行沼泽植被分类时尤为明显。GF-1 PMS 数据因其较高的空间分辨率可以在一定程度上减少混合像元的存在，从而有效提高了分类精度。通过比较 GF-1 PMS 和 ZY-3 MS 数据的典型分类方案，发现基于 RFE 变量选择算法进行变量选择后的分类方案四的分类结果与研究区内实际的植被分布更加吻合。

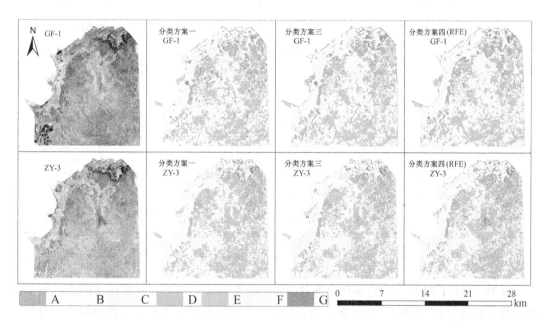

图 3-31　GF-1 和 ZY-3 数据的方案一、三和四（RFE）分类结果的比较

（A 为白桦-白杨林；B 为旱地；C 为深水沼泽植被；
D 为浅水沼泽植被；E 为水田；F 为灌草植被；G 为水体）

　　使用测试数据对每个分类方案进行准确性评估，表 3-31 展示了 GF-1 PMS 和 ZY-3 MS 数据的分类方案一，分类方案三和基于 RFE、Boruta 和 VSURF 的 3 种变量选择算法进行变量选择的分类方案四的分类总体精度。在所有分类方案下采用 GF-1 PMS 数据进行沼泽植被分类的结果均优于 ZY-3 MS 数据。基于 RFE 变量选择算法对 GF-1 PMS 数据和 ZY-3 MS 数据进行变量选择后的 RF 分类算法均达到了最高的分类总体精度。

　　　　　　　　GF-1 PMS 和 ZY-3 MS 数据不同分类方案分类精度验证

传感器	分类方案	评估		标准误差（%）	95%置信区间（%）
GF-1 PMS	方案一	总体精度	81.87%	3.97	77.59~85.63
		Kappa	0.7836	3.60	74.90~82.78
	方案三	总体精度	84.00%	3.32	79.89~87.56
		Kappa	0.8090	3.83	76.54~84.59
	方案四（RFE）	总体精度	86.13%	3.43	79.60~87.32
		Kappa	0.8368	3.49	76.67~83.57
	方案四（Boruta）	总体精度	85.07%	3.58	79.60~87.32
		Kappa	0.8189	3.22	76.67~83.57
	方案四（VSAURF）	总体精度	85.60%	3.63	79.60~87.32
		Kappa	0.8331	3.54	76.67~83.57
ZY-3 MS	方案一	总体精度	70.26%	4.96	67.54~73.18
		Kappa	0.6451	4.24	61.78~66.79
	方案三	总体精度	74.42%	4.65	71.62~77.14
		Kappa	0.6977	4.37	66.80~72.55
	方案四（REF）	总体精度	80.30%	4.72	77.43~83.25
		Kappa	0.7644	4.06	74.37~78.89
	方案四（Boruta）	总体精度	76.58%	4.85	73.06~89.51
		Kappa	0.7195	4.21	68.67~75.57
	方案四（VSURF）	总体精度	77.70%	4.77	74.24~80.53
		Kappa	0.7324	4.16	70.12~76.57

在基于 GF-1 PMS 数据的各种分类方案中，分类方案一在 95%的置信区间内达到了最低的总体精度（81.87%），标准误差为 3.97%。通过比较基于 3 种变量选择算法的分类方案四的分类结果可发现，基于 RFE 变量选择算法的 RF 分类算法的性能优于 Boruta 算法（85.07%）和 VSURF 算法（85.60%）。在基于 ZY-3 MS 数据的各种分类方案中，分类方案一在 95%的置信区间内达到了最低的总体准确性（70.26%），标准误差为 4.96%。通过比较基于 3 种变量选择算法的分类方案四的分类结果可发现，基于 RFE 变量选择算法的 RF 分类算法的性能优于 Boruta 算法（76.58%）和 VSURF 算法（77.70%）。

表 3-32 与表 3-33 分别总结了 GF-1 PMS 和 ZY-3 MS 数据的分类方案一，分类方案三和基于 RFE 变量选择算法进行变量选择的分类方案四的混淆矩阵、用户精度和生产者精度。

表 3-32　　　**GF-1 PMS 数据不同分类方案的混淆矩阵和对应的分类精度**

		A	B	C	D	E	F	G	T	U	CI
方案一 GF-1	A	82	0	0	0	3	0	0	85	96.5	93.2~98.8
	B	0	34	0	0	0	0	0	34	100.0	100.0~100.0
	C	0	0	30	3	4	3	1	41	73.2	69.9~76.8
	D	0	0	2	41	0	0	22	65	63.1	60.4~68.0
	E	1	8	3	2	69	0	0	83	83.1	80.6~86.3
	F	0	0	2	0	1	35	0	38	92.1	88.3~95.8
	G	0	0	0	13	0	0	16	29	55.1	53.0~58.8
	T	83	42	37	59	77	38	39			
	P	98.8	81.0	81.1	69.5	89.6	92.1	41.0			
	CI	95.1~ 100.0	77.8~ 84.1	77.9~ 85.1	66.4~ 72.5	84.8~ 93.6	87.7~ 96.9	38.5~ 44.2			
方案三 GF-1	A	82	0	0	0	4	0	0	86	95.3	93.8~98.6
	B	0	37	0	3	1	1	0	42	88.1	85.8~92.6
	C	0	1	34	0	0	5	2	42	81.0	77.8~84.5
	D	0	0	1	45	1	1	22	70	64.3	60.7~67.4
	E	1	4	1	2	71	0	0	79	89.9	86.9~93.3
	F	0	0	1	0	0	31	0	32	96.9	93.2~98.9
	G	0	0	0	9	0	0	15	24	62.5	59.7~65.4
	T	83	42	37	59	77	38	39			
	P	98.8	88.1	91.9	71.2	93.5	78.9	41.0			
	CI	94.0~ 100.0	85.1~ 93.2	87.8~ 94.9	67.3~ 74.6	88.9~ 97.4	75.4~ 81.8	38.4~ 44.6			
方案四 (RFE) GF-1	A	83	0	0	0	1	0	0	84	98.8	96.0~100.0
	B	0	36	1	1	0	0	0	38	94.7	91.6~97.1
	C	0	0	31	1	4	1	1	38	81.6	77.7~84.0
	E	0	2	0	51	3	0	22	78	65.4	62.7~68.4
	E	0	4	0	1	69	0	0	74	93.2	90.1~96.7
	F	0	0	5	0	0	37	0	42	88.1	84.6~91.2
	G	0	0	0	5	0	0	16	21	76.2	73.2~80.0
	T	83	42	37	59	77	38	39			

		A	B	C	D	E	F	G	T	U	CI
方案四	P	100.0	88.1	83.8	86.4	89.6	97.4	41.0			
（RFE）	CI	100.0~	88.4~	80.4~	83.3~	86.9~	94.7~	38.1~			
GF-1		100.0	97.1	87.0	89.1	92.6	99.9	44.4			

（A 为白桦-白杨林；B 为旱地；C 为深水沼泽植被；D 为浅水沼泽植物；E 为灌草植被；F 为水体；G 为水田。T 为总样本；P 为生产者精度（%）；U 为用户准精度（%）；CI 为 95%置信区间（%））

表 3-33　　**ZY-3 MS 数据不同分类方案的混淆矩阵和对应的分类精度**

		A	B	C	D	E	F	G	T	U	CI
方案一 GF-1	A	55	0	0	0	11	1	0	67	82.1	78.5~85.3
	B	0	19	0	2	4	0	0	25	76.0	72.6~79.5
	C	0	0	20	6	2	5	2	35	57.1	54.3~60.4
	D	0	0	3	22	1	0	8	34	64.7	61.7~67.9
	E	3	5	2	2	38	6	1	57	66.7	62.8~70.1
	F	0	0	3	0	1	15	0	19	78.9	75.3~82.2
	G	0	1	0	10	1	0	20	32	62.5	59.3~65.8
	T	58	25	28	42	58	27	31			
	P	94.8	76.0	71.4	52.4	65.5	55.6	64.5			
	CI	91.5~ 97.4	72.6~ 79.7	68.1~ 74.9	48.6~ 56.3	62.4~ 68.9	52.3~ 58.4	61.7~ 67.8			
方案三 ZY-3	A	56	0	0	0	3	1	0	60	93.3	91.0~96.2
	B	0	19	0	0	1	0	0	20	95.0	91.8~98.3
	C	0	0	22	4	2	5	0	33	66.7	63.5~70.0
	D	0	0	0	24	2	0	20	46	52.2	49.1~55.4
	E	2	6	2	1	50	1	1	63	79.4	76.3~82.8
	F	0	0	4	0	0	20	0	24	83.3	80.5~86.4
	G	0	0	0	13	0	0	10	23	43.5	40.2~47.1
	T	58	25	28	42	58	27	31			
	P	96.6	76.0	78.6	57.1	86.2	74.1	32.3			
	CI	93.2~ 99.4	72.3~ 78.9	75.6~ 81.2	54.0~ 60.8	82.9~ 89.6	71.5~ 77.7	29.1~ 35.4			

		A	B	C	D	E	F	G	T	U	CI
方案四（RFE）ZY-3	A	58	1	0	0	4	1	0	64	90.6	87.4~93.7
	B	0	19	0	2	0	0	0	21	90.5	87.5~93.2
	C	0	0	20	3	1	5	1	30	66.7	63.2~70.3
	D	0	2	0	30	1	0	12	45	66.7	62.4~70.6
	E	0	3	1	2	52	1	1	60	86.7	83.3~90.0
	F	0	0	6	1	0	20	0	27	74.1	71.5~77.7
	G	0	0	1	4	0	0	17	22	77.3	74.1~80.4
	T	58	25	28	42	58	27	31			
	P	100.0	76.0	71.4	71.4	89.7	74.1	54.8			
	CI	100.0~100.0	73.1~79.4	68.1~74.3	68.5~71.6	86.8~92.4	70.9~77.0	51.5~57.9			

在没有对 GF-1 PMS 数据进行变量选择的 4 种分类方案中，白桦-白杨林在众多植被类型中取得了最高的用户精度（高于 94.3%）。水体，旱地和灌草植被的用户精度均超过 83.1%。在所有植被类别中，水田的用户精度最低（低于 62.5%）。对 GF-1 PMS 数据的方案四进行变量选择提高了水田的分类精度，使之达到 66.7% 以上的用户精度。通过对 3 种变量选择算法进行比较发现，基于 RFE 算法的分类方案四在水田中获得了最高的用户精度（76.2%）。浅水沼泽植被由于容易与水田混淆而导致用户精度最低。此外，在没有对 ZY-3 MS 数据进行变量选择的所有分类方案中，白桦-白杨林和水体在所有植被类别取得了最高的分类精度，用户精度超过 78.9%。旱地和灌草植被的用户精度超过 66.7%。水田的用户精度低于 62.5%，与使用 GF-1 PMS 数据进行沼泽植被分类时的用户精度相似。基于 RFE 变量选择算法对 ZY-3 MS 数据的方案四进行变量选择明显提高了浅水沼泽植被和水田的分类精度。然而，由于 ZY-3 MS 数据的空间分辨率较为粗糙，因此使用 ZY-3 数据的除浅水沼泽植被和水田以外的每个植被类别的分类精度都低于使用 GF-1 PMS 数据的分类精度。

McNemar（Foody，2004）卡方检验的结果（表 3-34）表明，在 95% 置信区间内，GF-1 PMS 和 ZY-3 MS 数据的分类方案一、三和四之间存在显著差异。当对 GF-1 PMS 数据各种分类方案的分类结果进行对比时发现，除基于 Boruta 变量选择算法进行变量选择的方案四外，方案一与其他 3 个分类方案之间在统计学上存在显著差异。方案三和基于 RFE 变量选择算法进行变量选择的方案四之间也存在显著差异。当对 GF-1 PMS 数据各种分类方案的分类结果进行对比时发现，方案一与其他 4 个分类方案之间在统计学上存在显著差异。同时，基于 3 种变量选择算法的方案四与方案三在统计学上存在显著差异。对于

GF-1 PMS 和 ZY-3 MS 数据的方案四，基于 RFE 变量选择算法与基于 Boruta 变量选择算法的分类结果之间的差异具有统计意义。

表 3-34　　　　　　　不同方案之间分类结果的 McNemar 卡方检验

传感器	分类方案对比	方案一	方案三	方案三（RFE）	方案四（Boruta）	方案四（VSURF）
GF-1 PMS	方案一	—	2.00*	2.67*	1.42	3.15*
	方案三		—	2.91*	1.14	1.80
	方案四（RFE）			—	2.23*	0.25
	方案四（Boruta）				—	0.06
	方案四（VSURF）					—
ZY-3 MS	方案一	—	3.52*	8.25*	4.58*	5.27*
	方案三		—	5.53*	3.41*	4.19*
	方案四（RFE）			—	3.32*	1.87
	方案四（Boruta）				—	1.69
	方案四（VSURF）					—

注：* 当 McNemar 卡方检验的结果大于 1.96 时表明 2 种分类方案的分类结果之间存在显著差异。

2. 基于多时相遥感影像的湿地植被遥感分类

下面选取多时相（6 月与 9 月）的 Sentinel-1B 和 Sentinel-2A 影像为数据源，制定出 4 种多时相主被动遥感数据组合方案，用于沼泽湿地遥感分类；分别对根据 4 种方案整合的多维数据集，进行基于尺度继承的多尺度分割，分割参数见表 3-35，得到面向对象的分割影像，建立与不同方案对应的特征数据集；采用 RF-RFE 特征选择算法对多维特征数据集进行特征优化，并进行参数调优，构建沼泽植物的最优遥感识别模型，实现对沼泽湿地中地物的识别与分类。

表 3-35　　　　　　　各种类型地物的多尺度分割参数

地物类型	分割尺度	形状/颜色	紧实度/平滑度
水体	50	0.3/0.7	0.5/0.5
水田	300	0.7/0.3	0.5/0.5
旱地	150	0.5/0.5	0.5/0.5
白桦-白杨林	30	0.5/0.5	0.5/0.5

地物类型	分割尺度	形状/颜色	紧实度/平滑度
灌草植被	10	0.7/0.3	0.5/0.5
深水沼泽植被	10	0.7/0.3	0.5/0.5
浅水沼泽植被	10	0.7/0.3	0.5/0.5

以每个数据集的最优分割为基础，利用 eCognition Developer 9.4 软件，输出影像对象的光谱特征、纹理特征、形状特征、位置特征、后向散射系数、光谱指数等参数，构建初始特征数据集（见表 3-36 和表 3-37），光谱指数计算公式见表 3-38。

表 3-36　　　　　　　　　　　　**多维度遥感数据集方案**

组合方案	数据组合	数据时相
方案一	雷达后向散射系数+纹理特征+形状特征+位置特征	6月
方案二	雷达后向散射系数+纹理特征+形状特征+位置特征	9月
方案三	多光谱波段+遥感植被指数+纹理特征+形状特征+位置特征	6月
方案四	多光谱波段+遥感植被指数+纹理特征+形状特征+位置特征	9月

表 3-37　　　　　　　　　　　　**多维遥感数据集的特征参数**

特征类型	特征名称
光谱特征	蓝光波段（Mean_B）、红光波段（Mean_R）、绿光波段（Mean_G）、多光谱红边波段 1（Mean_REG1）、多光谱红边波段 2（Mean_REG2）、多光谱红边波段 3（Mean_REG3）、近红外波段 1（Mean_NIR1）、近红外波段 2（Mean_NIR2）、短波红外波段 1（Mean_SWIR1）、短波红外波段 2（Mean_SWIR2）、亮度（Brightness）、最大化差异度量（Max_diff）
纹理特征	灰度共生矩阵同质性（homogeneity）、对比度（contrast）、非相似性（dissimilarity）、熵（entropy）、角度二阶矩（angular second_moment）、平均值（mean）、相关（correlation）、标准差（standard deviation）
位置特征	距离（distance）、坐标（coordinate）
形状特征	非对称性（asymmetry）、边界指数（border index）、紧实度（compactness）、密度（density）、椭圆拟合（elliptic fit）、主方向（main direction）、圆度（roundness）、形状指数（shape index）等
后向散射系数	同向极化后向散射系数（Mean_VV）、交叉极化后向散射系数（Mean_VH）、同向极化与交叉极化之比后向散射系数（Mean_VV/VH）

特征类型	特 征 名 称
植被指数	绿色叶绿素指数（Cl_{green}）、红边叶绿素指数（Cl_{reg}）、绿光归一化差值植被指数（GNDVI）、陆地叶绿素指数（MTCI）、归一化差值绿度指数（NDGI）、归一化差值红边植被指数1（NDRE1）、归一化差值红边植被指数2（NDRE2）、红边归一化差值植被指数1（$NDVI_{re1}$）、红边归一化差值植被指数2（$NDVI_{re2}$）、红边归一化差值植被指数3（$NDVI_{re3}$）、归一化植被指数（NDVI）、比值植被指数（RVI）
水体指数	归一化水体指数（NDWI）

表 3-38　　　　　　　　　　　　　　　**植被指数及水体指数计算公式**

特征类型	指数简称	计 算 公 式	参考文献
植被指数	Cl_{green}	（NIR2/GREEN）-1	（Gitelson et al.，2003）（Gitelson et al.，1996）（Wu et al.，2009）（田庆久和闵祥军，1998）（张磊等，2019）
	Cl_{reg}	（REG3/GREEN）-1	
	GNDVI	见表 3-2	
	MTCI	（REG3$-$REG1）／（REG1+RED）	
	NDGI	（GREEN$-$RED）／（GREEN+RED）	
	NDRE1	（REG2$-$REG1）／（REG2+REG1）	
	NDRE2	（REG3$-$REG1）／（REG3+REG1）	
	NDVI	见表 3-2	
	$NDVI_{re1}$	（NIR2$-$REG1）／（NIR2+REG1）	
	$NDVI_{re2}$	（NIR2$-$REG2）／（NIR2+REG2）	
	$NDVI_{re3}$	（NIR2$-$REG3）／（NIR2+REG3）	
	RVI	见表 3-2	
水体指数	NDWI	（GREEN$-$NIR2）／（GREE￥N+NIR2）	

　　采用 RFE 算法，对特征变量进行特征优选，然后将优选后的特征数据集作为输入数据集，设置 mtry 的范围为 1～15，ntree 起始值为 100，以 500 为步长，采用网格搜索法，进行参数优化，得到各个多维数据集方案下的最佳参数值，使用优化后的 RF 模型对湿地进行遥感识别分类。优选变量的排序结果（见图 3-32）显示，基于后向散射特征变量的方案一和方案二的重要性位居前 3 位的特征变量都分别为交叉极化方式的后向散射系数（Mean_VH）、同向极化方式的后向散射系数（Mean_VV）和最大化差异度量（Max_ diff），说明通过对 SAR 数据的处理，使其能够以地物的后向散射系数来反映地物特征，之后较为重要的特征变量为位置特征和纹理特征。在方案一的变量中，像元坐标（Y_Max _Pxl）为位置特征变量中最重要的变量，熵（GLCM_Ent_2）为纹理特征变量中最重要的变量。在方案二的变量中，熵（GLCM_Entro）为纹理特征变量中最重要的变量，距离（Y_distance）为位置特征变量中最重要的变量。在方案三的变量中，重要性位居前 3 位的特征变量分别为亮度（Brightness）、多光谱红边波段 1（Mean_REG1）和红边叶绿素指数（Cl$_{green}$），这是因为红外波段和近红外波段是植物的敏感光谱波段；归一化水指数（NDWI）的重要性位居第 5 位，该指数能突出水体信息，使水体区别于植物；3 个可见光波段的变量重要性位居第 6 位、第 7 位和第 8 位；重要性位居第 11 位的像元坐标（X_ Min_Pxl）是位置特征变量中最重要的变量。在方案四的变量中，重要性位居前 20 位的特征变量由光谱特征、植被指数和水体指数组成，归一化红边差值植被指数 1（NDRE1）、近红外波段 1（Mean_NIR1）、可见光红光波段（Mean_R）为重要性位居前 3 位的特征变量。

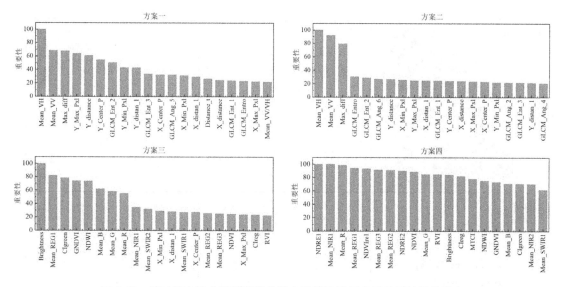

图 3-32 单时相主被动遥感影像分类方案优选特征变量重要性得分排序

表 3-39 为利用 4 种方案数据的分类结果精度及 RF 模型最佳参数，从中可以看出，方案一的分类精度最低，总体分类精度为 76.77%，模型的最佳 mtry 和 ntree 分别为 10 和 1000，最佳输入变量个数为 27 个。分类效果最好的为方案三，总体分类精度为 90.40%，模型最佳 mtry 和 ntree 分别为 13 和 1500，最佳输入变量个数为 44 个。

表 3-39　　　　　　　　　　　利用 4 种方案数据的分类结果精度及 RF 模型最佳参数

方案	优选变量数/个	mtry	ntree	总体精度（%）	Kappa 系数	95%置信区间（%）
方案一	27	10	1000	76.77	0.721	70.25~82.46
方案二	48	7	1000	77.78	0.732	71.34~83.36
方案三	44	13	1500	90.40	0.885	85.42~94.12
方案四	68	5	500	89.39	0.872	84.25~93.31

　　如图 3-33 所示，将沼泽湿地地物信息提取结果可视化，并与原始影像进行对比，结果显示，在方案一和方案二的分类结果中，一部分深水沼泽植被和浅水沼泽植被被错分为水体，这是由于雷达数据对水体比较敏感，提取的沼泽信息不够准确，尤其是灌草植被、深水沼泽植被和浅水沼泽植被会出现明显错分。方案三和方案四的分类结果比只利用 SAR 特征数据的方案一和方案二有显著提高，但是在灌草植被、深水沼泽植被和水体的分类方面还是不够精确。

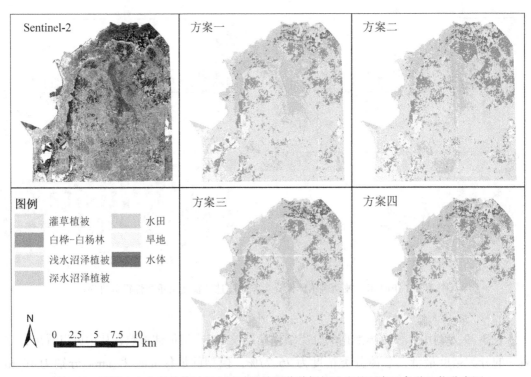

图 3-33　利用 4 个方案的单时相主被动遥感影像数据提取出的研究区各种地物分布图
（左上角影像为 Sentinel-2A 2020 年 6 月 13 日影像）

　　利用单时相单数据源的方案一和方案四提取出的水田的生产者精度和用户精度都为

100%；利用方案一数据提取出的水体的生产者精度和用户精度分别为 100% 和 90.48%（见表 3-40）。这是因为长波雷达 C 波段穿透植被冠层能力比较强，对土壤水分和覆盖水体也很敏感；而对深水沼泽植被、浅水沼泽植被和灌草植被混分比较严重，尤其是将灌草植被与浅水沼泽植被混淆、深水沼泽植被与浅水沼泽植被混淆的现象比较严重，这是因为光谱特征是区分植被的主要特征，由于缺少光谱特征数据使得分类效果较差。利用方案四数据提取的旱地生产者精度和用户精度分别为 90% 和 94.74%，提取的水体生产者精度和用户精度分别为 78.95% 和 88.24%，但是，水体与深水沼泽植被的混分现象比较严重。

表 3-40　　　　　　　　　　利用 2 种方案数据的分类结果混淆矩阵

数据组合方案	地物类型	灌草植被	深水沼泽植被	旱地	水田	浅水沼泽	白桦-白杨林	水体	合计	生产者精度（%）	用户精度（%）
方案一	灌草植被	25	5	1	0	6	3	0	40	62.50	62.50
	深水沼泽植被	2	26	0	0	2	1	0	31	68.42	83.87
	旱地	1	1	17	0	0	2	0	21	85.00	80.95
	水田	0	0	0	6	0	0	0	6	100.00	100.00
	浅水沼泽植被	9	5	0	0	28	0	0	42	73.68	66.67
	白桦-白杨林	2	1	2	0	1	31	0	37	83.78	83.78
	水体	1	0	0	0	1	0	19	21	100.00	90.48
	合计	40	38	20	6	38	37	19	198		
方案四	灌草植被	34	1	1	0	3	0	0	39	85.00	87.18
	深水沼泽植被	3	34	0	0	1	0	4	42	89.47	80.95
	旱地	0	0	18	0	1	0	0	19	90.00	94.74
	水田	0	0	0	6	0	0	0	6	100.00	100.00
	浅水沼泽植被	2	1	0	0	33	0	0	36	89.19	91.67
	白桦-白杨林	1	0	1	0	0	37	0	39	100.00	94.87
	水体	0	2	0	0	0	0	15	17	78.95	88.24
	合计	40	38	20	6	37	37	19			

3.2.2　基于深度学习算法的湿地植被多光谱遥感分类研究

以下选用 GF-1、GF-2 与 ZY-3，以及 Sentinel-2A 与 Landsat 8 OLI 等多尺度遥感数据

为数据源，以 ALOS 12.5m DEM 数据作为正射校正的基准，并基于 DeepLabV3plus 深度学习网络系统性地构建空间分辨率从 30m 到 0.8m，光谱波段从蓝波段（450nm）到短波红外波段（2280nm）的 12 种沼泽植被智能识别模型，定量分析 DeepLabV3plus 网络对复杂沼泽植被识别的适用性和识别能力，以及不同遥感数据集识别沼泽植被精度的差异，在训练过程中模型的 EPOCH 为 30，每种数据被分割成 10 万张 256×256 像素大小的数据集。

为探究不同空间分辨率和光谱波段范围对沼泽植被智能识别精度的影响，以下分 3 部分进行数据集构建：①鉴于 5 种卫星影像的光谱波段数量不一致，选取相同的 4 个波段（Blue、Green、Red 与 Near infrared），分析 8 种空间分辨率对沼泽湿地植被的智能识别精度的影响；②在 Sentinel-2A 中选取 10 个多光谱波段（无 Coastal aerosol、Water vapour 与 SWIR-Cirrus 波段）构建模型，并利用 ENVI5.5 将 Sentinel-2A 中的 10 个多光谱波段与空间分辨率为 0.8m 的全色波段数据进行 GS 融合，以探究光谱波段范围对沼泽湿地植被智能识别精度的影响；③因部分植被间的光谱特征相似，难以区分，加入归一化差异植被指数（NDVI）、归一化差异水体指数（NDWI）、增强型植被指数（EVI）、优化土壤调节植被指数（OSAVI）、红边 1 归一化差异植被指数（$NDVI_{re1}$）、归一化红边 1 植被指数（NREDI1）、归一化红边 2 植被指数（NREDI2）、归一化红边 3 植被指数（NREDI3）与植物衰老反射植被指数（PSRI）以增加植被间的区分度（Alfonso et al., 2013）。光谱指数计算公式见表 3-41。构建的 12 种沼泽植被智能识别模型信息见表 3-42。

表 3-41 光谱指数的计算公式

光谱指数	简称	计算公式
归一化植被指数	NDVI	见表 3-2
归一化水体指数	NDWI	见表 3-38
优化土地调节植被指数	OSAVI	见表 3-2
增强型植被指数	EVI	见表 3-2
红边 1 归一化植被指数	$NDVI_{re1}$	见表 3-38
归一化红边 1 植被指数	NREDI1	$(B_{Re2} - B_{Re1})/(B_{Re2} + B_{Re1})$
归一化红边 2 植被指数	NREDI2	$(B_{Re3} - B_{Re1})/(B_{Re3} + B_{Re1})$
归一化红边 3 植被指数	NREDI3	$(B_{Re3} - B_{Re2})/(B_{Re3} + B_{Re2})$
植物衰老反射植被指数	PSRI	$(B_{Red} - B_{Green})/B_{Re1}$

表 3-42　　　　　　　　　　基于 **DeepLabV3plus** 的沼泽植被智能识别模型

类别	模型数量	模型名称	传感器	空间分辨率（m）	输入的光谱波段
空间分辨率模型	8	GF2-B4（0.8m）	GF-2 PMS	0.8	4 Bands（Blue、Green、Red & NIR）
		GF1-B4（2m）	GF-1 PMS	2	
		GF2-B4（4m）	GF-2 PMS	4	
		ZY3-B4（5.8m）	ZY-3 MS	5.8	
		GF1-B4（8m）	GF-1 PMS	8	
		S2-B4（10m）	Sentinel-2A	10	
		L8-B4（15m）	Landsat-8	15	
		L8-B4（30m）	Landsat-8	30	
光谱波段模型	2	S2-B10（10m）	Sentinel-2A	10	10Bands（Blue、Green、Red、NIR1、NIR2、Vegetation Red Edge1、Vegetation Red Edge2、Vegetation Red Edge3、SWIR1、SWIR2）
		GF2&S2-B10（0.8m）	GF-2 PMS	0.8	
光谱指数模型	2	S2-B10-9I（10m）	Sentinel-2A	10	10 Bands（Blue、Green、Red、NIR1、NIR2、Vegetation Red Edge1、Vegetation Red Edge2、Vegetation Red Edge3、SWIR1、SWIR2）&9 Indices（EVI、NDWI、NDVI、OSAVI、$NDVI_{re1}$、NREDI1、NREDI2、NREDI3、PSRI）
		GF2&S2-B10-9I（0.8m）	GF-2 PMS	0.8	

1. 不同空间分辨率影像的沼泽植被遥感分类

为定量分析在相同光谱范围下 8 种不同空间分辨率遥感数据集对沼泽植被识别精度的影响，从中选取空间分辨率为 0.8m、4m、10m 与 30m 的模型分类结果进行对比分析。由图 3-34 可看出，在 4 种模型分类结果中，GF2-B4（0.8m）模型与 GF2-B4（4m）模型对水体与深水沼泽植被的分类效果较好，而 S2-B4（10m）模型与 L8-B4（30m）模型中部分水体被错分为植被，部分深水沼泽植被被误分为浅水沼泽植被。这说明空间分辨率较高的影像对沼泽植被的分类效果较好，植被的错分情况也较少。

由表 3-43 可知，随着空间分辨率的提高，8 种模型的分类精度依次上升，其中 L8-B4（30m）模型分类精度最低（总体分类精度为 76.4%，Kappa 系数为 0.708），与之相比其他 7 种空间分辨率的模型分类精度皆有不同程度的提升，结合图 3-35 可知，中空间分辨率（10m 与 15m）模型的总体分类精度的增长率范围在 1%~10% 之间，高空间分辨率

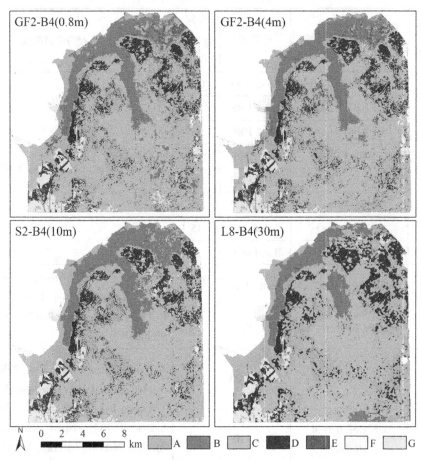

图 3-34　4 种不同空间分辨率 DeepLabV3plus 沼泽植被识别模型结果

（8m～2m）模型的总体分类精度的增长率范围在 10%～15% 之间，亚米级空间分辨率（0.8m）模型的总体分类精度的增长率在 15% 以上，增长率最高可达 17.05%。其中，在 3 种中空间分辨率（30m～10m）模型中，总体分类精度由 L8-B4（30m）模型的 76.4% 上升至 S2-B4（10m）模型的 81.5%，总体分类精度的增长率为 6.74%；在 4 种高空间分辨率（8m～2m）模型中，总体分类精度由 GF1-B4（8m）模型的 84.4% 上升至 GF1-B4（2m）模型的 87.7%，总体分类精度的增长率为 3.89%，与 S2-B4（10m）模型相比 GF1-B4（2m）模型的总体分类精度的增长率为 7.52%；GF2-B4（0.8m）模型分类精度最高，总体分类精度为 89.4%，Kappa 系数为 0.871，与 GF1-B4（2m）模型相比总体分类精度的增长率为 1.99%。McNemar 卡方检验（见表 3-44）表明，在 95% 置信度下，不同空间分辨率模型之间存在显著差异。由于空间分辨率分别为 5.8m、4m 和 2m 的模型的总体分类精度没有显著改善，因此两个相邻模型之间没有显著差异，但是这些模型与其他模型之间存在显著差异。

表3-43　　　　　　　不同空间分辨率 DeepLabV3plus 沼泽植被识别模型
总体精度的提升幅度与 Kappa 值（OA 为总体精度）

模型	L8-B4 (30m)	L8-B4 (15m)	S2-B4 (10m)	GF1-B4 (8m)	ZY3-B4 (5.8m)	GF2-B4 (4m)	GF1-B4 (2m)	GF2-B4 (0.8m)
L8-B4 (30m)	0	—	—	—	—	—	—	—
L8-B4 (15m)	1.63%	0	—	—	—	—	—	—
S2-B4 (10m)	6.74%	5.03%	0	—	—	—	—	—
GF1-B4 (8m)	10.47%	8.70%	3.49%	0	—	—	—	—
ZY3-B4 (5.8m)	13.72%	11.90%	6.54%	2.95%	0	—	—	—
GF2-B4 (4m)	14.42%	12.59%	7.19%	3.58%	0.61%	0	—	—
GF1-B4 (2m)	14.77%	12.93%	7.52%	3.89%	0.92%	0.31%	0	—
GF2-B4 (0.8m)	17.05%	15.18%	9.66%	5.96%	2.93%	2.30%	1.99%	0
OA/%	76.4	77.6	81.5	84.4	86.9	87.4	87.7	89.4
Kappa	0.708	0.724	0.774	0.808	0.839	0.846	0.849	0.871

表3-44　　　　　　　不同空间分辨率模型的分类结果的 McNemar 卡方检验

模型	L8-B4 (30m)	L8-B4 (15m)	S2-B4 (10m)	GF1-B4 (8m)	ZY3-B4 (5.8m)	GF2-B4 (4m)	GF1-B4 (2m)	GF2-B4 (0.8m)
L8-B4 (30m)	—	4.02[*]	18.7[*]	29.3[*]	38.7[*]	40.7[*]	41.7[*]	48.3[*]
L8-B4 (15m)	—	—	14.0[*]	24.7[*]	34.0[*]	36.0[*]	37.0[*]	43.7[*]
S2-B4 (10m)	—	—	—	10.0[*]	19.3[*]	21.3[*]	22.3[*]	29.0[*]
GF1-B4 (8m)	—	—	—	—	8.68[*]	10.7[*]	11.7[*]	18.3[*]
ZY3-B4 (5.8m)	—	—	—	—	—	1.39	2.37[*]	9.01[*]
GF2-B4 (4m)	—	—	—	—	—	—	0.44	7.01[*]
GF1-B4 (2m)	—	—	—	—	—	—	—	6.02[*]
GF2-B4 (0.8m)	—	—	—	—	—	—	—	-

注：[*] 当 McNemar 卡方检验的结果大于 1.96 时表明 2 种分类方案的分类结果之间存在显著差异。

由表3-45可知，在 GF2-B4（0.8m）模型中，浅水沼泽植被的生产者精度与用户精度都为 85.2%；在 GF1-B4（2m）模型中，灌草植被的用户精度（92.3%）较高，但生产者精度只有 76.1%；在 L8-B4（15m）模型中，浅水沼泽植被的生产者精度（92.9%）较高，但用户精度只有 61.3%。鉴于此本节使用平均精度（生产者精度与用户精度的均值）来分析模型对植被的分类情况。

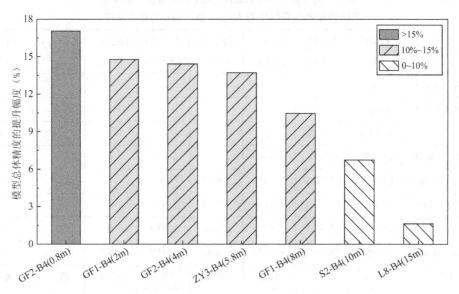

图 3-35　空间分辨率为 15m~0.8m 模型总体精度的增长率

表 3-45　　　　　　　　不同空间分辨率 DeepLabV3plus 模型中各地类的分类精度

空间分辨率	精度	A	B	C	D	E	F	G
GF2-B4（0.8m）	PA/%	78.4	78.7	85.2	99.0	92.4	100	92.9
	UA/%	84.2	82.1	85.2	94.5	92.4	88.1	98.1
	AA/%	81.3	80.4	85.2	96.8	92.4	94.1	95.5
GF1-B4（2m）	PA/%	76.1	74.6	93.5	98.7	74.1	94.6	86.6
	UA/%	92.3	74.0	78.3	93.1	96.9	100	88.2
	AA/%	84.2	74.3	85.9	95.9	85.5	97.3	87.4
GF2-B4（4m）	PA/%	67.6	68.9	91.9	99.0	84.8	100	96.4
	UA/%	83.6	80.0	81.4	92.8	89.7	86.0	95.6
	AA/%	75.6	74.5	86.7	95.9	87.25	93.0	96.0
ZY3-B4（5.8m）	PA/%	72.1	73.2	88.4	98.7	70.6	98.6	97.3
	UA/%	85.5	66.7	80.9	92.8	95.2	97.3	96.5
	AA/%	78.8	70.0	84.7	95.8	82.9	98.0	96.9
GF1-B4（8m）	PA/%	77.1	72.1	87.5	98.4	48.2	100	83.0
	UA/%	81.4	73.9	77.1	89.0	100	93.7	90.3
	AA/%	79.3	73.0	82.3	93.7	74.1	96.9	86.7

续表

空间分辨率	精度	A	B	C	D	E	F	G
S2-B4（10m）	PA/%	67.2	72.1	87.1	97.4	38.0	98.6	87.5
	UA/%	79.2	56.4	72.9	92.1	94.6	97.3	94.2
	AA/%	73.2	64.3	80.0	94.8	66.3	98.0	90.9
L8-B4（15m）	PA/%	57.8	47.5	92.9	97.4	52.2	98.6	69.6
	UA/%	86.1	63.0	61.3	84.0	96.0	83.0	98.7
	AA/%	72.0	55.3	77.1	90.7	74.1	90.8	84.2
L8-B4（30m）	PA/%	68.6	53.3	91.0	95.8	17.6	94.6	78.6
	UA/%	81.4	61.3	65.6	81.3	100	89.7	84.6
	AA/%	75.0	57.3	78.3	88.6	53.8	92.2	81.6

注：A 为灌草植被；B 为深水沼泽植被；C 为浅水沼泽植被；D 为白桦-白杨林；E 为水体；F 为水田；G 为旱地；PA 为生产者精度；UA 为用户精度；AA 为平均精度。

结合图 3-36 可知，8 种不同空间分辨率的模型对深水沼泽植被的分类精度相对较低（平均精度<81%），对灌草植被与浅水沼泽植被的分类精度要优于深水沼泽植被，而对白桦-白杨林的分类效果最好（平均精度>88%）。GF1-B4（2m）模型对灌草植被的识别精度最高，平均精度由 L8-B4（15m）模型的 72.0%提高到 84.2%，增长率为 16.94%。GF2-B4（0.8m）模型对白桦-白杨林和深水沼泽植被的识别效果最好，其中白桦-白杨林的平均精度由 L8-B4（30m）模型的 88.6%提高到 96.8%，增长率为 9.26%；深水沼泽植被的平均精度由 L8-B4（15m）模型的 55.3%提高到 80.4%，增长率为 45.39%。GF2-B4（4m）模型对浅水沼泽植被识别效果最好，平均精度由 L8-B4（15m）模型的 77.1%提高到 86.7%，增长率为 12.45%。以上分析说明高空间分辨率影像的空间信息更加丰富和精细，可在一定程度上减少像素混合，提高模型总体分类精度；但对于部分地物而言，噪声干扰相对来说较为严重，从而增加了目标提取难度。

由表 3-46 与图 3-37 可知，空间分辨率的提高可提升深水沼泽植被的分类精度，增长率范围为 1.78%~45.39%。在 3 种中空间分辨率（30m~10m）模型中，深水沼泽植被平均精度由 L8-B4（15m）模型的 55.3%上升至 S2-B4（10m）模型的 64.3%，平均精度的增长率为 16.27%；在 4 种高空间分辨率（8m~2m）模型中，平均精度由 ZY3-B4（5.8m）模型的 70.0%上升至 GF2-B4（4m）模型的 74.5%，平均精度增长率为 6.43%，其中与 L8-B4（15m）模型相比，GF2-B4（4m）模型深水沼泽植被平均精度的增长率为 34.72%；亚米级空间分辨率（0.8m）模型中，深水沼泽植被平均精度为 80.4%，是 8 种空间分辨率模型中深水沼泽植被分类精度最高的模型，与 GF2-B4（4m）模型相比平均精度的增长率为 7.92%，与 L8-B4（15m）模型相比增长率为 40.31%。虽然空间分辨率的提高对浅水沼泽植被分类精度有一定的提升，但增长率要低于深水沼泽植被，增长率范围

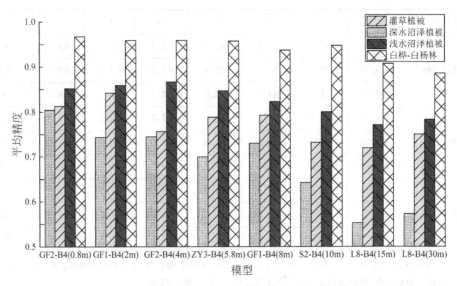

图 3-36 不同空间分辨率 DeepLabV3plus 沼泽植被模型中 4 种植被（灌草植被、深水沼泽植被、浅水沼泽植被、白桦-白杨林）的平均精度的变化趋势

为 1.48%~12.45%。在 3 种中空间分辨率（30m~10m）模型中，浅水沼泽植被的平均精度由 L8-B4（15m）模型的 77.1%上升至 S2-B4（10m）模型的 80.0%，平均精度的增长率为 3.76%；在 4 种高空间分辨率（8m~2m）模型中，GF2-B4（4m）模型浅水沼泽植被平均精度为 86.7%，是 8 种模型中分类精度最高的模型；平均精度增长率与 L8-B4（15m）模型相比 GF2-B4（4m）模型浅水沼泽植被平均精度的增长率为 12.45%，与 GF1-B4（8m）模型相比，平均精度增长率为 5.35%。

表 3-46   不同空间分辨率 DeepLabV3plus 识别模型中沼泽植被平均精度的增长率

<table>
<tr><td rowspan="2"></td><td rowspan="2">模型</td><td>L8-B4</td><td>L8-B4</td><td>S2-B4</td><td>GF1-B4</td><td>ZY3-B4</td><td>GF2-B4</td><td>GF1-B4</td><td>GF2-B4</td></tr>
<tr><td>（30m）</td><td>（15m）</td><td>（10m）</td><td>（8m）</td><td>（5.8m）</td><td>（4m）</td><td>（2m）</td><td>（0.8m）</td></tr>
<tr><td rowspan="8">深水沼泽植被</td><td>L8-B4（30m）</td><td>0</td><td>—</td><td>—</td><td>—</td><td>—</td><td>—</td><td>—</td><td>—</td></tr>
<tr><td>L8-B4（15m）</td><td>−3.58%</td><td>0</td><td>—</td><td>—</td><td>—</td><td>—</td><td>—</td><td>—</td></tr>
<tr><td>S2-B4（10m）</td><td>12.13%</td><td>16.27%</td><td>0</td><td>—</td><td>—</td><td>—</td><td>—</td><td>—</td></tr>
<tr><td>GF1-B4（8m）</td><td>27.40%</td><td>32.13%</td><td>13.62%</td><td>0</td><td>—</td><td>—</td><td>—</td><td>—</td></tr>
<tr><td>ZY3-B4（5.8m）</td><td>22.08%</td><td>26.61%</td><td>8.87%</td><td>−4.18%</td><td>0</td><td>—</td><td>—</td><td>—</td></tr>
<tr><td>GF2-B4（4m）</td><td>29.93%</td><td>34.72%</td><td>15.88%</td><td>1.99%</td><td>6.43%</td><td>0</td><td>—</td><td>—</td></tr>
<tr><td>GF1-B4（2m）</td><td>29.67%</td><td>34.48%</td><td>15.64%</td><td>1.78%</td><td>6.22%</td><td>−0.20%</td><td>0</td><td>—</td></tr>
<tr><td>GF2-B4（0.8m）</td><td>40.31%</td><td>45.39%</td><td>25.14%</td><td>10.14%</td><td>14.94%</td><td>7.92%</td><td>8.21%</td><td>0</td></tr>
</table>

续表

模型	L8-B4 (30m)	L8-B4 (15m)	S2-B4 (10m)	GF1-B4 (8m)	ZY3-B4 (5.8m)	GF2-B4 (4m)	GF1-B4 (2m)	GF2-B4 (0.8m)
L8-B4（30m）	0	—	—	—	—	—	—	—
L8-B4（15m）	−1.53%	0	—	—	—	—	—	—
S2-B4（10m）	2.17%	3.76%	0	—	—	—	—	—
GF1-B4（8m）	5.11%	6.74%	2.87%	0	—	—	—	—
ZY3-B4（5.8m）	8.11%	9.79%	5.81%	2.86%	0	—	—	—
GF2-B4（4m）	10.66%	12.45%	8.31%	5.35%	2.36%	0	—	—
GF1-B4（2m）	9.71%	11.41%	7.37%	4.37%	1.48%	−0.87%	0	—
GF2-B4（0.8m）	8.81%	10.51%	6.50%	3.52%	0.65%	−1.67%	−0.81%	0

（表左侧纵向合并单元格：浅水沼泽植被）

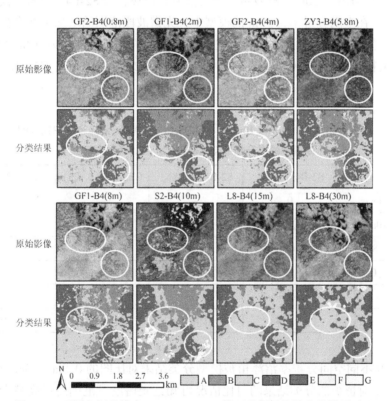

图 3-37 不同空间分辨率 DeepLabV3plus 模型的沼泽植被分类结果对比
（A 灌草植被；B 深水沼泽植被；C 浅水沼泽植被；D 白桦-白杨林；E 水体；F 水田；G 旱地）

综上所述，提高空间分辨率虽然可以提高各类地物的分类精度，但仍有部分地物存在错分现象，可能由于灌草植被、深水沼泽植被与浅水沼泽植被光谱特征相似，水田和旱地中的裸露土地及种植旱地光谱特征相似，导致模型对这几种地物类型存在混淆提取。为提高各类地物间的光谱特征差异，减少地物的错分情况，下文将探讨光谱范围对各地物识别精度的影响。由于 2 种 Landsat-8 影像空间分辨率较低，模型的总体分类效果较差，下文只选用 Sentinel-2A 影像中的多个光谱波段进行分析，鉴于 Coastal aerosol、Water vapour 与 SWIR-Cirrus 3 个波段多用于监测气溶胶、水蒸气等，本节在探讨光谱范围对各地物识别精度的影响时去除了这 3 种波段。

2. 不同光谱波段影像的沼泽植被遥感分类

由图 3-38 可看出，光谱范围的增加明显提高了沼泽植被与水体的分类效果。由表 3-47 不同光谱范围 DeepLabV3plus 沼泽植被识别模型总体分类精度增长率可知，S2-B10（10m）模型总体分类精度为 84.4%，与 S2-B4（10m）模型相比增长率为 3.56%；GF2&S2-B10（0.8m）模型总体分类精度为 91.2%，与 GF2-B4（0.8m）模型相比增长率为 2.01%，与 S2-B10（10m）模型相比增长率为 8.06%，与 S2-B4（10m）模型相比增长率为 11.90%。在空间分辨率为 10m 的模型中，光谱波段范围的增加虽然会提高模型的总体分类精度，但分类效果仍要低于光谱波段范围较低的空间分辨率为 0.8m 的模型。4 种模型总体分类精度高低为：GF2&S2-B10（0.8m）、GF2-B4（0.8m）、S2-B10（10m）、S2-B4（10m）。

表 3-47   空间分辨率为 0.8m 与 10m 的 4 种 DeepLabV3plus 沼泽植被识别模型
总体精度的提升幅度与 Kappa 值（OA 为总体精度）

	S2-B4（10m）	S2-B10（10m）	GF2-B4（0.8m）	GF2&S2-B10（0.8m）
S2-B4（10m）	0	—	—	—
S2-B10（10m）	3.56%	0	—	—
GF2-B4（0.8m）	9.69%	5.92%	0	—
GF2&S2-B10（0.8m）	11.90%	8.06%	2.01%	0
OA（%）	81.5	84.4	89.4	91.2
Kappa	0.774	0.809	0.871	0.893

由图 3-39 不同空间分辨率沼泽植被模型分类结果对比图的 0.8m、10m 影像中 4 波段与 10 波段模型对植被的分类结果的对比情况可知，光谱波段范围的提高减少了植被的错分情况，深水沼泽植被与浅水沼泽植被边界分类有明显提升。结合表 3-48 可知，在空间分辨率为 10m 的两种模型中，S2-B10（10m）模型中两种沼泽植被的分类精度都有所提高，其中深水沼泽植被平均精度为 68.2%，与 S2-B4（10m）模型相比增长率为 6.07%；浅水沼泽植被平均精度为 87.2%，与 S2-B4（10m）模型相比增长率为 9.0%。在空间分辨率为 0.8m 的两种模型中，GF2&S2-B10（0.8m）模型深水沼泽植被平均精度为 80.6%，

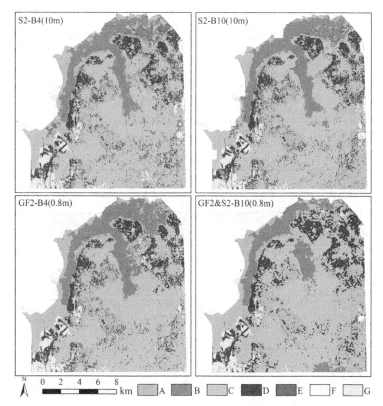

图 3-38　空间分辨率为 0.8m 与 10m 的 DeepLabV3plus 模型分类结果对比图
（A 灌草植被；B 深水沼泽植被；C 浅水沼泽植被；D 白桦-白杨林；E 水体；F 水田；G 旱地）

与 GF2-B4（0.8m）模型相比增长率为 0.25%，与 S2-B10（10m）模型相比增长率为
18.18%；GF2&S2-B10（0.8m）模型浅水沼泽植被平均精度为 85.2%，与 GF2-B4
（0.8m）模型相比增长率为 3.93%，与 S2-B10（10m）模型相比提高了 1.60%。以上分
析说明光谱波段的增加对浅水沼泽植被分类精度的提升幅度要优于深水沼泽植被，但空间
分辨率的提高对深水沼泽植被的提升幅度要优于浅水沼泽植被。

表 3-48　不同空间分辨率沼泽植被识别模型中沼泽植被平均精度的增长率（AA 为平均精度）

		S2-B4（10m）	S2-B10（10m）	GF2-B4（0.8m）	GF2&S2-B10（0.8m）
深水沼泽植被	S2-B4（10m）	0	—	—	—
	S2-B10（10m）	6.07%	0	—	—
	GF2-B4（0.8m）	25.14%	17.98%	0	—
	GF2&S2-B10（0.8m）	25.45%	18.27%	0.25%	0
	AA/%	64.3	68.2	80.4	80.6

续表

		S2-B4 (10m)	S2-B10 (10m)	GF2-B4 (0.8m)	GF2&S2-B10 (0.8m)
浅水沼泽植被	S2-B4 (10m)	0	—	—	—
	S2-B10 (10m)	8.94%	0	—	—
	GF2-B4 (0.8m)	6.50%	−2.24%	0	—
	GF2&S2-B10 (0.8m)	10.68%	1.60%	3.93%	0
	AA/%	80.0	87.2	85.2	88.5

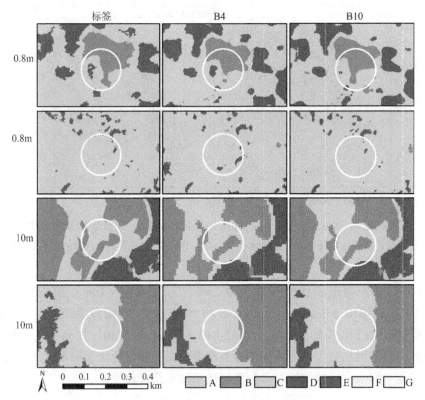

图 3-39　不同空间分辨率沼泽模型植被分类结果对比图

（A 灌草植被；B 深水沼泽植被；C 浅水沼泽植被；D 白桦-白杨林；E 水体；F 水田；G 旱地）

结合表 3-49 不同空间分辨率模型分类结果混淆矩阵可知，两种具有 10 个光谱波段的模型中，7 种地物的平均精度要优于具有 4 个光谱波段的模型。在空间分辨率为 10m 的模型中，光谱波段的增加对地物的分类效果有一定的改善，其中灌草植被平均精度由73.2% 提高到 74.7%，增长率为 2.05%，但仍有部分灌草植被被错分为其他地物；深水沼泽植被平均精度由 64.3% 提高到 68.2%，增长率为 6.1%，但部分深水沼泽植被被错分为浅水沼泽植被与灌草植被；浅水沼泽植被平均精度由 80.0% 提高到 87.2%，增长率为

9%，但部分浅水沼泽植被被错分为其他 3 种植被；水体平均精度由 66.3%提高到 70.0%，增长率为 5.58%。空间分辨率为 10m 的 2 种模型中，水田、白桦-白杨林、旱地平均精度都在 90%以上，光谱波段的增加对 3 种地物的分类精度有小幅提升。在空间分辨率为 0.8m 的模型中，光谱波段的增加对地物的分类效果有一定的改善，其中灌草植被平均精度由 81.3%提高到 86.3%，增长率为 6.15%，但仍有部分灌草植被被错分为其他地物；深水沼泽植被平均精度由 80.4%提高到 80.6%，增长率较小，但仍有部分深水沼泽植被被错分为浅水沼泽植被；浅水沼泽植被平均精度由 85.2%提高到 88.5%，增长率为 3.87%，但部分浅水沼泽植被被错分为深水沼泽植被与灌草植被。空间分辨率为 0.8m 的 2 种模型中，水体、水田、白桦-白杨林和旱地平均精度都在 90%以上，光谱波段的增加对 4 种地物的分类精度均有小幅提升。McNemar 卡方检验（见表 3-50）表明，在置信度为 95%的情况下，这四个模型之间存在统计学上的显著差异。

表 3-49　　　　　　　　　　不同空间分辨率模型分类结果混淆矩阵

		A	B	C	D	E	F	G	T
S2-B4（10m）	A	137	7	5	4	14	0	6	173
	B	13	88	13	0	42	0	0	156
	C	30	26	183	4	1	1	6	251
	D	19	1	5	304	0	0	1	330
	E	2	0	0	0	35	0	0	37
	F	0	0	1	0	0	73	1	75
	G	3	0	3	0	0	0	98	104
	T	204	122	210	312	92	74	112	1126
	AA	73.2%	64.3%	80.0%	94.8%	66.3%	98.0%	90.9%	
S2-B10（10m）	A	131	5	4	2	10	0	2	154
	B	12	90	2	0	40	0	0	144
	C	24	27	200	1	1	0	0	253
	D	29	0	3	309	0	0	5	346
	E	2	0	0	0	41	0	0	43
	F	0	0	0	0	0	74	0	74
	G	6	0	1	0	0	0	105	112
	T	204	122	210	312	92	74	112	1126
	AA	74.7%	68.2%	87.2%	94.2%	70.0%	100.0%	93.8%	

续表

		A	B	C	D	E	F	G	T
GF2-B4 （0.8m）	A	160	7	14	3	5	0	1	190
	B	6	96	13	0	2	0	0	117
	C	12	19	179	0	0	0	0	210
	D	13	0	2	309	0	0	3	327
	E	6	0	1	0	85	0	0	92
	F	6	0	0	0	0	74	4	84
	G	1	0	0	0	0	0	104	106
	T	204	122	210	312	92	74	112	1126
	AA	81.3%	80.4%	85.2%	96.8%	92.4%	94.0%	95.5%	
GF2&S2-B10 （0.8m）	A	160	0	2	3	3	0	2	170
	B	7	95	7	0	5	0	0	114
	C	19	26	201	0	1	0	0	247
	D	10	1	0	309	0	0	1	321
	E	3	0	0	0	83	0	0	86
	F	4	0	0	0	0	74	4	82
	G	1	0	0	0	0	0	105	106
	T	204	122	210	312	92	74	112	1126
	AA	86.3%	80.6%	88.5%	97.7%	93.4%	95.1%	96.4%	

注：A 为灌草植被；B 为深水沼泽植被；C 为浅水沼泽植被；D 为白桦-白杨林；E 为水体；F 为水田；G 为旱地；T 为总计；AA 为平均精度。

表 3-50　　　　　　　不同光谱波段模型分类结果的 McNemar 卡方检验

分类模型	S2-B4（10m）	S2-B10（10m）	GF2-B4（0.8m）	GF2&S2-B10（0.8m）
S2-B4（10m）	—	10.0*	29.0*	36.0*
S2-B10（10m）		—	18.3*	25.3*
GF2-B4（0.8m）			—	6.35*
GF2&S2-B10（0.8m）				—

注：＊当 McNemar 卡方检验的结果大于 1.96 时表明 2 种分类方案的分类结果之间存在显著差异。

综上所述，光谱波段的增加虽提高了模型总体分类精度，但部分植被仍因光谱特征相似而存在错分现象，鉴于此下节则在 10 个光谱波段数据中增加了多种植被指数、土壤指数与水体指数，研究光谱指数对沼泽植被的智能识别精度的影响，并定量分析光谱指数对沼泽植被分类精度的提升幅度。

3. 整合影像多种光谱指数的沼泽植被遥感分类

由图 3-40 S2-B10-9I（10m）与 GF2&S2-B10-9I（0.8m）模型分类结果可知，加入光谱指数的模型分类结果中，水体与沼泽植被的错分现象明显降低。由表 3-51 空间分辨率模型为 0.8m 与 10m 6 种 DeepLabV3pLus 沼泽植被识别模型总体精度的提升幅度，可知，S2-B10-9I（10m）模型总体分类精度为 86.8%，与 S2-B10（10m）模型相比增长率为 2.84%，与 S2-B4（10m）模型相比增长率为 6.50%；GF2&S2-B10-9I（0.8m）模型总体分类精度为 92.8%，与 GF2-B4（0.8m）模型相比增长率为 3.80%，与 GF2&S2-B10（0.8m）模型相比增长率为 1.75%，与 S2-B10-9I（10m）模型相比增长率为 6.91%，与 S2-B4（10m）模型相比增长率为 13.87%。6 种模型总体分类精度高低为：GF2&S2-B10-9I（0.8m）> GF2&S2-B10（0.8m）> GF2-B4（0.8m）> S2-B10-9I（10m）> S2-B10（10m）> S2-B4（10m）。

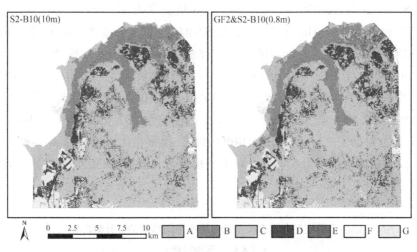

图 3-40 S2-B10-9I（10m）与 GF2&S2-B10-9I（0.8m）模型分类结果
（A 为灌草植被，B 为深水沼泽植被，C 为浅水沼泽植被，
D 为白桦-白杨林，E 为水体，F 为水田，G 为旱地）

表 3-51 　　　　　　沼泽植被识别模型总体精度的提升幅度（**OA** 为总体精度）

模型 OA	S2-B4 （10m）	S2-B10 （10m）	S2-B10-9I （10m）	GF2-B4 （0.8m）	GF2&S2-B10 （0.8m）	GF2&S2-B10-9I （0.8m）
S2-B4（10m）	0	—	—	—	—	—
S2-B10（10m）	3.56%	0	—	—	—	—
S2-B10-9I（10m）	6.50%	2.84%	0	—	—	—

模型 OA	S2-B4 （10m）	S2-B10 （10m）	S2-B10-9I （10m）	GF2-B4 （0.8m）	GF2&S2-B10 （0.8m）	GF2&S2-B10-9I （0.8m）
GF2-B4（0.8m）	9.69%	5.92%	3.00%	0	—	—
GF2&S2-B10（0.8m）	11.90%	8.06%	5.07%	2.01%	0	—
GF2&S2-B10-9I（0.8m）	13.87%	9.95%	6.91%	3.80%	1.75%	0
OA/%	81.5	84.4	86.8	89.4	91.2	92.8
Kappa	0.774	0.809	0.838	0.871	0.893	0.912

　　由图 3-41 不同空间分辨率模型沼泽植被分类结果对比图可知，添加光谱指数的模型对深水沼泽植被与浅水沼泽植被的识别效果最好，错分情况明显减少。由表 3-52 不同空间分辨率模型沼泽植被平均精度的提升幅度可知，在空间分辨率为 10m 的三种模型中，S2-B10-9I（10m）模型中深水沼泽植被的平均精度为 76.1%，与 S2-B4（10m）模型相比增长率为 18.35%，与 S2-B10（10m）模型相比增长率为 11.58%；S2-B10-9I（10m）模型中浅水沼泽植被的平均精度为 87.0%，与 S2-B4（10m）模型相比增长率为 8.75%，但要低于 S2-B10（10m）模型的分类精度。GF2&S2-B10-9I（0.8m）模型中深水沼泽植被平均精度为 90.7%，与 GF2-B4（0.8m）模型相比增长率为 12.81%，与 GF2&S2-B10（0.8m）模型相比增长率为 12.53%，与 S2-B10-9I（10m）模型相比增长率为 19.19%；GF2&S2-B10-9I（0.8m）模型中浅水沼泽植被平均精度为 92.6%，与 GF2-B4（0.8m）模型相比增长率为 8.69%，与 GF2&S2-B10（0.8m）模型相比增长率为 4.63%，与 S2-B10-9I（10m）模型相比增长率为 6.44%。以上分析说明光谱指数的添加对深水沼泽分类效果的提升较为明显。

表 3-52 　　　　　　　　不同空间分辨率模型沼泽植被平均精度的提升幅度
（AA 为平均精度）

		S2-B4 （10m）	S2-B10 （10m）	S2-B10-9I （10m）	GF2-B4 （0.8m）	GF2&S2-B10 （0.8m）	GF2&S2-B10-9I （0.8m）
深水沼泽植被	S2-B4（10m）	0	—	—	—	—	—
	S2-B10（10m）	6.07%	0	—	—	—	—
	S2-B10-9I（10m）	18.35%	11.58%	0	—	—	—
	GF2-B4（0.8m）	25.04%	17.89%	5.65%	0	—	—
	GF2&S2-B10（0.8m）	25.35%	18.18%	5.91%	0.25%	0	—
	GF2&S2-B10-9I（0.8m）	41.06%	32.99%	19.19%	12.81%	12.53%	0
	AA/%	64.3	68.2	76.1	80.4	80.6	90.7

续表

		S2-B4 (10m)	S2-B10 (10m)	S2-B10-9I (10m)	GF2-B4 (0.8m)	GF2&S2-B10 (0.8m)	GF2&S2-B10-9I (0.8m)
浅水沼泽植被	S2-B4 (10m)	0	—	—	—	—	—
	S2-B10 (10m)	9.00%	0	—	—	—	—
	S2-B10-9I (10m)	8.75%	−0.23%	0	—	—	—
	GF2-B4 (0.8m)	6.50%	−2.29%	−2.07%	0	—	—
	GF2&S2-B10 (0.8m)	10.63%	1.49%	1.72%	3.87%	0	—
	GF2&S2-B10-9I (0.8m)	15.75%	6.19%	6.44%	8.69%	4.63%	0
	AA/%	80.0	87.2	87.0	85.2	88.5	92.6

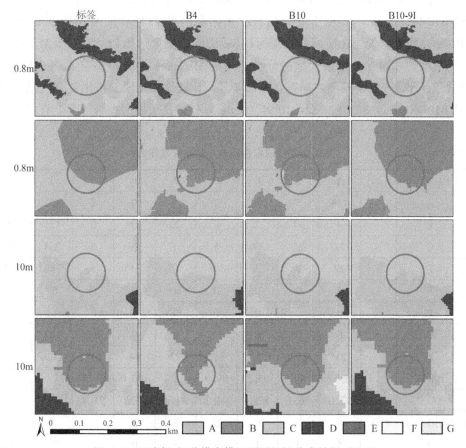

图 3-41　不同空间分辨率模型沼泽植被分类结果对比图

（A 灌草植被；B 深水沼泽植被；C 浅水沼泽植被；D 白桦-白杨林；E 水体；F 水田；G 旱地）

结合表 3-53 模型分类结果混淆矩阵可知，空间分辨率为 0.8m 与 10m 的 6 种模型混淆矩阵中，白桦-白杨林、水田、旱地的平均精度在 90% 以上，说明这 3 种地物的错分情况较少；而灌草植被与深水沼泽植被的平均精度相对较低，两种植被多存在错分的情况。结合表 3-54 不同光谱指数模型的分类结果的 McNemar 卡方检验可知，在 3 种空间分辨率为10m 的模型中，S2-B10-9I（10m）模型中灌草植被平均精度由 S2-B4（10m）模型的73.2%（见表 3-49）提升为 77%，增长率为 5.19%；深水沼泽植被平均精度（见表 3-52）由 64.3% 提升为 76.1%，增长率为 18.35%；水体平均精度由 66.3%（见表 3-49）提升到84.4%（见表 3-51），增长率为 27.3%；但 S2-B10-9I（10m）模型中浅水沼泽植被、旱地平均精度要低于 S2-B10（10m）模型，说明在空间分辨率为 10m 的模型中光谱指数的添加限制了这两种地类的分类精度。在 3 种空间分辨率为 0.8m 的模型中（见表 3-52），GF2&S2-B10-9I（0.8m）模型中深水沼泽植被由 GF2-B4（0.8m）模型的 80.4% 提高到90.7%，增长率为 12.81%；浅水沼泽植被由 85.2% 提高至 92.6%，增长率为 8.68%；但GF2&S2-B10-9I（0.8m）模型中灌草植被、水体和白桦-白杨林的平均精度要低于 GF2-B10（0.8m）模型，说明在空间分辨率为 0.8m 的模型中光谱指数的添加限制了这 3 种地类的分类精度。不同光谱指数模型的分类结果的 McNemar 卡方检验（见表 3-54）表明，在 95% 置信水平下，6 个模型之间存在显著差异。比较这 6 个模型得出的分类结果时，除GF2&S2-B10（0.8m）和 GF2&S2-B10-9I（0.8m）外，其余模型在统计学上有显著差异。

表 3-53 不同空间分辨率模型分类结果混淆矩阵

S2-B10-9I（10m）	A	B	C	D	E	F	G	T	UA/%
A	134	5	4	2	5	0	2	152	88.2
B	9	94	2	0	20	0	0	125	75.2
C	24	23	200	1	1	0	5	254	78.7
D	29	0	3	309	0	0	5	346	89.3
E	2	0	0	0	66	0	0	68	97.1
F	0	0	0	0	0	74	0	74	100.0
G	6	0	1	0	0	0	100	107	93.5
T	204	122	210	312	92	74	112	1126	
PA/%	65.7	77	95.2	99.0	71.7	100.0	89.3		
AA/%	77.0	76.1	87.0	94.2	84.4	100.0	91.4		
GF2&S2-B10-9I（0.8m）	A	B	C	D	E	F	G	T	UA/%
A	152	3	1	3	3	0	2	173	92.7
B	9	112	0	0	4	0	0	116	89.6
C	21	7	207	0	2	0	2	238	86.6
D	13	0	2	309	0	0	0	325	95.4

续表

GF2&S2-B10-9I（0.8m）	A	B	C	D	E	F	G	T	UA/%
E	5	0	0	0	83	0	0	88	94.3
F	0	0	0	0	0	74	0	74	100.0
G	4	0	0	0	0	0	108	112	96.4
T	204	122	210	312	92	74	112	1126	
PA/%	74.5	91.8	98.6	99.0	90.2	100.0	96.4		
AA/%	83.6	90.7	92.6	97.2	92.3	100.0	96.4		

（A 灌草植被；B 深水沼泽植被；C 浅水沼泽植被；D 白桦-白杨林；E 水体；F 水田；G 旱地；T 总计；PA 为生产者精度；UA 为用户精度；AA 为平均精度）

表 3-54　　　　不同光谱指数模型的分类结果的 McNemar 卡方检验

模型	S2-B4（10m）	S2-B10（10m）	S2-B10-9I（10m）	GF2-B4（0.8m）	GF2&S2-B10（0.8m）	GF2&S2-B10-9I（0.8m）
S2-B4（10m）	—	10.0*	19.0*	29.0*	36.0*	41.7*
S2-B10（10m）	—	—	8.35*	18.3*	25.3*	31.0*
S2-B10-9I（10m）	—	—	—	9.34*	16.3*	22.0*
GF2-B4（0.8m）	—	—	—	—	6.35*	6.35*
GF2&S2-B10（0.8m）	—	—	—	—	—	0.02
GF2&S2-B10-9I（0.8m）	—	—	—	—	—	—

注：*当 McNemar 卡方检验的结果大于 1.96 时表明 2 种分类方案的分类结果之间存在显著差异。

3.3　基于极化 SAR 数据的湿地植被分类研究

光学传感器容易受天气的影响，而且在夜晚难以成像，光学数据"同物异谱、异物同谱"的劣势使得湿地植被的识别分类效果不是很好。而合成孔径雷达（SAR）具有全天时、全天候和不受云雾影响的优势，能够穿透植被冠层，探测不同植被类型的垂直结构（Wang et al.，2015）。尤其是长微波可以穿透植被覆盖，对冠层下的潮湿土壤和洪水敏感（Bourgeau-Chavez et al.，2009）。另外，雷达后向散射对成像表面的介电特性（土壤和植被含水量）和几何特性（表面粗糙度）很敏感（Henderson and Lewis，2008）。1978 年美国第一颗合成孔径雷达星载卫星——L 波段的 Seasat 成功发射。在接下来的几十年中，加拿大 Radarsat-2、德国 TerraSAR、日本 ALOS、欧洲 Sentinel-1 以及我国高分 3 号（GF-3）等卫星的发射扩展了 SAR 监测地球环境的能力。

极化 SAR（PolSAR）影像是对极化信息充分利用的一种 SAR 数据，通过对发射波进行不同方式的极化组合，从而获得与目标的物理特性、化学特性和几何特性有关的极化测量数据（庄钊文等，1999）。极化散射矩阵的形式记录着 PolSAR 影像的极化特性，对极化特征充分有效地提取可以得到地物目标的对称性、取向和粗糙度等信息，这也是对影像精确分类的关键。

3.3.1 极化 SAR 目标分解基础矩阵

提取 PolSAR 分解参数的过程从本质上讲是数学的矩阵运算。散射矩阵、极化相干矩阵和协方差矩阵为相干目标分解和非相干目标分解方法的基础矩阵，极化 SAR 分解中的矩阵运算均建立在这 3 个矩阵之上。

1. 极化散射矩阵

在远场区，目标的电磁散射是一个线性转换过程，该过程可以用一个复二维矩阵来描述。对于单站的极化 SAR 系统，一组正交基 $(\vec{\mu}_H, \vec{\mu}_V)$ 可将极化散射矩阵进一步表示为

$$S(\vec{\mu}_H, \vec{\mu}_V) = \begin{bmatrix} S_{HH} & S_{HV} \\ S_{VH} & S_{VV} \end{bmatrix} \tag{3-1}$$

若后向散射矩阵满足互易性理论，即 $S_{HV} = S_{VH}$，散射矩阵进一步简化为：

$$S(\vec{\mu}_H, \vec{\mu}_V) = \begin{bmatrix} |S_{HH}|e^{j\delta_{HH}} & |S_{HV}|e^{j\delta_{HV}} \\ |S_{VH}|e^{j\delta_{VH}} & |S_{VV}|e^{j\delta_{VV}} \end{bmatrix} = e^{j\delta_{HH}}\begin{bmatrix} |S_{HH}| & |S_{HV}|e^{j(\delta_{HV}-\delta_{HH})} \\ |S_{VH}|e^{j(\delta_{VH}-\delta_{HH})} & |S_{VV}|e^{j(\delta_{VV}-\delta_{HH})} \end{bmatrix} \tag{3-2}$$

式中，$e^{j\delta_{HH}}$ 为绝对相位项。若忽略绝对相位值，极化相干矩阵 $[S]$ 包含了 5 个独立参数：3 个散射幅度和 2 个相对相位。

在全极化 SAR 数据处理过程中，为了更好地从极化相干矩阵 $[S]$ 中提取地物散射信息，通常用四维复散射矢量 k_4 将目标的散射矩阵矢量化，具体形式如下：

$$S(\vec{\mu}_H, \vec{\mu}_V) = \begin{bmatrix} S_{HH} & S_{HV} \\ S_{VH} & S_{VV} \end{bmatrix} \Rightarrow k_4 = V([S]) = \frac{1}{2}\text{Trace}([S]\psi) = \begin{bmatrix} k_0 & k_1 & k_2 & k_3 \end{bmatrix}^T \tag{3-3}$$

式中，$V(\cdot)$ 是矢量化算子，$\text{Trace}(\cdot)$ 表示矩阵的迹，ψ 是 2×2 的复单位矩阵，T 表示矩阵转置。常用的正交单位矩阵主要有 Lexicographic 基和 Pauli 基。Lexicographic 基的表达式如下：

$$\psi_L = \left\{ \begin{bmatrix} 2 & 0 \\ 0 & 0 \end{bmatrix}, \begin{bmatrix} 0 & 2 \\ 0 & 0 \end{bmatrix}, \begin{bmatrix} 0 & 0 \\ 2 & 0 \end{bmatrix}, \begin{bmatrix} 0 & 0 \\ 0 & 2 \end{bmatrix} \right\} \tag{3-4}$$

将散射矩阵 $[S]$ 矢量化表达为

$$k_{4L} = [S_{HH}, S_{HV}, S_{VH}, S_{VV}]^T \tag{3-5}$$

另一种正交单位矩阵是 Pauli 基，即

$$\psi_P = \left\{ \sqrt{2}\begin{bmatrix} 1 & 0 \\ 0 & 1 \end{bmatrix}, \sqrt{2}\begin{bmatrix} 1 & 0 \\ 0 & -1 \end{bmatrix}, \sqrt{2}\begin{bmatrix} 0 & 1 \\ 1 & 0 \end{bmatrix}, \sqrt{2}\begin{bmatrix} 0 & -i \\ i & 0 \end{bmatrix} \right\} \tag{3-6}$$

对应的 Pauli 散射矢量是

$$k_{4P} = \frac{1}{\sqrt{2}} \left[S_{HH} + S_{VV}, \ S_{HH} - S_{VV}, \ S_{HV} + S_{VH}, \ i(S_{HV} - S_{VH}) \right]^T \tag{3-7}$$

在满足互易定理条件下，即 $S_{HV} = S_{VH}$。则公式的散射矢量简化为

$$\begin{cases} k_{3P} = \dfrac{1}{\sqrt{2}} \left[S_{HH} + S_{VV}, \ S_{HH} - S_{VV}, \ 2S_{HV} \right]^T \\[2mm] k_{3L} = \dfrac{1}{\sqrt{2}} \left[S_{HH}, \ \sqrt{2}S_{HV}, \ S_{VV} \right]^T \end{cases} \tag{3-8}$$

2. 极化相干矩阵和协方差矩阵

将基于 Pauli 基的散射矢量 k_4 与自身的共轭转置矢量 k_4^{*T} 进行外积运算就可得到一个 4×4 极化相干矩阵 T_4，同理，如果采用 Lexicographic 基，就可以得到 4×4 极化协方差矩阵 C_4。在单站后向散射体制下，互易性定理可将四维 T_4 和 C_4 矩阵分别简化为三维矩阵，具体如下：

$$T_3 = \langle k_{3P} \cdot k_{3P}^{*T} \rangle = \left\langle \begin{bmatrix} |k_1|^2 & k_1 k_2^* & k_1 k_3^* \\ k_2 k_1^* & |k_2|^2 & k_2 k_3^* \\ k_3 k_1^* & k_3 k_2^* & |k_3|^2 \end{bmatrix} \right\rangle = \frac{1}{2} \begin{bmatrix} \langle |A|^2 \rangle & \langle AB^* \rangle & \langle AC^* \rangle \\ \langle A^*B \rangle & \langle |B|^2 \rangle & \langle BC^* \rangle \\ \langle A^*C \rangle & \langle B^*C \rangle & \langle |C|^2 \rangle \end{bmatrix} \tag{3-9}$$

式中，$\begin{cases} A = S_{HH} + S_{VV} \\ B = S_{HH} - S_{VV} \\ C = S_{HV} = S_{VH} \end{cases}$

$$C_3 = \langle k_{3L} \cdot k_{3L}^{*T} \rangle = \left\langle \begin{bmatrix} |k_1|^2 & k_1 k_2^* & k_1 k_3^* \\ k_2 k_1^* & |k_2|^2 & k_2 k_3^* \\ k_3 k_1^* & k_3 k_2^* & |k_3|^2 \end{bmatrix} \right\rangle = \begin{bmatrix} \langle |S_{HH}|^2 \rangle & \sqrt{2}\langle S_{HH}S_{HV}^* \rangle & \langle S_{HH}S_{VV}^* \rangle \\ \sqrt{2}\langle S_{HV}S_{HH}^* \rangle & 2\langle |S_{HV}|^2 \rangle & \sqrt{2}\langle S_{HV}S_{VV}^* \rangle \\ \langle S_{VV}S_{HH}^* \rangle & \sqrt{2}\langle S_{VV}S_{HV}^* \rangle & \langle |S_{VV}|^2 \rangle \end{bmatrix} \tag{3-10}$$

3.3.2 极化 SAR 目标分解参数提取

1. 极化相干分解参数提取

相干分解方法是将单一散射目标的散射矩阵 $[S]$ 分解成几个基本散射矩阵的组合的形式，每个散射矩阵都对应一种确定的散射机制：

$$[S] = \sum_{k=1}^{N} \alpha_k [S]_k \tag{3-11}$$

目标散射矩阵 $[S]$ 描述的是电磁散射特性，α_k 是 $[S]_k$ 对应的权重。目标相干分解方法只能用来识别和研究确定性目标。常用的相干分解方法有：Pauli 分解、Krogager 分解

和 Cameron 分解。为了深入了解相干分解理论，本节选择 Krogager 目标分解方法作为相干极化分解方法的代表，对其理论做进一步的简述。Krogager 分解方法将目标散射矩阵 $[S]$ 分解成具有明确物理意义的三个散射分量：球散射（K_s）、旋转角为 θ 的二面角散射（K_D）和螺旋体散射（K_H）。在线性正交基（H，V）下考虑散射矩阵 $[S]$，Krogager 分解可表示为

$$[S_{H,V}] = e^{j\delta}(e^{j\delta_s}k_s[S]_s + k_d[S]_d + k_h[S]_h)$$

$$= e^{j\delta}\left\{e^{j\delta_s}k_s\begin{bmatrix} 1 & 0 \\ 0 & 1 \end{bmatrix} + k_d\begin{bmatrix} \cos2\theta & \sin2\theta \\ \sin2\theta & -\cos2\theta \end{bmatrix} + k_h e^{\mp j2\theta}\begin{bmatrix} 1 & \pm j \\ \pm j & -1 \end{bmatrix}\right\} \tag{3-12}$$

式中，绝对相位 δ 为不相关参量。δ_s 和 k_s 用来描述球散射分量。相位参量 θ 和 δ_s 分别为球散射分量相对于二面角分量和螺旋体分量的偏移量，二面角分量和螺旋体分量的方位角，k_s 表示对最终散射矩阵 $[S]$ 的贡献。k_s，k_d 和 k_h 分别是球分量、二面角分量和螺旋体分量的权重（Krogager，1990）。

2. 非相干极化分解参数提取

1）基于 Stokes 矩阵的二分量分解方法

基于 Stokes 矩阵的二分量分解方法将散射矩阵 $[S]$ 分解为一个单一散射目标分量和一个分布式目标分量，最终分解结果为单一散射目标的 3 个生成因子。常用的分解方法有：Huyen、Holm、Barnes&Holm 和 Yang。经典的 Huynen 分解理论是将 Mueller 矩阵分解为单一目标散射矩阵和分布式目标的矩阵之和，用极化相干矩阵进行表示，则时变目标的极化相干矩阵 $\langle [T_3] \rangle$ 可以用 9 个自由度的实参数表示为

$$\langle [T_3] \rangle = \begin{bmatrix} \langle 2A_0 \rangle & \langle C \rangle - i\langle D \rangle & \langle H \rangle + i\langle G \rangle \\ \langle C \rangle + i\langle D \rangle & \langle B_0 \rangle + \langle B \rangle & \langle E \rangle + i\langle F \rangle \\ \langle H \rangle - i\langle G \rangle & \langle E \rangle - i\langle F \rangle & \langle B_0 \rangle - \langle B \rangle \end{bmatrix} = [T_3^S] + \langle [T_3^N] \rangle$$

$$2A_0 = \frac{1}{4}\langle |S_{HH} + S_{VV}|^2 \rangle$$

$$B_0 + B_\psi = \frac{1}{4}\langle |S_{HH} - S_{VV}|^2 \rangle$$

$$B_0 - B_\psi = \langle |S_{HV}|^2 \rangle \tag{3-13}$$

$$C_\psi + iD_\psi = \frac{1}{4}\langle |S_{HH}|^2 - |S_{VV}|^2 + 2i\mathrm{Im}\{S_{HH}^* S_{VV}\} \rangle$$

$$H_\psi - iG_\psi = \frac{1}{2}\langle S_{HV}^*(S_{HH} + S_{VV}) \rangle$$

$$E_\psi - iF_\psi = \frac{1}{2}\langle S_{HV}^*(S_{HH} - S_{VV}) \rangle$$

公式中的 9 个参数来自散射矩阵 $[S]$ 或散射矢量 k 都含有目标的散射信息，各个参

数的具体含义如下：

（1）A_0，目标的对称性因子；

（2）$B_0\text{-}B$，目标的非对称性因子；

（3）$B_0\text{+}B$，目标的非规则性因子；

（4）C，构型因子；

（5）D，局部曲率差的度量；

（6）E，表面扭转；

（7）F，目标的螺旋性；

（8）G，对称和非对称部分的耦合；

（9）H，目标的方向性。

等价单一散射目标的三个生成因子：$T_{11}=2A_0$、$T_{22}=B_0^s+B^s$ 和 $T_{22}=B_0^s-B^s$。其中，A_0 为来自散射规则、平滑和凸起部分的总散射功率，$B_0^s+B^s$ 为对称和不规则部分引起的去极化总功率，$B_0^s-B^s$ 为非对称引起的去极化总功率。

2）基于极化相干矩阵 T_3 特征矢量或者特征值分解方法

该方法是将极化相干矩阵 $\langle[T_3]\rangle$ 分解为三个相互独立目标的相干矩阵 $\{T_{0i}\}_{i=1,2,3}$ 之和，每个目标对应一种确定的散射机制，可由一个等价的简单散射矩阵进行表示。确定的散射机制成分 i 在整个散射过程中所占的权重由 $\langle[T_3]\rangle$ 的特征值 λ_i 描述，散射机制的类型则与归一化特征矢量 $\vec{\mu}_i$ 有关（Hajnsek et al., 2003）。分解方法数学表达形式如下：

$$\langle[T_3]\rangle=\sum_{i=1}^{3}\lambda_i\vec{\mu}_i\cdot\vec{\mu}_i^{*\mathrm{T}}=T_{01}+T_{02}+T_{03}\tag{3-14}$$

极化相干散矩阵 $\langle[T_3]\rangle$ 特征值的数量及其特征值之间的关系可以表述目标的散射回波的极化态：若只有一个非零特征值，则为单一散射目标；若有三个相等的特征值，为随机目标；介于两者之间，属于分布式目标。常用的基于特征矢量或特征值极化分解方法有 Cloude&Pottier H/A/alpha 分解，Holm 分解以及 Van Zyl 分解方法。

H/A/alpha 分解方法基于极化相干矩阵的特征矢量分析，将平均极化相干矩阵 $\langle[T_3]\rangle$ 通过酉相似变换对角化（Pottier and Cloude, 1997）。对于不具有反射对称性的目标，其极化相干矩阵 $[T_3]$ 可以分解成三个独立的极化相干矩阵之和，即

$$\langle[T_3]\rangle=\sum_{i=1}^{3}\lambda_i[T_i]=\lambda_1\vec{\mu}_1\cdot\vec{\mu}_1^{*\mathrm{T}}+\lambda_2\vec{\mu}_2\cdot\vec{\mu}_2^{*\mathrm{T}}+\lambda_3\vec{\mu}_3\cdot\vec{\mu}_3^{*\mathrm{T}}\tag{3-15}$$

式中，λ_i 和 μ_i 分别表示极化相干矩阵 $[T_3]$ 的特征值和特征矢量，$[T_i]$ 均表示秩为 1 的简单散射矩阵，均对应一种确定的散射机制，其对应的 λ_i 表示该散射机制的强度。特征向量 μ_i 为

$$\mu_i=e^{i\theta_i}[\cos\alpha_i\quad\sin\alpha_i\cos\beta_ie^{i\delta_i}\quad\sin\alpha_i\sin\beta_ie^{i\gamma_i}]^{\mathrm{T}}\tag{3-16}$$

3）基于协方差矩阵 C_3 的散射模型目标分解方法

该分解方法基于雷达散射回波的物理模型，对目标散射矩阵中基本散射机制进行建模，并利用组合散射模型来描述自然散射体的极化后向散射过程。常用的分解模型：

117

Freeman-Durden 二分量或者三分量散射模型、Yamaguchi 三分量或者四分量散射模型、Singh4 四分量散射模型。

　　Freeman-Durden 分解方法分别对三种基本散射机制进行建模：随机取向偶极子组成的云状冠层散射，不同介电常数的正交平面构成的偶次散射，适度粗糙表面的布拉格散射（Freeman and Durden，1998）。假设体散射、二次散射和表面散射分量之间是相互独立的，则总的后向散射模型的协方差矩阵矩阵 C_3 可表示为

$$[C_3] = [C_{3S}] + [C_{3D}] + \langle [C_{3V}] \rangle = \begin{bmatrix} f_S |\beta|^2 + f_D |\alpha|^2 + \dfrac{3f_V}{8} & 0 & f_S\beta + f_D\alpha + \dfrac{f_V}{8} \\ 0 & \dfrac{2f_V}{8} & 0 \\ f_S\beta^* + f_D\alpha^* + \dfrac{f_V}{8} & 0 & f_S + f_D + \dfrac{3f_V}{8} \end{bmatrix}$$

$$(3\text{-}17)$$

式中，f_V、f_D 和 f_S 分别为体散射分量、二次散射分量和表面散射分量的权。$\langle S_{HH}S_{VV}^* \rangle$ 实部的正负作为剩余项中的主导散射机制是二次散射和表面散射的判断标准。当 $\mathrm{Re}(\langle S_{HH}S_{VV}^* \rangle) \geq 0$ 时，表面散射是主导散射机制，参数 α 可以确定，即 $\alpha = -1$；当 $\mathrm{Re}(\langle S_{HH}S_{VV}^* \rangle) \leq 0$ 时，认为二次散射是主导散射机制，参数 $\beta = 1$（Pottier et al.，1999）。

　　为了使 Freeman-Durden 三分量散射模型适用于具有复杂几何结构的散射体，Yamaguchi 等人在已有三分量散射模型基础上引入了第四个散射分量，等价于一个螺旋散射体的散射功率（Praks and Hallikainen，2003）。该分量用于表征在所有分布式自然介质的散射中，几乎不存在的非均匀区域（如具有复杂形状的目标或者人造建筑），对应于关系式 $\langle S_{HH}S_{HV}^* \rangle \neq 0$ 和 $\langle S_{HV}S_{VV}^* \rangle \neq 0$。在 Yamaguchi 四分量散射模型中，二次散射和表面散射分量的表述方式与 Freeman-Durden 散射模型相同，通过 $10\log(|S_{VV}|^2/|S_{HH}|^2)$ 的比值，选择不同的体散射协方差矩阵 $\langle [C_{3V}] \rangle$。当 $|10\log(|S_{VV}|^2/|S_{HH}|^2)| \leq 2\mathrm{dB}$ 时，体散射分量对应的散射矩阵和协方差矩阵与 Freeman-Durden 分解方法中体散射分量的散射矩阵和协方差矩阵一致；当 $10\log(|S_{VV}|^2/|S_{HH}|^2) > 2\mathrm{dB}$ 时，体散射分量的散射模型为垂直偶极子，对应的散射矩阵和协方差矩阵为

$$\langle [C_{3V}] \rangle = \frac{1}{15}\begin{bmatrix} 8 & 0 & 2 \\ 0 & 4 & 0 \\ 2 & 0 & 3 \end{bmatrix} \tag{3-18}$$

　　当 $10\log(|S_{VV}|^2/|S_{HH}|^2) < -2\mathrm{dB}$ 时，体散射分量的散射模型为水平偶极子，其散射矩阵和协方差矩阵为

$$\langle [C_{3V}] \rangle = \frac{1}{15}\begin{bmatrix} 3 & 0 & 2 \\ 0 & 4 & 0 \\ 2 & 0 & 8 \end{bmatrix} \tag{3-19}$$

　　当 $10\log(|S_{VV}|^2/|S_{HH}|^2) > 2\mathrm{dB}$ 时，假设各散射分量（体散射、二次散射、表面散

射和螺旋散射）之间相互独立，则总的后向散射模型的协方差矩阵可表示为

$$[C_3] = [C_{3S}] + [C_{3D}] + [C_{3LH/RH}] + \langle [C_{3V}] \rangle$$

$$= f_S \begin{bmatrix} |\beta|^2 & 0 & \beta \\ 0 & 0 & 0 \\ \beta^* & 0 & 1 \end{bmatrix} + f_D \begin{bmatrix} |\alpha|^2 & 0 & \alpha \\ 0 & 0 & 0 \\ \alpha^* & 0 & 1 \end{bmatrix}$$

$$+ \frac{f_V}{15} \begin{bmatrix} 8 & 0 & 2 \\ 0 & 4 & 0 \\ 2 & 0 & 3 \end{bmatrix} + f_H \begin{bmatrix} 1 & \pm j\sqrt{2} & -1 \\ \mp j\sqrt{2} & 2 & \pm j\sqrt{2} \\ -1 & \mp j\sqrt{2} & 1 \end{bmatrix}$$

(3-20)

式中，选择是 $10\log(|S_{VV}|^2 / |S_{HH}|^2) > 2\mathrm{dB}$ 时对应的体散射分量，f_S、f_D、f_V、f_H 分别对应表面散射、二次散射、体散射和螺旋散射分量的权重。Yamaguchi 四分量散射模型考虑了反射对称性成立的情况，可以应用于具有复杂几何结构的散射体。

3. 基于极化相干矩阵的特征值提取极化参数

基于 Cloude&Pottier 的 H/A/alpha 极化分解理论，利用极化相干矩阵（T_3）的特征值和特征矢量提取新的极化特征参量，主要包括极化散射熵（H）、极化散射可向异性度（A）和 alpha 散射角（Pottier and Cloude，1997），单次反射特征值相对差异度（Single Bounce Eigenvalue Relative Difference，SERD）和二次反射特征值相对差异度（Double Bounce Eigenvalue Relative Difference，DERD）（Allain et al.，2005），香农熵（Shannon Entropy，SE）（Réfrégier and Morio，2006），目标随机性参数（Target Randomness，PR）（Lüneburg，2001），极化不对称性参数（Polarimetric Asymmetry，PA）（Ainsworth et al.，2002），极化比参数（Polarization Fraction，PF）（Ainsworth et al.，2000），雷达植被指数（Radar Vegetation Index，RVI）（van Zyl et al.，1993）和基准高度参数（Pedestal Height，PH）（Durden et al.，1990）。

表 3-55 基于极化相干矩阵特征值提取的极化新参数为极化新参数的具体描述。

表 3-55　　　　　　　　　　**基于极化相干矩阵特征值提取的极化新参数**

极化参数	取值范围	描　　述
H	$[0, 1]$	单一散射机制——体散射
alpha	$[0°, 90°]$	表面散射—金属表面二面角散射
A	$[0, 1]$	单一散射机制——体散射
SERD	$[-1, 1]$	对自然介质特征敏感，表征地物散射机制的范围更广
DERD	$[-1, 1]$	对自然介质特征敏感，表征地物散射机制的范围更广
SE	$[-\infty, +\infty]$	后向散射功率中强度分量和极化分量之后
PR	$[0, 1]$	确定性散射目标——随机散射目标

极化参数	取值范围	描述
PA	[0, 1]	等效极化散射各向异性度，表征主要散射机制的相对大小
PF	[0, 1]	表征 SAR 后向散射功率中极化与非极化分量的相对大小
RVI	[0, 4/3]	采用随机指向的介质圆柱体模型分析植被区散射
PH	[0, 4/3]	计算极化相干矩阵中最小特征值与最大特征植的比值

本节从双极化 C 波段 Sentinel-1B 极化数据、全极化 C 波段 Radarsat-2 极化数据和 L 波段 PALSAR 极化数据 3 种不同极化方式和波长的数据源来介绍极化 SAR 数据在湿地制图和湿地分类方面的应用。

3.3.3 双极化 SAR 数据（Sentinel-1B）在湿地植被方面的应用

本节实验以洪河自然保护区为研究区（详见 2.4.2 试验区概况），选取 2019 年 9 月 19 日、2020 年 6 月 21 日的两幅 VV+VH 双极化的 Sentinel-1B 影像，提取 VV 和 VH 极化的后向散射系数，使用 H/A/alpha 极化分解方法，提取极化分解参数，结合递归特征消除（RFE）算法和基于对象的优化 RF 算法构建沼泽湿地植被遥感识别模型，探索 Sentinel-1B 双极化 SAR 数据在湿地植被分类上的作用以及整合多时相极化 SAR 数据后对湿地植被分类精度提升的效果。其中样本及湿地地物分类体系见表 3-23。

对 Sentinel-1B 数据进行提取后向散射系数和 H/A/alpha 极化分解。提取后向散射系数主要是在 SNAP 8.0 中进行的，首先进行轨道精校正，去除因轨道误差引起的系统性误差。然后进行热噪声去除，之后采用 7×7 大小的 Refined_Lee 滤波器来减少相干噪声，然后对影像进行距离向和方位向视数均为 4 的多视处理，来抑制影像斑点噪声。基于 SRTM 30 米 DEM 数据对影像进行正射纠正，改善由于地形起伏引起的影像畸变。对影像进行地理编码，投影坐标系选择为 WGS_1984_UTM_Zone_53N。提取 VV、VH 通道的后向散射系数（Sigma0_VV、Sigma0_VH）并在 ENVI 5.5 中进行波段计算、波段合成以及重采样，最后得到 10 米分辨率数据。极化分解是利用 PolSARpro_v6.0 完成的，其中多视处理和滤波器选择与提取后向散射系数中的设置相同。对滤波和多视后的影像进行 H/A/alpha 分解，得到极化分解特征参数。在 ENVI5.5 中将处理好的极化分解影像进行波段合成和 10 米重采样。

本实验利用 Sentinel-2A 多光谱影像的多尺度分割结果，在 eCognition Developer 9.4 软件中将其作为分割矢量图层，使用棋盘分割算法对后向散射系数和极化分解参数数据集进行分割得到和多光谱影像分割尺度一样的分割图像。在 eCognition Developer 9.4 中对后向散射系数和极化分解参数数据的多尺度分割结果计算特征参数。还计算并输出了影像对象的纹理特征、位置特征、形状特征，具体见表 3-56 多维数据集的特征参数，最终构建了具有多维度特征数据集的沼泽湿地植被遥感分类方案（见表 3-57 不同特征数据组合方案）。

表 3-56   多维数据集的特征参数

特征类型	特征名称
纹理特征	见表 3-36
位置特征	见表 3-36
形状特征	见表 3-36
后向散射系数	见表 3-36
H/A/alpha 分解参数	散射机制参数（alpha、alpha1、alpha2、anisotropy），矩阵元素（C_{11}、C_{12}_image、C_{12}_real、C_{22}），熵和各向异性的组合（combination_1mH1mA、combination_1mHA、combination_H1mA、combination_HA），delta、delta1、delta2、entropy、特征值（l1、l2）、矩阵的计算特征值（lambda），概率（p1、p2）

表 3-57   不同特征数据组合方案

实验方案	数据组合	数据时相
方案一	后向散射系数+纹理特征+形状特征+位置特征	6 月
方案二	后向散射系数+纹理特征+形状特征+位置特征	9 月
方案三	后向散射系数+纹理特征+形状特征+位置特征	6 月+9 月
方案四	极化分解参数+纹理特征+形状特征+位置特征	6 月
方案五	极化分解参数+纹理特征+形状特征+位置特征	9 月
方案六	极化分解参数+纹理特征+形状特征+位置特征	6 月+9 月

　　本实验在 R Studio 平台内，使用训练样本结合 RFE 算法和 RF 算法，对各个方案进行变量选择和参数调优，建立 RF 植被识别模型。在进行特征选择之前，先进行高度关联特征的剔除，经过实验测试比对，将单个月份的方案的相关系数设为 0.95，多时相结合方案的相关系数设为 0.9。剔除高相关性变量之后利用 RFE 算法进行降维得到各个方案的最佳变量数据集。将模型参数 mtry 范围设置为 1~15，ntree 范围设置为 500~2500，以 500为步长采用网格搜索法进行参数优化，得到各个多维数据集方案下的模型最佳参数值。采用十次交叉验证来检验和评估分类模型的准确性，迭代次数设为 3。

　　由表 3-58 分类结果精度及 RF 模型最佳参数可以看出，整合多时相方案的总体精度大于单时相方案的总体精度。基于后向散射系数时相结合方案三的 mtry 和 ntree 的最佳组合为 4 和 1000，优选后最佳变量个数为 11 个，总体分类精度为 80.99%。基于极化分解参数的时间结合的方案六的 mtry 和 ntree 的最佳组合为 1 和 2000，优选后最佳变量个数为 8个，总体分类精度为 81.72%。

表 3-58　　　　　　　　　　　　**分类结果精度及 RF 模型最佳参数**

方案	优选变量个数	mtry	Ntree	总体精度（%）	Kappa 系数	95%置信区间（%）
方案一	10	11	2000	74.03	0.676	69.19~78.48
方案二	9	5	2000	79.61	0.745	75.10~83.64
方案三	11	4	1000	80.99	0.762	76.57~84.90
方案四	9	6	1000	70.80	0.635	65.83~75.43
方案五	7	5	1500	76.80	0.710	72.10~81.05
方案六	8	1	2000	81.72	0.771	77.34~85.57

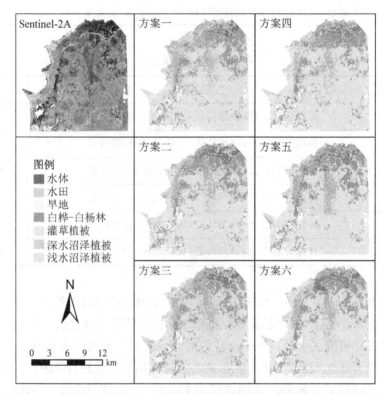

图 3-42　后向散射系数与极化分解参数的不同时相方案湿地植被分类结果

（左上角影像：Sentinel-2A 2020 年 6 月 13 日影像）

　　将湿地植被信息提取结果在 ArcGIS 10.6 中进行可视化，并与原始的 Sentinel-2A 的 6 月份影像进行对比（见图 3-42 后向散射系数与极化分解参数的不同时相方案湿地植被分类结果可视化结果）。单时相的方案一、方案二、方案四和方案五的分类结果均较差，多种地类出现错分和混分现象，分类结果地物图斑细碎不完整，尤其是 6 月的方案一和方案四，开放水域附近的灌草植被错分为旱地情况较为严重。数据源相同的情况下，多时相结合的方案三和方案六比单时相方案的分类效果更佳，说明植被不同生长期的信息可以进行互补，从而提高湿地植被信息提取精度。

表 3-59 为基于后向散射系数的方案三和基于极化分解参数的方案六的模型验证结果混淆矩阵表，从各类地物的具体分类结果来看，后向散射系数特征（方案三）对于水体的识别效果远高于极化分解参数（方案六），生产者精度和用户精度分别高出 50% 和43.46%。深水沼泽植被的识别分类效果也是方案三优于方案六，方案三的生产者精度和用户精度比方案六分别提高了 3.02% 和 8.53%，方案六的深水沼泽植被主要与水体、灌草植被和浅水沼泽植被混淆严重。相反，极化分解参数（方案六）对于非淹没植被和浅水沼泽植被的识别效果优于后向散射系数特征（方案三）。方案六中旱地的生产者精度和用户精度比方案三分别提高了 17.38% 和 4.82%，灌草植被的生产者精度和用户精度比方案三分别提高了 15.86% 和 2.1%，白桦-白杨林的用户精度比方案三提高了 10.42%，浅水沼泽植被的生产者精度和用户精度比方案三分别提高了 6.87% 和 1.99%。

表 3-59　　　　　　　　　　各方案模型验证结果混淆矩阵表

方案	类型	A	B	C	D	E	F	G	合计	生产者精度（%）	用户精度（%）
方案三	A	21	0	0	1	0	1	0	23	87.5	91.3
	B	0	3	0	0	0	0	0	3	75	100
	C	0	0	23	1	1	0	0	25	67.65	92
	D	0	0	7	63	7	4	8	89	73.26	70.79
	E	0	0	3	11	80	0	0	94	88.89	85.11
	F	3	1	0	5	0	32	2	43	74.42	74.42
	G	0	0	1	5	2	6	72	86	87.8	83.72
	合计	24	4	34	86	90	43	82	363		
六	A	14	0	0	2	0	6	0	22	58.33	63.64
	B	0	3	0	0	0	0	0	3	75	100
	C	0	0	27	1	0	0	0	28	79.41	96.43
	D	4	0	5	73	11	3	5	101	84.88	72.28
	E	0	0	2	3	78	0	0	83	86.67	93.98
	F	5	1	0	5	0	24	0	35	57.14	68.57
	G	1	0	0	2	1	9	76	89	93.83	85.39
	合计	24	4	34	86	90	42	81	361		

（A 为水体；B 为水田；C 为旱地；D 为灌草植被；E 为白桦-白杨林；F 为深水沼泽植被；G 为浅水沼泽植被）

　　见图 3-43 优选特征变量重要性得分排序，基于极化分解参数特征的方案经过特征优选后变量个数大大减少，基于后向散射系数的单时相方案一和方案二，重要性最高的变量分别为后向散射系数 Mean_VH 和 Mean_VV，多时相整合的方案三最重要的特征为 9 月的交叉极化后向散射系数 Mean_VH_Sep，验证了交叉极化的雷达脉冲发射方式能获得更多的植被结构信息，形状特征 Y_distance 也对湿地分类做出重要贡献。方案四中最重要的极化分解参数为 Mean_C$_{22}$，Y_Center_P 是湿地分类中最重要的位置特征，GLCM_Ent_1 作为纹理特征也对湿地分类做出了重要贡献。方案五中最重要的特征参数为 Mean_l1，Y_Max_Pxl 是最重要的位置特征，GLCM_Ent_1 是纹理特征中重要性最高的。在方案六中，对湿地分类做出主要贡献的极化分解变量特征参数为 9 月的 Mean_l1 和 6 月的 Mean_l2，其中最重要的特征参数为 Mean_l1_Sep。

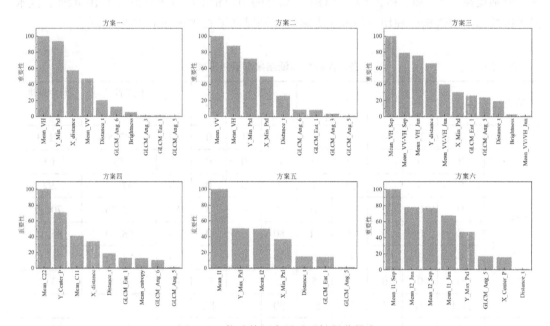

图 3-43　优选特征变量重要性得分排序

　　由以上分析可知，将 RFE 算法和参数优化后的 RF 算法结合运用到 Sentinel-1 后向散射数据集和极化分解参数数据集上可以有效提高模型的效率和稳定性。整合多时相 Sentinel-1 后向散射系数方案（方案三）和整合多时相极化分解参数方案（方案六）的总体分类精度均可达到 80%以上（表 3-58 分类结果精度及 RF 模型最佳参数），表明不同时相的极化 SAR 数据的整合可以获得更多的信息，从而提高湿地分类精度。极化分解参数对于湿地非淹没植被和浅水沼泽植被的识别效果优于后向散射系数，而对于水和深水沼泽植被的识别效果则是后向散射系数更佳。经过 RFE 变量选择，9 月的交叉极化后向散射系数 Mean_VH_Sep 和极化分解参数 Mean_l1_Sep 是对湿地植被分类贡献最高的特征变量。

3.3.4 全极化 SAR 数据在湿地植被分类方面的应用

随着高分辨率全极化合成孔径雷达（Polarimetric Synthetic Aperture Radar，PolSAR）技术的发展，全极化 SAR 影像（Radarsat-2、ALOS-1 PALSAR）也被用于湿地中植被识别与分类。与单极化或者双极化 SAR 影像相比，利用全极化 SAR 影像，能够提取植被的所有极化散射信息，最大限度地将各种植被的散射特征以矢量的形式表现出来，提高了植被的识别能力和分类精度。

本实验选取了 2011 年 5 月 4 日 L-band ALOS-1 PALSAR 和 2015 年 9 月 21 日 C-band Radarsat-2 全极化 SAR 数据，见表 3-60 研究区极化合成孔径雷达卫星成像参数），覆盖整个洪河国家级自然保护区。采用不同极化目标分解方法，提取多种极化参量构建数据集；采用 RF 机器学习算法，进行该保护区中植被的识别和分类，实现了湿地植被空间分布信息精确提取，并对输入极化参量的贡献率进行定量评价。

表 3-60   研究区极化合成孔径雷达卫星成像参数

雷达卫星	波段	成像模式	极化方式	入射角（°）	空间分辨率（m）	重访周期（天）
Radarsat-2	C	精细全极化	HH+HV+VH+VV	48.90	4.73×2.25	24
PALSAR	L	精细多极化	HH+HV+VH+VV	23.10	9.37×18.36	46

在研究区内，从白桦-白杨林到深水沼泽，共布设了 63 个样点。在每个样点，设置了 5~7 个重复的 1m×1m 的样方；利用手持 GPS 记录仪（中海达 V90rtk），记录每个样点的地理坐标。分别于 2013 年 7 月 27 日至 8 月 3 日、2014 年 9 月 20 日至 26 日和 2015 年 4 月 25 日至 30 日，收集 63 个样点的观测数据。利用 2012 年洪河国家级自然保护区管理局对东方白鹳（Ciconia boyciana）巢穴野外调查中得到的相关植物资料，作为分布在浓江河道及其邻近区域深水中植被的信息。洪河保护区沼泽湿地植被分类体系如表 3-61。

表 3-61   洪河保护区沼泽湿地植被分类体系

类型	描述	散射机制
水体	小水泡和河流水体	表面散射
水田	水田	表面散射、偶次散射
旱地	高粱地和玉米地	表面散射、体散射
白桦-白杨林	白桦林和白杨林等乔木	体散射、多次散射
灌草植被	沼柳、柳叶绣线菊等矮小灌木以及小叶樟植被	角反射器体散射，多次散射
浅水草本植被	小叶樟群落，小叶樟-苔草群落	偶次散射、体散射
深水草本植被	毛果苔草，塔头苔草-漂筏苔草群落	表面散射、偶次散射、体散射

极化 SAR 数据预处理部分：分别利用 PolSARpro_v6.0 提取 PALSAR 和 Radarsat-2 数据的极化相干矩阵（T3 矩阵），然后用美国宇航局 Alaska Satellite Facility 提供的 ASFMapReady 软件对 T3 矩阵进行地理编码，统一投影坐标系为 WGS84-UTM53N，并对编码后的 T3 矩阵使用精改的 Lee 滤波进行极化 SAR 相干斑滤波处理。

本节基于不同波长的全极化 SAR 进行沼泽湿地植被分类，为了提高分类精度，采用不同极化分解方法分别提取相应极化参量。

①采用 Stokes 矩阵的二分量分解方法，将散射矩阵分解为一个单一散射目标分量和一个分布式目标分量，最终分解结果为单一散射目标的 3 个生成因子。采用的分解方法为 Huyen 目标分解、Holm 目标分解、Barnes-Holm 目标分解和 Yang 目标分解。

②采用极化相干矩阵特征矢量或者特征值分解方法，将极化相干矩阵分解为 3 个相互独立目标的极化相干矩阵之和。采用的基于特征矢量或特征值极化分解方法为 Cloude-Pottier H/A/alpha 分解、Holm 分解和 Van Zyl 分解。

③采用协方差矩阵的散射模型目标分解方法。采用的分解模型为 Freeman-Durden 二分量或者三分量散射机制模型、Yamaguchi 三分量或者四分量散射模型、Singh4 四分量散射模型。

④利用极化相干矩阵的特征值和特征矢量，提取 11 个极化特征参数（见表 3-55）。本实验将这些极化分解参数和极化特征参数整合成一个 SAR 数据集，作为输入数据源。

采用多尺度分割算法对数据集进行影像迭代分割，尺度分割参数（Scale parameter）利用基于 eCognition Developer 9.4 软件平台二次开发多尺度分割的优化工具箱 ESP2 进行训练和优化确定。从精细、中等和粗略三个尺度设定初始值和步长，具体参数设置见表 3-62 影像分割优化训练参数设定。最终，确定的 Radarsat-2、PALSAR 数据集的精细分割尺度分别为 50、60，粗分割尺度分别为 200、220，它们的 Shape/color 都为 0.7/0.3，Smoothness/compactness 都为 0.5/0.5。

表 3-62　　　　　　　　　　　　　影像分割优化训练参数设定

参数	精细尺度	中等尺度	大尺度
初始值	10	30	50
步长	5	7	9
迭代次数	100	100	100
Shape/color	0.7/0.3	0.7/0.3	0.7/0.3
Smoothness/compactness	0.5/0.5	0.5/0.5	0.5/0.5

利用训练样本对 RF 模型进行训练，选取最佳参数。从图 3-44 利用训练样本和参数 mtry 和 ntree 构建的 RF 模型的训练曲线中可以看出，当 RF 中决策树的数量为 1500 时，RF 模型的分类能力趋于稳定，其中来自 PALSAR 极化数据集的 Out of Bag（OOB）算法

精度最终达到了 64.75%，来自 Radarsat-2 极化数据集的 OOB 算法精度为 79%。洪河自然保护区内单个植被类型在训练模型中的识别精度在不同数据集中差异明显。在 PALSAR 数据集中，白桦-白杨林的分类精度超过了 75%，明显高于其他植被类型；其次是草本沼泽植被和灌草植被，识别精度为 55%~65%；由于具有明水面的湿地水体在保护区内面积较小且主要集中在浓江河的下游，再加上 5 月初是浓江河流的枯水期，湿地水位较低，因此 PALSAR 极化数据集对沼泽水体的识别精度较低，只有 40%。在 Radarsat-2 数据集中，湿地水体的识别精度几乎达到了 100%，明显高于其他植被类型；白桦-白杨林的识别精度达到了 90%，草本、沼泽湿地植被的识别精度均超过了 80%，灌草结合的植被识别精度为 65%。综合比较以上两种数据集基于训练模型的识别精度可以看出，C-band Radarsat-2 的极化数据集获得了比 L-band PALSAR 数据集更高的模型识别精度；在 4 种植被类型中，白桦-白杨林的识别精度最高；灌草结合的植被类型的识别精度在整合数据集中提高了 20%。

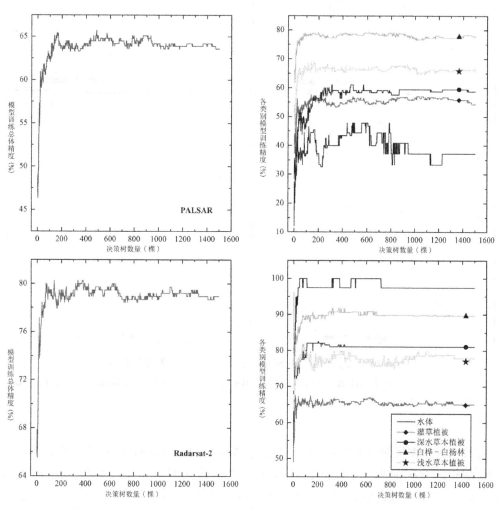

图 3-44 利用训练样本和参数 mtry 和 ntree 构建的 RF 模型的训练曲线

为了探究不同波长的极化数据集对人工湿地（水田）的识别精度，本节对洪河湿地自然保护区周围的水田进行了遥感制图，见图 3-45 基于不同极化 SAR 数据的研究区土地覆被分类结果。

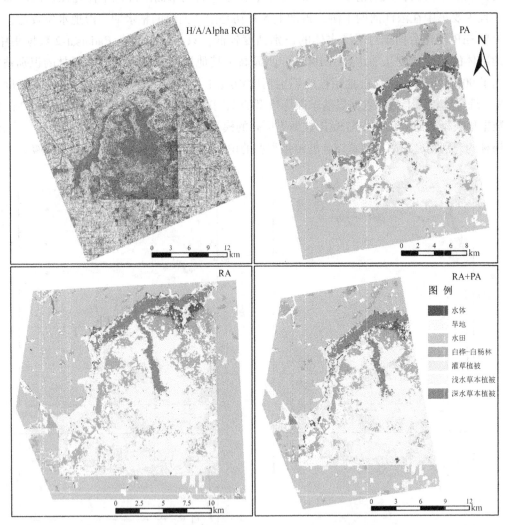

图 3-45　基于不同极化 SAR 数据的研究区土地覆被分类结果

（PA 为 L-band PALSAR 极化 SAR 数据集；RA 为 C- band Radarsat-2 极化数据集；PA+RA 为 PALSAR 和 Radarsat 组合据集）

对比两种数据集的分类结果可以看出：Radarsat-2 和 PALSAR 极化数据集都能够准确地识别保护区外围的水田。同时，散落在旱地中孤立的浅水草本沼泽湿地植被可被 Radarsat-2 极化数据集准确识别。对比分析洪河自然保护区内部的植被分类结果，集中分布在道路两侧的白桦-白杨林在 2 种分类情景中均得到了精确的识别，但对于孤立的散落在草本沼泽植被和灌草植被中的白桦-白杨林，不同的数据集的分类结果存在些许差异：Radarsat-2 极化数据集能够识别较小的白桦-白杨林斑块，制图结果优于 PALSAR 极化数据集。2 种数据集的分类结果均显示出灌草植被主要分布在白桦-白杨林和草本沼泽植被的过渡区域，且以白桦-白杨林为中心呈现环形分布；深水草本沼泽植被主要分布在浓江和沃绿兰河的河漫滩及河道中，浅水草本沼泽则分布在灌草植被和深水沼泽植被的过渡区域。

保护区的西南方向，2 种数据集的分类结果存在差异（见图 3-45）：来自 PALSAR 极化数据集在该区域的分类结果以深水沼泽植被为主，Radarsat-2 极化数据集则以浅水沼泽植被为主。对比 1∶10000 地形图和 2012 年黑龙江洪河自然保护区管理局野外实测数据，该区域的植被主要为沼柳、柴桦、芦苇和小叶樟等，是典型的以灌草植被为主的群落。另外，位于沃绿兰河漫滩两侧区域的制图结果也存在差异：PALSAR 和 Radarsat-2 极化数据集在该区域的分类结果为灌草植被类型，特别是 PALSAR 极化数据集，灌草植被类型的面积比较大。由保护区的地貌形态可知，该区域毗邻沃绿兰河的河道及河漫滩，地势较低，地下水位埋藏较浅，雨季地表水充足可以满足浅水沼泽植被的生长，结合 1∶10000 地形图，该区域以浅水沼泽植被为主。利用 Radarsat-2 极化数据集，能够准确识别散落在浅水草本沼泽和深水草本沼泽中的灌-草地，但是，利用 PALSAR 极化数据集，则将部分孤立的灌-草地斑块识别为浅水草本沼泽。

由表 3-63 可知，在 95% 的置信区间内，利用具有高分辨率的 C-band Radarsat-2 数据集的分类结果获得了 86.65% 的总体分类精度，高于利用 L-band PALSAR 数据集的分类结果的 71.86%。

表 3-63　　　　　基于面向对象 RF 算法的不同数据集的分类精度评价结果

	评价指标（%）	标准差（%）	置信区间（%）		
			99%	95%	90%
PALSAR	总体精度	71.86	2.04	66.61~77.11	67.87~75.85	68.51~75.21
	Kappa	66.01	2.7	59.07~72.95	60.73~71.29	61.58~70.44
Radarsat-2	总体精度	86.65	1.47	82.87~90.43	83.78~89.53	84.24~89.06
	Kappa	83.91	1.98	78.82~89.01	80.03~87.79	80.66~87.17

表 3-64 为不同数据集的沼泽湿地植被类型的混淆矩阵。分析表中不同数据集分类结果的用户精度可知，从单一 PALSAR 极化数据集中提取的水田、旱地和白桦-白杨林的用户精度在 95% 的置信水平上超过了 85%，远高于水体、灌草植被和深水沼泽植被的用户精度；利用单一 Radarsat-2 极化数据集进行湿地植被分类，除了灌草植被和深水沼泽植被的用户精度在 95% 的置信水平上低于 80% 之外，其他的植被类型和耕地类别的用户精度均超过 85%。表 3-64 为不同数据集的沼泽湿地植被类型的混淆矩阵，比较其中不同数据集分类结果的生产者精度可以看出，从 PALSAR 极化数据集中提取的水田、旱地和白桦-

白杨林的生产者精度，在95%的置信水平上超过了82%，浅水沼泽植被和深水沼泽植被的生产者精度超过74%，远高于的水体、灌草植被；利用 Radarsat-2 极化数据集进行沼泽植被分类，除了灌草植被和深水沼泽植被的生产者精度在95%的置信水平上低于80%之外，其他的植被类型的生产者精度均超过85%。

表 3-64　　　　　　　　　　不同数据集的沼泽湿地植被类型的混淆矩阵

		A	B	C	D	E	F	G	T	U	CI	
	A	9	0	0	0	6	0	5	20	45	40.11	49.89
	B	0	43	0	7	0	0	0	50	86	82.59	89.41
	C	0	3	34	2	1	0	0	40	85	81.49	88.51
	D	1	2	0	92	5	7	1	108	85.19	81.70	88.68
	E	6	2	0	7	33	8	1	57	57.89	53.04	62.75
PALSAR	F	0	1	0	4	17	46	2	70	65.71	61.05	70.38
	G	7	1	0	0	15	1	29	53	54.72	49.83	59.61
	T	23	52	34	112	77	62	38				
	P	39.13	82.69	100	82.14	42.86	74.19	76.32				
	CI	35.67	75.66	100	71.78	35.57	63.12	69.53				
		52.59	84.73	100	92.51	50.14	85.27	83.11				
	A	35	0	0	0	2	0	2	39	89.74	86.87	92.62
	B	0	47	0	4	2	0	0	53	88.68	85.67	91.68
	C	0	0	38	1	0	0	0	39	97.44	95.94	98.94
	D	0	2	0	108	3	1	0	114	94.74	92.62	96.85
	E	3	1	0	6	51	1	7	69	73.91	69.75	78.08
Radarsat-2	G	0	2	0	1	9	64	1	77	83.12	79.56	86.67
	G	1	0	0	0	8	0	27	36	75	70.89	79.11
	T	39	52	38	120	75	66	37				
	P	89.74	90.38	100	90	68	96.97	72.97				
	CI	88.49	84.08	100	80.94	59.56	95.45	57.31				
		91	94.69	100	99.06	76.44	98.49	88.64				

（A 为水体；B 为旱地；C 为水田；D 为白桦-白杨林；E 为灌草植被；F 为浅水沼泽植被；G 为深水沼泽植被；T 为总验证样本数；P 为生产者精度（%）；U 为用户精度（%）；CI 为95%置信区间 [%]）

采用 RF 算法，分别对 PALSAR 数据集和 Radarsat-2 数据集的 114 个极化分解参数和特征参数对研究区土地覆被识别与分类的贡献量进行了定量评价。图 3-46 显示，所有的极化分解参数和特征参数对研究区土地覆被的高精度识别都发挥了作用，但是其贡献率存在显著差异。

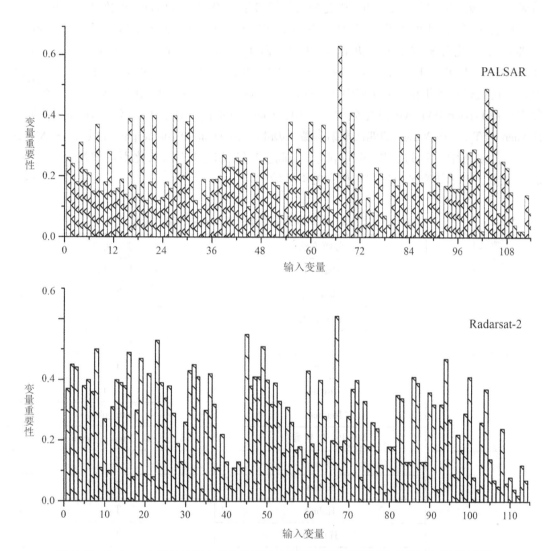

图 3-46　Radarsat-2 和 PALSAR 极化数据集对于研究区土地覆被类型识别的重要性评价

图中 1~6 为两种 Barnes 极化分解参量，7~9 为 Cloude 极化分解参量，10~11 为极化熵（entropy）和极化散射参数 alpha，12~14 为 H/A/alpha 极化分解参量，15~20 为 Holm 1/2 极化分解参量，21~23 为 Huynen 极化分解参量，24~26 为 ±45°线性极化基的 T3 对角线参量，27~44 为基于 T3 特征值提取的极化新参数，45~50 为极化 SAR 基于 GLCM 纹理参量，51~53 为圆极化基的 T3 对角线参量，54~58 为 Freeman 1/2 极化分解参量，59~65

为 An-Yang 极化分解参量，66~68 为 Neumann 极化分解参量，69~71 为 Aril3 NNED 极化分解参量，72~74 为 Krogager 极化分解参量，75~80 为 MCSM 极化分解参量，81~88 为 Yamaguchi4 极化分解参量，89~92 为 Singh4 G4U2 极化分解参量，93~95 为 VanZyl3 极化分解参量，96~98 为 Yamaguchi3 极化分解分解参量，99~114 为 Touzi 极化分解参量。

从表 3-65 中可以看出，相对于其他极化分解参数和特征参数来说，在 C-band Radarsat-2 极化分解参数中，Barnes1 的 T_{22} 和 T_{33}、Barnes2 的 T_{11}、H/A/alpha 的 T_{33}、Holm1 的 T_{11} 和 T_{22}、Holm2 的 T_{22}、Huynen 的 T_{11} 和 T_{33}、Neumann 的 delta_pha 分量、SAR 纹理平均值以及极化新参数 DERD 和 entropy_shannon 对最终的研究区土地覆被分类贡献较大；在 L-band PALSAR 极化分解参数中，Cloude 的 T_{22}、Holm1 的 T_{22}、Holm2 的 T_{22}、Huynen 的 T_{22}、An-Yang3 的偶次散射参数（Dbl）、Neumann 的 delta_pha 分量 Arii3_NNED 的偶次散射参数（Dbl）、Touzi 的 phi_s、phi_s1 和 phi_s2 以及极化不对称性（asymmetry）参数，对于研究区土地覆被识别的贡献较大。

表 3-65　　　　　Radarsat-2 和 PALSAR 极化数据集中 VI≥0.4 的输入变量

数据源	分解方法	分解变量
Radarsat-2	Barnes1	T_{22}、T_{33}
	Barnes2	T_{11}
	H/A/alpha	T_{33}
	Holm1	T_{11}、T_{22}
	Holm2	T_{22}
	Huynen	T_{11}、T_{33}
	Neumann	delta_pha
	极化分解新参量	DERD、entropy_shannon
PALSAR	Cloude	T_{22}
	Holm1	T_{22}
	Holm2	T_{22}
	Huynen	T_{22}
	An-Yang3	Dbl
	Neumann	delta_pha
	Arii3_NNED	Dbl
	Touzi	phi_s、phi_s1、phi_s2
	极化分解新参量	asymmetry

C-band Radarsat-2 数据集和 L-band PALSAR 数据集在 95% 的置信水平上分别实现了

86.65%和71.86%的总体分类精度。利用RF算法对输入变量重要性的定量评价可以识别对最终分类结果贡献比较大的变量，从而进一步为后续沼泽湿地植被分类的数据选择提供参考。通过输入变量的重要性评价，从104个Radarsat-2和PALSAR极化数据集中分别选出了12个和11个重要的极化分解参数。通过对2种波长极化数据集的重要输入变量进一步分析发现：对分类结果贡献率大的分解参数主要来自基于Kennaugh矩阵K的二分量分解方法（Huynen和Barnes），基于协方差矩阵C3和极化相干矩阵T3特征矢量和特征值分析的方法（Cloude，Holm和H/A/alpha），以及基于H/A/alpha分解方法二次计算的极化新参量（DERD、entropy_shannon和asymmetry）。另外，L-band PALSAR极化数据集中，基于散射模型分解协方差矩阵C3和极化相干矩阵T3的An-Yang3和Aril3_NNED方法提取的偶次散射分量也是沼泽湿地植被分类的重要输入变量。这些结论表明，在沼泽湿地植被分类中，极化SAR的非相干极化分解方法能更好地表征和识别分布式的湿地植被散射体。

分析PALSAR极化数据集的混淆矩阵可知：导致该数据集分类精度较低的主要原因是在5月初保护区中分布着众多面积较小的明水面，20m空间分辨率的PALSAR数据过于粗糙不能详细表征这些明水面。另外，L-band波长较长，对草本植被具有较强的穿透性。较低的分辨率和较强的穿透性导致了水体和深水沼泽植被易混淆而产生错分。对比Fu等（2017）发表的文章可以发现，基于单一的HH、HV、HH/HV和HH-HV等后向散射强度数据的沼泽湿地植被分类结果，无论是L-band PALSAR还是C-band Radardsat-2极化数据集，沼泽湿地植被的总体分类精度均提高了20%，这一结论再次证明极化SAR数据能够更加详细地表征湿地景观。

3.4 基于多源数据整合的湿地植被分类研究

在当前植被的遥感识别中，为满足高精度分类的需要，多源影像的融合逐渐成为一种新的趋势。遥感影像的融合可有效利用数据间的互补优势，实现更全面、更准确的监测（Yuan et al.，2018；Abubakar et al.，2020）。但如何选用多源遥感影像整合方式与合适的分类算法进行沼泽植被的高精度、高效率分类仍是一项具有挑战性的任务。

本节选用面向对象与基于像素的机器学习算法探究多时相的多光谱影像对湿地植被的分类能力，探究了光学影像与SAR影像的整合对湿地植被的分类效果；并选用基于像素的DeepLabV3plus深度学习算法系统地研究了不同空间分辨率梯度与光谱波段维度的遥感影像的整合方式对植被识别精度的影响；最后将基于像素的分类结果与多尺度分割结果进行整合，探究了基于像素的分类方法与面向对象的分类方式的融合对植被边界处的精准分类能力。

3.4.1 基于机器学习算法的湿地植被多源遥感分类研究

1. 面向对象和基于像素的RF算法的湿地植被分类

本节以GF-1卫星影像、L_band PALSAR和C_band Radarsat-2影像为数据源，利用小

波主成分分析（PCA）图像融合技术对多光谱 GF-1 影像和 SAR 影像进行融合。为保证空间分辨率的统一，将 SAR 数据重采样到 2m 像素大小，见图 3-47 各种不同影像的融合，在虚线矩形中，用 GS 方法融合多光谱（左）和全色波段（中间）；在实体矩形中，用小波-PCA 方法融合多光谱（左）和雷达 HH 后向散射影像（中），并通过将 HH 和 HV 偏振的后向散射系数分配给 R 和 G 分量，以及 HH 和 HV 偏振的后向散射系数与 B 颜色组合的比值，得到 SAR 的 RGB 影像。利用以上 3 种数据对面向对象和基于像素的 RF 算法在湿地植被分类中的性能进行了评价。

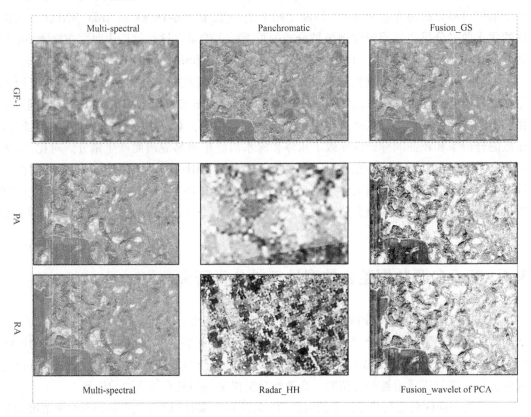

图 3-47　各种不同影像的融合

湿地植被可能具有类似的光谱反射率特征。纹理信息有助于提高植被的光谱可分性（Aytekin, et al., 2013；Jin, et al., 2014）。影像纹理是影像局部邻域内一组相邻像素的值级的空间排列和变化频率。然后，计算多光谱数据植被指数；归一化植被指数（NDVI）；比值植被指数（RVI）；绿色归一化植被指数（GNDVI）和阴影水指数（SWI）。

　　面向对象的分类包括分割和分类过程。合适的分割尺度是获得良好分类结果的基础。本节采用 MRSA 算法将图像分割成具有相对均匀性质的目标。考虑了 3 个分割参数，即颜色/形状权值、平滑度/紧实度权值和尺度参数。首先确定形状权重和紧实度为 0.3 和

0.5。然后采用 eCognition Developer 9.4 中的影像最佳分割尺度评价工具估计多分辨率影像分割的最佳尺度参数（Dragut, et al., 2014）。最后，利用最佳尺度分割不同的影像，见表 3-66 光学和 SAR 数据的最佳分割尺度。使用最小尺度参数产生的影像对象足以勾画出研究区域内感兴趣的特征，如孤立的白桦，或位于水池周围的湿地植被的边缘。另外，在面向对象的分类中还包括两个粗糙的影像分割尺度，以描述更大的面积，如旱地和水田。

表 3-66　　　　　　　　　　　　光学和 SAR 数据的最佳分割尺度

传感器	大尺度	小尺度
GF-1	100	50
PA	50	30
RA	50	10
GF-1+RA	100	50
GF-1+PA	100	50
GF-1+RA+PA	100	50

这里制定了 6 种分类方案，见表 3-67 不同输入影像层的分类方案。方案一仅使用 GF-1 多光谱数据、光谱指数和纹理。方案二和方案三仅使用具有强度信息及其纹理信息的 SAR 影像。方案四和方案五分别采用了 GF-1 和 C-band Radarsat-2、GF1 和 L-bandPALSAR 的所有可用功能。方案六采用了 GF-1、Radarsat-2 和 PALSAR 的全部特征。

表 3-67　　　　　　　　　　　　不同输入影像层的分类方案

方案	传感器类型	变量特征
方案一	GF-1	4 个 GF-1 光谱波段；NDVI, RVI, GNDVI, SWI, DEM；32 个纹理数据层
方案二	Radarsat-2	2 个 HH 和 HV 通道的后向散射强度，HH/HV、HH-HV、（HHHV）/（HH + HV），DEM；24 个纹理数据层
方案三	PALSAR	2 个 HH 和 HV 通道的后向散射强度，HH/HV、HH-HV、（HHHV）/（HH + HV），DEM；24 个纹理数据层
方案四	GF-1+Radarsat-2	4 个融合波段，NDVI、RVI、GNDVI、SWI、DEM，32 个纹理数据层；HV、HH/HV、HH-HV、(HH-HV)/(HH+HV) 的后向散射强度
方案五	GF-1+PALSAR	4 个融合波段，NDVI、RVI、GNDVI、SWI、DEM，32 个纹理数据层；HV、HH/HV、HH-HV、(HH-HV)/(HH+HV) 的后向散射强度
方案六	GF-1+Radarsat-2+PALSAR	4 个 GF-1 光学波段，NDVI、RVI、GNDVI、SWI、DEM，32 个纹理数据层；HH、HV、HH/HV、HH-HV、（HHHV）/（HH+HV）的后向散射强度，每个波长的 SAR 数据有 29 个纹理数据层

图 3-48 显示了方案一、方案四和方案六的学习曲线。本节构建的 ntree 为 500。其他参数的值是由要素总数的平方根确定的最佳分割变量的默认值 16。在本节中，使用 EnMAP-box 软件进行了基于像素的 RF 分类和可变重要性分析。EnMAP-box 是由德国高光谱环境制图和分析程序开发的基于 IDL 的用户友好工具，用于遥感影像的分类和回归分析（Waske et al.，2012）。

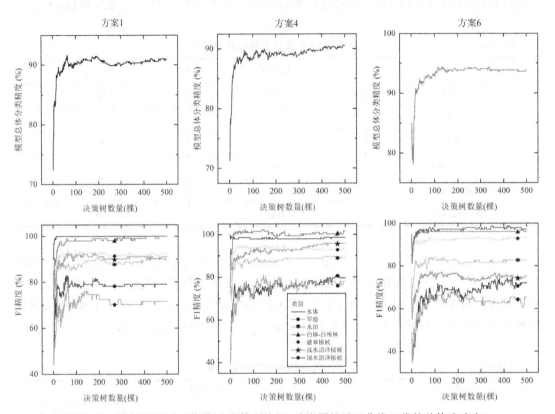

图 3-48　基于训练样本和每类分类精度的 RF 分类器的学习曲线（袋外总体准确率）
（F1 精度是生产者精度和用户精度的调和平均值）

利用现有的 1∶10000 地形图和 2m GF-1 假彩色影像（见图 3-49（a））对该区域进行目视检查，发现该区域被灌木和沼泽植被覆盖。在面向对象的分类中，4 种方案产生的分类视觉差异主要表现在灌木和沼泽植被之间。方案一、方案四和方案六［图 3-49（b）、（c）和（e）］绘制的地图将研究区西南地区带划分为灌木和深水沼泽植被，而方案五［见图 3-49（d）］的研究区划分为以灌木植被为主。

基于像素的分类结果（见图 3-50）中主要的视觉差异是水田、旱地、灌草植被和沼泽植被的数量。在基于 4 个影像层的分类中，由于光谱的相似性，研究区南部地区描述的是深水沼泽植被与水田的混合植被。与其他方案相比，方案六产生的分类斑点要少得多，并且准确地识别了旱地和沼泽植被。由于对水分变化的敏感性，基于 C 波段和 L 波段合成孔径雷达分类结果的深水沼泽植被主要集中在河谷地区。

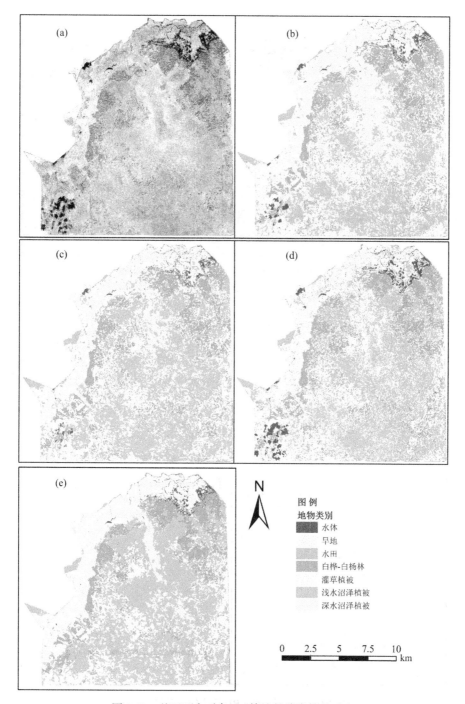

图3-49　基于面向对象 RF 算法的分类结果对比

（a）研究区域 GF-1 2m 影像；（b）GF-1 影像的分类方案一；（c）GF-1 和 C 波段 Radarsat-2 影像的组合的分类方案四；（d）是 GF-1 和 L 波段 PALSAR 影像的组合的分类方案五；（e）是 GF-1、Radarsat-2 和 PALSAR 的组合的分类方案六）

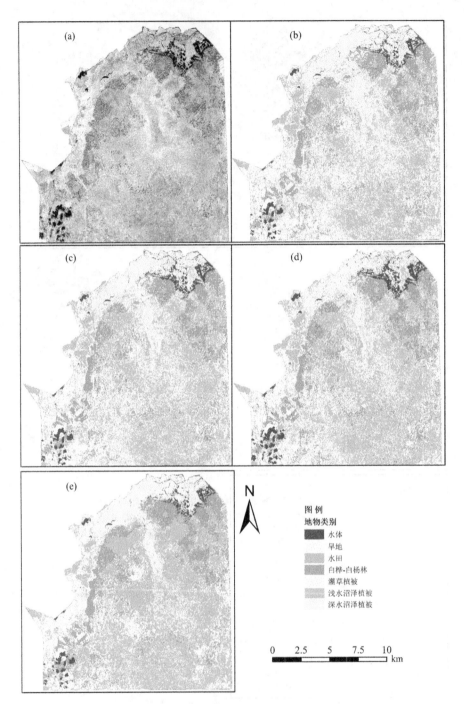

图 3-50 基于像素的 RF 算法的分类结果对比

（a）为研究区域 GF-1 2m 影像；（b）为包含 GF-1 影像的分类方案一；（c）为 GF-1 和 C 波段
Radarsat-2 影像的集合的分类方案四；（d）为结合 GF-1 和 L 波段 PALSAR 影像的分类方案五。
（e）为组合了 GF-1、Radarsat-2 和 PALSAR 影像的分类方案六）

通过对基于像素的分类和面向对象的分类的直观比较，发现在特定区域，面向对象的分类比基于像素的分类更能刻画灌木和沼泽植被。例如，研究区东南地区的深水沼泽植被优势较好地体现在面向对象的分类上。

表 3-68 显示了 6 种方案的准确率和总体精度。除方案五外，面向对象的 RF 算法在所有分类方案中的总体分类准确率均高于基于像素的 RF 算法。方案六的分类准确率最高（89.64%），其次是方案四（88.25%）和方案一（86.65%）。基于像素的 RF 算法优于面向对象 RF 算法的一个实例是方案五，总体分类精度为 82.07%，而面向对象的 RF 算法精度为 79.88%。这与使用较粗分辨率的 PALSAR 数据集相对应。McNemar 的检验结果表明，在方案六中，基于像素的分类和面向对象的分类之间的差异在统计学上是显著的（见表 3-69）。当比较面向对象的分类方案时，方案五与方案一、方案四和方案六之间在统计上存在显著的差异。在基于像素的方案之间，分类精度的差异在统计上并不显著。

表 3-68　　　　不同方案下的分类结果准确率 （OA 为总体精度）

精度（%）	方案一	方案二	方案三	方案四	方案五	方案六	分类方式
OA	86.65	55.78	53.19	88.25	79.88	89.64	面向对象的 RF
Kappa	0.8363	0.4638	0.4351	0.8564	0.75.37	0.8708	
OA	83.67	46.22	52.39	83.68	82.07	85.06	基于像素的 RF
Kappa	0.8009	0.3049	0.4164	0.8009	0.78.06	0.8173	

表 3-69　　　McNemar 的基于像素与基于对象和每个基于对象的分类的统计比较。

对比		方案一	方案四	方案五	方案六
面向对象 VS 基于像素		1.23	1.94	0.8	2.04[*]
面向对象 VS 面向对象	方案一	—	0.71	2.62[*]	1.38
	方案四		—	3.32[*]	0.66
	方案五			—	3.96[*]
	方案六				–
基于像素 VS 基于像素	方案一	—	0	0.61	0.56
	方案四		—	0.61	0.56
	方案五			—	1.17
	方案六				–

注：＊当 McNemar 卡方检验的结果大于 1.96 时表明 2 种分类方案的分类结果之间存在显著差异。

总结 6 个分类方案中每个类别的用户精度和生产者精度，见表 3-70 不同方案的混淆矩阵和相关分类精度。除沼泽植被外，面向对象的分类方法对所有类别的用户精度均超过

表 3-70 不同方案的混淆矩阵和相关分类精度

面向对象的 RF

方案一

	A	B	C	D	E	F	G	T	U
A	29	0	0	0	0	0	0	29	100
B	0	37	2	0	0	0	0	39	95
C	0	0	28	0	0	0	0	28	100
D	1	1	0	125	12	0	0	139	90
E	0	2	0	0	96	0	2	100	96
F	0	4	0	0	7	87	20	118	74
G	2	3	1	1	4	5	33	49	67
T	32	47	31	126	119	92	55		
P	91	79	90	99	81	95	60		

方案四

	A	B	C	D	E	F	G	T	U
A	30	0	0	0	0	0	0	30	100
B	0	36	2	0	1	0	0	39	92
C	0	0	28	0	0	0	0	28	100
D	0	0	0	126	8	0	0	134	94
E	0	5	0	0	96	0	2	103	93
F	0	5	1	0	8	81	7	102	79
G	2	1	0	0	6	11	46	66	70
T	32	47	31	126	119	92	55		
P	94	77	90	100	81	88	84		

基于像素的 RF

方案一

	A	B	C	D	E	F	G	T	U
A	30	2	0	0	0	0	0	32	94
B	0	32	0	0	6	0	0	38	84
C	0	0	27	0	0	0	6	33	82
D	0	2	0	126	13	0	0	141	89
E	0	2	2	0	84	1	0	89	94
F	0	2	1	0	8	82	10	103	80
G	2	7	1	0	8	9	39	66	59
T	32	47	31	126	119	92	55		
P	94	68	87	100	71	89	71		

方案四

	A	B	C	D	E	F	G	T	U
A	30	2	0	0	0	0	0	32	94
B	0	35	0	0	5	3	2	45	78
C	0	0	27	0	0	0	8	35	77
D	0	2	0	126	11	0	0	139	91
E	0	3	2	0	85	1	0	91	93
F	0	2	1	0	13	82	10	108	76
G	2	3	1	0	5	6	35	52	67
T	32	47	31	126	119	92	55		
P	94	74	87	100	71	89	64		

续表

面向对象的 RF

	A	B	C	D	E	F	G	T	U
方案五 A	30	3	0	0	0	0	0	33	91
B	0	31	0	1	2	2	0	36	86
C	0	0	28	0	0	0	0	28	100
D	0	2	0	121	15	1	0	139	87
E	0	3	0	2	88	1	8	102	86
F	0	4	3	0	10	72	16	105	69
G	2	4	0	2	4	16	31	59	53
T	32	47	31	126	119	92	55		
P	94	66	90	96	74	78	56		
方案六 A	31	0	0	0	0	0	0	31	100
B	0	46	0	0	0	0	0	46	100
C	0	0	31	0	0	0	0	31	100
D	0	0	0	121	5	0	0	126	96
E	0	0	0	5	101	3	4	113	89
F	0	1	0	0	11	87	18	117	74
G	1	0	0	0	2	2	33	38	87
T	32	47	31	126	119	92	55		
P	97	98	100	96	85	95	60		

基于像素的 RF

	A	B	C	D	E	F	G	T	U
方案五 A	30	2	0	0	0	0	0	32	94
B	0	28	0	0	3	0	0	31	90
C	0	0	26	0	0	0	9	35	74
D	0	3	0	125	14	0	0	142	88
E	0	2	2	1	86	1	0	92	93
F	0	8	1	0	13	83	12	117	71
G	2	4	2	0	3	8	32	53	64
T	32	47	31	126	119	92	55		
P	94	60	84	99	72	90	62		
方案六 A	31	1	0	0	0	0	0	32	97
B	0	34	1	0	1	1	1	37	92
C	0	0	28	0	0	0	9	37	76
D	0	0	0	126	3	0	0	129	98
E	0	5	2	0	94	1	1	103	91
F	0	7	1	0	16	84	14	122	69
G	1	0	0	0	5	6	30	42	71
T	32	47	31	126	119	92	55		
P	97	72	90	100	79	91	55		

注：A 水体；B 旱地；C 水田；D 白桦-白杨林；E 灌草植被；F 浅水沼泽植被；G 浅水沼泽植被；T 总样本；P 生产者精度（%）；U 用户精度（%）

141

86%。对于除深水沼泽植被和旱地以外的所有植被类别，面向对象和基于像素的生产者精度都达到了 70% 以上。在面向对象和基于像素的分类中，旱地和深水沼泽植被很难区分。在面向对象的分类中，方案六对旱地进行了精确分类，用户精度和生产者精度分别达到 100% 和 98%。面向对象的分类能更好地区分旱地和其他植被类型。基于方案六和方案四的目标分类方法对深水沼泽植被的用户精度（87%）和生产者精度（84%）均高于基于像素的分类方法。基于像素的分类方案五对浅水沼泽植被实现了 90% 以上的生产者精度，而面向对象的分类则下降到 78%。方案六的总体精度最高，但深水沼泽植被在方案六中没有得到最优的映射。面向对象的分类实现了最平衡的生产者精度和用户精度。

光学影像和融合影像的分类结果均优于 SAR 影像。仅使用 SAR 数据进行分类的准确性较差，但加入光学数据后，分类精度明显提高（见表 3-70）。面向对象的方案一、方案四和方案六对水、稻田和森林实现了超过 90% 的生产者精度。方案一和方案六对浅水沼泽植被的生产者精度最高（95%），其次是方案四（88%）和方案五（78%）。基于方案六的灌草植被分类精度为 85%，而方案五的灌草植被分类精度为 74%。

在所有情况下，基于像素的分类对水、稻田、森林和浅水沼泽植被的精度达到 84% 以上。方案四和方案六旱地的生产者精度均达到了 72% 以上，而方案一和方案五达到了低于 70% 的该类生产者精度。在 4 种情况下，灌草植被的生产者精度始终超过 71%。方案一对深水草本植物的精度达到 71%，而融合方案对该类植物的精度低于 70%。

方案六用于对所有输入数据源进行变量重要性（VI）评估。其方案的标准化变量重要性显示在图 3-51 中，表 3-71 中提供了重要性大于 0.6 的变量（VI ≥ 0.6）。3 个最重要的变量（VI ≥ 0.68）是红波段、纹理平均值以及 PALSAR 的 HV 强度。GF-1 数据是比 SAR 数据更重要的变量来源。通过对 SAR 数据的比较发现，L 波段 PALSAR 提供了比 C 波段 Radarsat-2 更重要的变量。从光学和 SAR 数据得出的纹理信息对于分类非常重要。

表 3-71　　　　　　　　　　　　方案 6 的变量 （VI ≥ 0.6）

	变　　量	传感器
方案六	Green、Red and NIR bands；NDVI，GNDVI，textural mean for 4 optical bands	GF-1
	HV 强度的纹理平均值 Radarsat-2 HH、HV 通道的强度、HV 强度的纹理平均值	Radarsat-2、PALSAR

2. 基于多时相遥感影像的湿地植被遥感分类

本节选取了多时相（6 月与 9 月）的 Sentinel-1B 和 Sentinel-2A 影像为数据源，制定出 4 种多时相主被动遥感数据组合方案（见表 3-72），用于沼泽湿地遥感分类；分别对根据 4 种方案整合的多维数据集，进行基于尺度继承的多尺度分割，得到面向对象的分割影像，建立与不同方案对应的特征数据集；采用 RF 机器学习算法与 RFE 对多维特征数据集

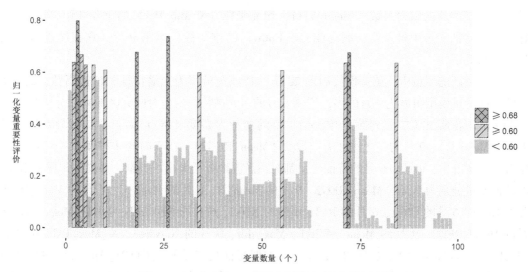

图 3-51　方案六中 99 个输入层的变量重要性评估

（1~41 是 GF-1 的多光谱波段、光谱指数及纹理；42~70 是 C 波段 Radarsat-2 强度信息及纹理；71~99 是 L 波段 PALSAR 强度信息及纹理）

进行特征优化，并进行参数调优，构建沼泽植物的最优遥感识别模型，实现对黑龙江洪河国家级自然保护区（研究区详细介绍见 2.4.2 节）中地物的识别与分类。本节中实验的详细介绍见 3.2.1。

表 3-72　　　　多维度遥感数据集方案（变量组合的详细信息见 3.2.1 的表）

方案	数据组合	数据时相
方案一	多光谱波段+雷达后向散射系数+遥感植被指数+纹理特征+形状特征+位置特征	6 月
方案二	多光谱波段+雷达后向散射系数+遥感植被指数+纹理特征+形状特征+位置特征	9 月
方案三	雷达后向散射系数+纹理特征+形状特征+位置特征	6 月和 9 月
方案四	多光谱波段+遥感植被指数+纹理特征+形状特征+位置特征	6 月和 9 月
方案五	多光谱波段+雷达后向散射系数+遥感植被指数+纹理特征+形状特征+位置特征	6 月和 9 月

由图 3-52 可知，在方案一的变量中，重要性的变量为 Brightness，交叉极化方式的后向散射系数（Mean_VH）的重要性位居第 18 位，其重要性远低于多光谱特征变量的重要性，说明光谱特征是沼泽分类依据的最主要特征。在方案二的变量中，最重要的特征变量为红光波段（Mean_R），其次为红边波段和近红外波段，其他可见光波段和植被指数（NDVI、Clreg 和 NDVIre1）也具有较高的重要性。经过变量优选后，方案三共有 18 个特征变量。在方案三的变量中，重要性位居前 3 位的特征变量分别为 9 月的交叉极化方式的后向散射系数（Mean_VH）和同向极化方式的后向散射系数（Mean_VV）以及 6 月的交

叉极化方式的后向散射系数 (Mean_VH)；像元坐标 (X_Min_Pxl) 的重要性位居第 4 位，它在位置特征变量中最重要；熵 (GLCM_Entro) 的重要性位居第 9 位，它在纹理特征变量中最重要。

在方案四的变量中，重要性位居前 20 位的特征变量都为光谱特征和植被指数，而且 6 月的特征变量模型明显比 9 月的多，说明 6 月的多光谱特征变量对研究区地物的分类具有更大的贡献。在前 20 位的特征变量中，最重要的变量为亮度 (Brightness)，其次为 6 月绿光波段 (Mean_G)、9 月的多光谱红边波段 2 (Mean_REG2)。在多时相主被动数据特征变量结合的方案五中，9 月和 6 月的特征变量都对沼泽湿地分类做出了贡献，重要性位居前 20 位的特征变量分别为 9 月的 Mean_REG2、9 月的 Mean_R、6 月的 Mean_G、6 月的 Mean_R、9 月的 Clreg、6 月的 Clreg、6 月的 RVI、6 月的 NDVI、6 月的 NDVIre1、9 月的 Mean_VH、6 月的 Mean_REG2、9 月的 Mean_SWIR1、Max_diff、9 月的 NDVIre3、X_Max_Pxl、6 月的 NDGI、9 月的 Mean_VV、6 月的 NDVIre3、纹理特征角二阶矩 (GLCM_Ang_2) 和 6 月的 NDVIre2，其中，有 10 个 6 月的多光谱特征变量，5 个 9 月的多光谱特征变量，2 个 9 月的 SAR 特征变量，没有 6 月的 SAR 特征变量；对分类贡献最高的 9 月的特征变量为多光谱红边波段 Mean_REG2，对分类贡献性最高的 6 月的特征变量为绿光波段 Mean_G，其他 9 月和 6 月的可见光波段也具有较高的重要性，这是因为植物对近红外和红外波段较为敏感，可见光波段对水体也具有一定的穿透能力；9 月和 6 月的 Clreg 是重要性最高的植被指数特征变量，也再次说明了红边波段对于植物识别的重要性；9 月的 Mean_VH 特征变量也具有较高的重要性，9 月的 Mean_VV 的重要性较低，说明交叉极化方式能获得更多的植物结构信息，位置特征 X_Max_Pxl 和纹理特征 GLCM_Ang_2 也对分类做出较重要的贡献。

由表 3-73 分类结果精度及 RF 模型最佳参数可知，基于后向散射特征的方案三的总体分类精度为 81.31%，最佳 mtry 和 ntree 分别为 5 和 2500，最佳变量个数为 18。方案五为总体精度最高的方案，其总体精度比 3.2.1 节中第 2 部分的基于单时相后向散射特征的方案一和方案二分别高 17.65% 和 16.64%，比 3.2.1 节中第 2 部分的基于单时相多光谱特征的方案三和方案四分别高 4.02% 和 5.03%，比本节方案一和方案二分别高 3.01% 和 1.53%，比基于多时相后向散射特征的方案三提高了 13.11%；比基于多时相多光谱特征的方案四提高了 2.5%。其最佳 mtry 和 ntree 分别为 4 和 1500，最佳变量个数为 28。

表 3-73　　　　　　　　　　　　**分类结果精度及 RF 模型最佳参数**

方案	优选变量个数	mtry	ntree	总体精度 (%)	Kappa 系数	95%置信区间 (%)
方案一	50	11	500	91.41	0.897	86.61~94.92
方案二	74	5	1500	92.89	0.914	88.36~96.06
方案三	18	5	2500	81.31	0.775	75.17~86.49
方案四	32	6	1500	91.92	0.903	87.21~95.31
方案五	28	4	1500	94.42	0.933	90.23~97.18

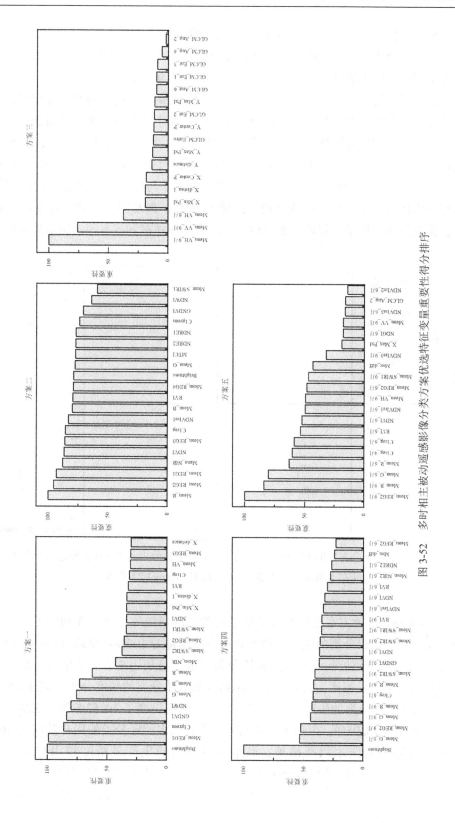

图 3-52 多时相主被动遥感影像分类方案优选特征变量重要性得分排序

　　图 3-53 利用 2 个方案的多时相主被动遥感影像数据提取出的研究区各种地物分布图中，方案一将影像中靠近水体的一部分水田错分为水体。方案二的总体分类效果较好，尤其是在深水沼泽、浅水沼泽和灌草植被分类方面，利用 9 月数据的方案比利用 6 月数据的方案的分类结果精度更高，这是因为 9 月为植物的成熟期，植物之间的差异性增大，光谱可区分性较好。利用方案三数据得到的分类结果将影像中一部分浅水沼泽植被和灌草植被错分成了旱地。在利用方案四数据（仅为多光谱数据）得到的分类结果中，深水沼泽和水体的提取精度较低。另外，方案四将影像中的一部分浅水沼泽植被、白桦-白杨林和灌草植被错分成了旱地。利用方案五数据得到的分类结果与研究区的实际情况最相符，旱地、水田和水体的边界分明，灌草植被、白桦-白杨林、深水沼泽植被和浅水沼泽植被分布连贯，饱满清晰，但是，提取的灌草植被、深水沼泽植被和浅水沼泽植被还不够准确。

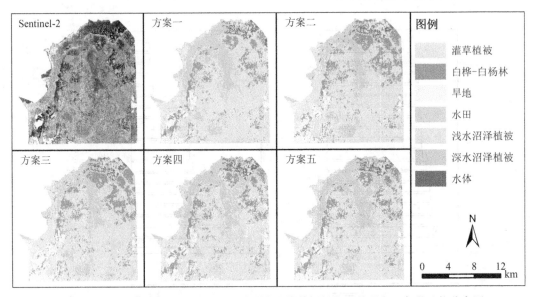

图 3-53　利用 2 个方案的多时相主被动遥感影像数据提取出的研究区各种地物分布图
（左上角影像为 2020 年 6 月 13 日 Sentinel-2A 影像）

　　由表 3-74 利用 2 种方案数据的分类结果的验证混淆矩阵可知，在利用方案三数据得到的分类结果中，水田分类的生产者精度和用户精度都为 100%；旱地分类的用户精度为 86.36%，有部分灌草植被和浅水沼泽被错分为旱地；与利用 3.2.1 节中第 2 部分的方案一数据得到的分类结果相比，其对深水沼泽和浅水沼泽分类的精度分别提高了 15.79% 和 2.62%，对浅水沼泽分类的生产者精度和用户精度分别提高了 10.53% 和 9.52%；水体分类的生产者精度为 78.95%，出现了水体漏分现象；浅水沼泽分类的用户精度为 76.19%，一部分灌草被错分为浅水沼泽植被；灌草植被分类的生产者精度和用户精度分别为 62.5% 和 67.57%，灌草植被与白桦-白杨林、深水沼泽、浅水沼泽之间的混分现象比较严重。在利用方案四数据得到的分类结果中，白桦-白杨林分类的生产者精度和用户精度都为100%；水田分类的生产者精度仅为66.67%，这是由于分类结果很大程度上取决于训练样本的质量，水田的样本数量比较少，所以分类精度比较低；另外，旱地的错分和漏分现象比较多，旱地植被与灌草植被、浅水沼泽植被之间有混淆的现象。利用方案五数据得到的分类结果对各种地类的分类精度都较高，尤其是旱地和水田分类的生产者精度和用户精度都为100%；灌草植被分类的生产者精度为90%，比单时相多数据源的方案二提高了5%，比多时相单数据源的方案三提高了27.5%；但是，对一些光谱特征可分性差的地物类型，还存在错分现象，深水沼泽植被分类的生产者精度为92.11%，一部分深水沼泽植被还被错分为浅水沼泽植被，深水沼泽植被分类的用户精度为89.74%，一部分灌草植被、浅水沼泽植被和水体被错分为深水沼泽植被；水体分类的生产者精度为88.89%，一部分深水沼泽植被被错分为水体；浅水沼泽植被分类的生产者精度为94.74%，浅水沼泽与深水沼泽发生了混淆。

表3-74   利用2种方案数据的分类结果的验证混淆矩阵

方案	地物类型	灌草植被	深水沼泽植被	旱地	水田	浅水沼泽植被	白桦-白杨林	水体	合计	生产者精度（%）	用户精度（%）
方案三	灌草植被	25	4	0	0	4	4	0	37	62.50	67.57
	深水沼泽植被	1	32	0	0	0	0	4	37	84.21	86.49
	旱地	2	0	19	0	1	0	0	22	95.00	86.36
	水田	0	0	0	6	0	0	0	6	100.00	100.00
	浅水沼泽植被	7	2	0	0	32	1	0	42	84.21	76.19
	白桦-白杨林	5	0	1	0	1	32	0	39	86.49	82.05
	水体	0	0	0	0	0	0	15	15	78.95	100.00
	合计	40	38	20	6	38	37	19	198		
方案四	灌草植被	34	0	3	2	0	0	0	39	85.00	87.18
	深水沼泽植被	0	36	0	0	0	0	2	38	94.74	94.74
	旱地	4	0	17	0	1	0	0	22	85.00	77.27
	水田	0	0	0	4	0	0	0	4	66.67	100.00
	浅水沼泽植被	2	0	0	0	37	0	0	39	97.37	94.87
	白桦-白杨林	0	0	0	0	0	37	0	37	100.00	100.00
	水体	0	2	0	0	0	0	17	19	89.47	89.47
	合计	40	38	20	6	38	37	19	198		
方案五	灌草植被	36	0	0	0	0	0	0	36	90.00	100.00
	深水沼泽植被	1	35	0	0	1	0	2	39	92.11	89.74
	旱地	0	0	20	0	0	0	0	20	100.00	100.00

续表

方案	地物类型	灌草植被	深水沼泽植被	旱地	水田	浅水沼泽植被	白桦-白杨林	水体	合计	生产者精度(%)	用户精度(%)
方案五	水田	0	0	0	6	0	0	0	6	100.00	100.00
	浅水沼泽植被	3	3	0	0	36	0	0	42	94.74	85.71
	白桦-白杨林	0	0	0	0	1	37	0	38	100.00	97.37
	水体	0	0	0	0	0	0	16	16	88.89	100.00
	合计	40	38	20	6	38	37	18	197		

3. 基于多源光学影像与 SAR 影像的湿地植被遥感分类

为验证综合 ZY-3 多光谱影像和极化 SAR 数据是否可以提高沼泽湿地植被的识别精度等问题，本节将湿地植被遥感制图分为 2 种分类情景：①Radarsat-2 极化分解参量数据和综合 ZY-3 多光谱波段与 PALSAR 极化分解参量数据；②整合 ZY-3 多光谱波段、Radarsat-2 极化分解参量数据和 PALSAR 极化分解参量数据。利用面向对象的影像分析技术对每种分类情景的遥感数据集进行多尺度迭代影像分割（具体参数见表 3-75 不同影像数据集影像分割尺度参数），分割之后的结果作为 RF 算法的输入数据源。

表 3-75　　　　　　　　　　不同影像数据集影像分割尺度参数

数据集	精细尺度	大尺度	形状/颜色	平滑度/紧实度
ZY-3+Radarsat-2	50	100	0.7/0.3	0.5/0.5
ZY-3+PALSAR	50	100		

基于训练样本对 RF 算法进行训练，选取最佳参数 mtry 与 ntree。两个参数训练优化及确定均利用 Rstudio 中 RF 工具包，训练结果如表 3-76RF 算法中 mtry 和 ntree 参数和图 3-54RF 算法基于样本和 mtry 和 ntree 参数训练结果。

表 3-76　　　　　　　　　　RF 算法中 mtry 和 ntree 参数

数据集	mtry	ntree
Radarsat-2+PALSAR	18	1500
Radarsat-2+ZY-3	22	1500
Radarsat-2+PALSAR+ZY-3	24	1500

从图 3-54 中看出，当 RF 中决策树的数量为 1500 时，利用训练样本数据集构建的 RF

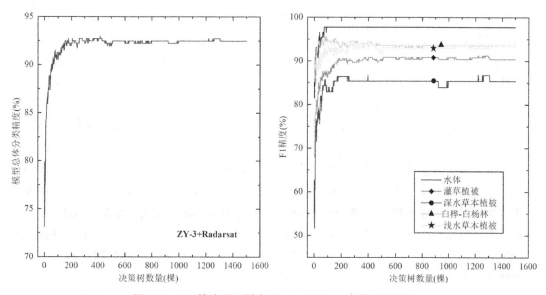

图 3-54　RF 算法基于样本和 mtry 和 ntree 参数训练结果

算法模型的分类能力趋于稳定，ZY-3 和 Radarsat-2 整合数据集的 OOB 算法精度高于单一的极化 SAR 数据集，达到了 92.5%。洪河自然保护区内单个植被类型在训练模型中的识别精度在不同数据集中差异明显。在整合的 ZY-3 多光谱和 Radarsat-2 数据集中，湿地水体、白桦-白杨林、灌草植被和草本湿地植被的识别精度均超过了 85%。与 3.3.4 节中相比可以看出，整合多光谱和极化分解参量的数据集明显提高了模型识别精度，C 波段 Radarsat-2 的极化数据集获得了比 L 波段 PALSAR 数据集更高的模型识别精度；在 4 种植被类型中，白桦-白杨林的识别精度最高；灌草结合的植被类型的识别精度在整合数据集中提高了 20%。

由图 3-55 基于不同数据集分类结果，对比 5 种数据集的分类结果可以看出：单一的极化 SAR 数据集，以及 ZY-3 多光谱和极化 SAR 整合的数据集都能够准确地识别保护区外围的水田。同时，散落在旱地中孤立的浅水草本沼泽湿地植被在 Radarsat-2，以及多源整合数据集中均被准确识别。对比分析洪河自然保护区内部的植被分类结果，集中分布在道路两侧的白桦-白杨林在 5 种分类情景中均得到了精确的识别，但对于孤立的散落在草本沼泽植被和灌草植被中的白桦-白杨林，不同数据集的分类结果存在些许差异；Radarsat-2、ZY-3 和 Radarsat-2 整合数据集均能识别较小的白桦-白杨林斑块，生产者精度高于 PALSAR 极化数据集。5 种数据集的分类结果均显示出灌草植被主要分布在白桦-白杨林和草本沼泽植被的过渡区域，且以白桦-白杨林为中心呈现环形分布；深水草本沼泽植被主要分布在浓江和沃绿兰河的河漫滩及河道中，浅水沼泽植被则分布在灌草植被和深水沼泽植被的过渡区域。

保护区的西南方向，5 种数据集的分类结果存在差异（见图 3-55）：来自 PALSAR 极化数据集在该区域的分类结果以深水沼泽植被为主，Radarsat-2 极化数据集则是以浅水沼泽植被为主，PALSAR 和 Radarsat-2 整合数据集，以及 ZY-3 多光谱和极化 SAR 数据整合数据集则为灌草结合的植被类型。对比 1∶10000 地形图和 2012 年黑龙江洪河自然保护区管理局野外实测数据，该区域的植被主要为沼柳、柴桦、芦苇和小叶樟等，是典型的以灌草植被为主的群落。另外，位于沃绿兰河河漫滩两侧区域的制图结果也存在差异：PALSAR 和 Radarsat-2 极化数据集，以及两者整合的数据集在该区域的分类结果为灌草植被类型，特别是 PALSAR 极化数据集，灌草植被类型的面积比较大，ZY-3 和极化 SAR 整合数据集在该区域的分类结果则为浅水沼泽植被类型。由保护区的地貌形态可知，该区域毗邻沃绿兰河的河道及河漫滩，地势较低，地下水位埋藏较浅，雨季地表水充足可以满足浅水沼泽植被的生长，结合 1∶10000 地形图，该区域是浅水沼泽植被为主。散落在浅水沼泽植被和深水沼泽植被中的灌草植被斑块，来自 Radarsat-2 极化数据集，及其与 ZY-3 多光谱整合数据集的分类结果均能够准确识别，但 PALSAR 极化数据集，及其与 Radarsat-2 整合数据集则将部分孤立的灌草植被斑块识别为浅水沼泽植被。5 种数据集的分类结果都准确地识别了保护区内的旱地。

　　对比 1∶50000 洪河自然保护区生态环境图，可以看出，基于多源遥感整合数据集的制图结果更为详细和准确，更为详实地表征了洪河自然保护区岛状林、草甸和湿地三位一体生态系统分布态势，以及在响应湿地水位变化的条件下，从陆地向湿地形成了独特的岛状林-灌木或者灌草结合-湿地草本植被环形分布的植被群落结构（见图 3-56）。该分类结果可以进一步用于保护区珍稀鸟类（如丹顶鹤和东方白鹳等）栖息地的调查及其生态环境适应性评价，同时，该分类结果还可以结合湿地水文情势的变化，分析沼泽湿地植被分布的水位梯度差异。另外，该分类结果进一步肯定和拓展了极化 SAR 和国产 ZY-3 多光谱数据在沼泽湿地植被制图中的应用。极化 SAR 数据与 ZY-3 多光谱数据的整合进一步论证了多源遥感数据集在沼泽湿地植被制图方面的优势，以及 RF 算法对多维度、不连续数据集的广泛适应性和较高的识别精度。全极化 C 波段 Radarsat-2 与 ZY-3 多光谱数据的整合为下一步国产多成像模式、C 波段全极化 SAR GF-3 与 ZY-3 多光谱数据的整合及其在沼泽湿地植被制图中的应用提供了相应的技术参考。

　　从表 3-77 基于面向对象 RF 算法的不同数据集的分类精度评价结果的精度验证中可以得到如下结论：①与 3.3.4 节中表 3-62 相比，综合 2 种不同波长的极化 SAR 数据集使湿地植被的总体分类精度提高到了 86.77%，均高于各单一波长的极化数据集，进一步论证了不同波长极化 SAR 数据的整合可以提高 SAR 对于沼泽湿地植被的识别能力。②对比不同波长的极化 SAR 组合，ZY-3 多光谱数据与 C 波段 Radarsat-2 极化 SAR 数据的组合，使沼泽湿地植被的总体分类精度提高了 6.32%，达到了 93.09%，说明光谱数值在不同湿地植被的差异进一步增加了数据集的可分性，提高了 RF 算法的分类能力，同时也论证了，多光谱影像和极化 SAR 数据的结合可以实现 2 种数据源优势互补；③综合 Radarsat-2、PALSAR 和 ZY-3 多光谱 3 种数据集进一步提高了沼泽湿地植被的总体分类精度，达到了 94.15%，说明多源遥感数据的有效整合可以实现沼泽湿地植被的高精度制图。

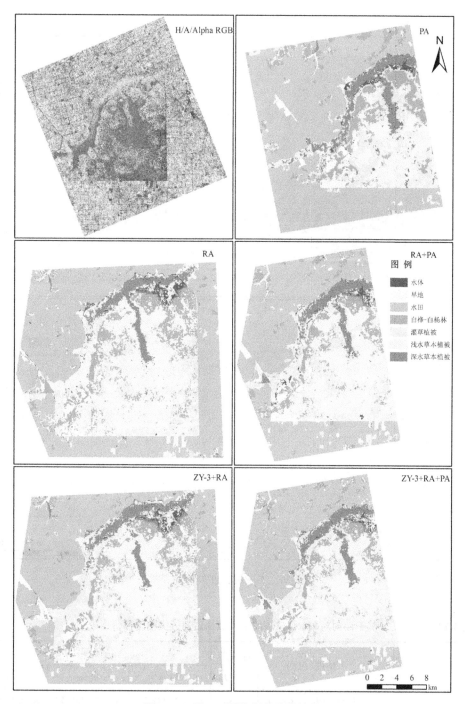

图 3-55 基于不同数据集分类结果

(PA 为 L 波段 PALSA 极化数据集；RA 为 C 波段 Radarsat-2 极化数据集；PA+RA 为 PALSAR 和 Radarsat 组合数据集；ZY-3+RA 为 ZY-3 多光谱和 Radarsat 组合数据集；ZY-3+RA+PA 为 ZY-3 多光谱、Radarsat 和 PALSAR 组合数据集)

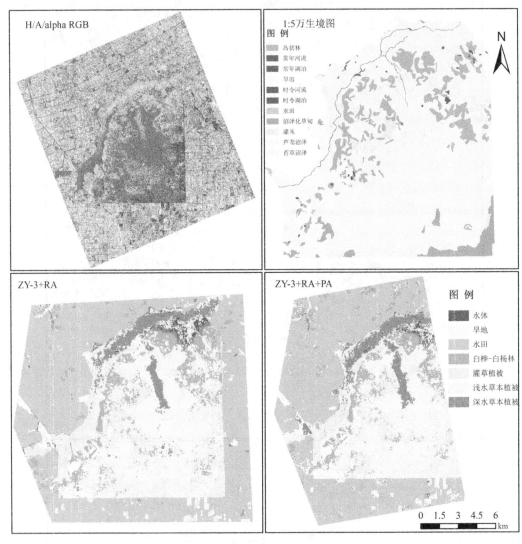

图 3-56　不同组合方案分类结果

表 3-77　　　　　　基于面向对象 RF 算法的不同数据集的分类精度评价结果

	精度（%）		标准差（%）	置信区间（%）		
				99%	95%	90%
Radarsat-2+PALSAR	总体精度	86.77	1.38	83.22~90.31	84.07~89.47	84.50~89.03
	Kappa	84.00	1.90	79.09~88.90	80.26~87.73	80.86~87.13
Radarsat-2+ZY-3	总体精度	93.09	1.14	90.15~96.02	90.86~95.32	91.21~94.96
	Kappa	91.65	1.42	87.99~95.3	88.86~94.43	89.31~93.98

续表

		精度（%）	标准差（%）	置信区间（%）		
				99%	95%	90%
Radarsat-2+PALSAR+ZY-3	总体精度	94.15	1.06	91.41~96.88	92.06~96.23	92.40~95.89
	Kappa	92.92	1.37	89.39~96.46	90.23~95.62	90.67~95.18

分析表 3-77 中不同数据集分类结果的用户精度可以得到如下结论：①与单一 Radarsat-2 极化数据集相比，整合 PALSAR 和 Radarsat-2 极化数据集提高了灌草植被和深水沼泽植被的用户精度，使其在 95% 的置信水平上均超过了 80%，而浅水沼泽植被的用户精度下降了 8.12%，为 75%；②整合 ZY-3 和 Radarsat-2，ZY-3、PALSAR 和 Radarsat-2 数据集对于不同类别的用户精度在 95% 的置信水平上均超过了 80%，其中整合 Radarsat-2、PALSAR 和 ZY-3 数据集获取的用户精度则达到了 90%。

比较表 3-78 中不同数据集分类结果的生产者精度可以得到如下结论：①整合 PALSAR 和 Radarsat-2 极化数据集进行沼泽植被分类，除了灌草植被和深水沼泽植被的生产者精度在 95% 的置信水平上低于 80% 之外，其他的植被类型的生产者精度均超过 85%；②与整合 PALSAR 和 Radarsat-2 极化数据集相比，整合 ZY-3 和 Radarsa-2 数据集使灌草植被的生产者精度提高了 14.7%，使其在 95% 的置信水平上均达到了 89.41%，而深水沼泽植被的生产者精度保持不变，为 76.32%；③与整合 PALSAR 和 ZY-3 数据集相比，整合 ZY-3、PALSAR 和 Radarsat-2 数据集则进一步提高了深水沼泽植被的生产者精度，使其在 95% 的置信水平上达到了 83.78%。所有类别的生产者精度在 95% 的置信水平上均超过了 80%，该结论进一步论证了不同遥感数据的整合可以实现优势互补，充分提高沼泽湿地植被的识别精度。

表 3-78　　　　　　　　不同数据集的沼泽湿地植被类型的混淆矩阵

		A	B	C	D	E	F	G	T	U	CI
方案一	A	47	0	0	0	2	0	2	51	92.16	89.70~94.61
	B	0	44	0	4	2	0	0	50	88	85.03~90.97
	C	0	0	42	0	0	0	0	42	100	100~100
	D	0	4	0	123	10	2	0	139	88.49	85.58~91.40
	E	2	3	0	0	55	4	3	67	82.09	78.59~85.59
	F	2	1	0	0	13	60	4	80	75	71.05~78.95
	G	0	0	0	0	3	0	29	32	90.63	87.96~93.29
	T	51	52	42	127	85	66	38			
	P	92.16	84.62	100	96.85	64.71	90.91	76.32			
	CI	88.51~95.81	84.32~94.91	100~100	91.87~96.83	56.85~72.56	85.72~96.10	61.97~90.66			

续表

		A	B	C	D	E	F	G	T	U	CI
方案二	A	48	0	0	0	1	0	1	50	96	94.22~97.78
	B	0	46	0	0	0	0	0	46	100	100~100
	C	0	0	42	0	0	0	0	42	100	100~100
	D	0	2	0	126	2	0	0	130	96.92	95.35~98.50
	E	1	3	0	3	76	1	1	85	89.41	86.61~92.21
	F	2	0	0	0	4	64	7	77	83.12	79.70~86.53
	G	0	1	0	2	1	29	33	87.88	84.91~90.85
	T	51	52	42	129	85	66	38			
	P	94.12	88.46	100	97.67	89.41	96.97	76.32			
	CI	90.60~98.64	86.10~90.82	100~100	95.70~99.65	83.17~95.65	95.77~98.17	62.29~90.34			
方案三	A	37	0	0	0	0	0	1	38	97.37	95.85~98.89
	B	0	49	0	2	1	0	0	52	94.23	92.02~96.44
	C	0	0	38	1	0	0	0	39	97.44	95.94~98.94
	D	0	2	0	114	3	0	0	119	95.80	93.90~97.70
	E	0	1	0	3	68	1	3	76	89.47	86.56~92.38
	F	0	0	0	0	2	65	2	69	94.20	91.99~96.42
	G	2	0	0	1	0	31	34	91.18	88.49~93.87
	T	39	52	38	120	75	66	37			
	P	94.87	94.23	100	95	90.67	98.48	83.78			
	CI	89.13~97.62	89.67~96.79	100~100	91.58~98.42	83.98~97.35	96.18~99.79	71.40~96.17			

注：A 为水体；B 为旱地；C 为水田；D 为白桦-白杨林；E 为灌草植被；F 为浅水沼泽植被；G 为深水沼泽植被；T 为总验证样本数；P 为生产者精度（%）；U 为用户精度（%）；CI 为 95% 置信区间[%]；方案 1 为 PALSAR+Radarsat-2；方案 2 为 Radarsat-2+ZY-3；方案 3 为 PALSAR+ Radarsat-2+ZY-3。

为了进一步论证不同数据集在沼泽湿地植被分类上精度差异的显著性，本节利用混淆矩阵计算了 McNemar 统计量并进行显著性检验，见表 3-79 基于不同数据集混淆矩阵的 McNemar 统计检验，结果表明：PALSAR 极化数据集与其他 4 种数据集在 95% 的置信区间内存在显著性差异；Radarsat-2 极化数据集与整合 PALSAR 和 Radarsat-2 极化数据集在统计性上不存在显著性差异。同时，整合 ZY-3 和 Radarsat-2 数据集，整合 ZY-3、PALSAR

和 Radarsat-2 数据集在统计性上均存在显著性差异；整合 PALSAR 和 Radarsat-2 极化数据集与整合 ZY-3 和 Radarsat-2 数据集和整合 ZY-3、PALSAR 和 Radarsat-2 数据集在统计性上均存在显著性差异；整合 ZY-3 和 Radarsat-2 数据集与整合 ZY-3、PALSAR 和 Radarsat-2 数据集在统计性上不存在显著性差异。以上结果论证了不同波长的极化 SAR 数据的组合、极化 SAR 和光学遥感数据的整合是实现沼泽湿地植被高精度分类的两个重要的数据源。

表 3-79　　　　　　　　　**基于不同数据集混淆矩阵的 McNemar 统计检验**

		PA	RA	PA+RA	RA+ZY-3	RA+PA+ZY-3
McNemar（｜z｜）	PA	—	4. 23 *	3. 88 *	6. 67 *	7. 43 *
	RA	—	—	0. 37	2. 65 *	3. 53 *
	PA+RA	—	—	—	3. 01 *	3. 88 *
	RA+ZY-3	—	—	—	—	0. 93
	RA+PA+ZY-3	—	—	—	—	–

注：* 当 McNemar 卡方检验的 ｜z｜ 值大于 1.96 时表明 2 种分类方案的分类结果之间存在显著差异。

3.4.2　基于深度学习算法的湿地植被多源遥感分类研究

本节以位于中国东北部的洪河国家级自然保护区为研究区（研究区详细介绍见 2.4.2 节），选用 GF-1、GF-2、ZY-3、Sentinel-2A 与 Landsat-8 OLI 等多尺度遥感数据为数据源，通过构建 16 种沼泽植被遥感融合方案探究 DeepLabV3plus 深度学习网络在沼泽湿地植被分类中的迁移学习能力，见表 3-80 沼泽植被智能识别模型构建方案。在多源遥感平台的高空间分辨率、中空间分辨率和低空间分辨率的影像中构建 14 种不同空间分辨率梯度的整合方案中选用空间分辨率为 2m 与 8m 的 GF-1 影像与空间分辨率为 10m 的 Sentinel-2A 影像进行整合，在光谱范围 450~2280nm 中构建 2 种光谱范围维度的整合方案，系统研究不同空间分辨率梯度与光谱波段维度的整合方式对沼泽植被识别精度的影响以及 DeepLabV3plus 算法在多源影像的不同整合方式中的迁移学习能力，并选用 McNemar 卡方检验进行验证。鉴于不同空间分辨率影像对不同沼泽植被的分类能力存在差异，利用多数投票的方法将高、中和低空间分辨率影像的分类结果融合，并基于面积最大的分类方式将融合结果与多尺度分割结果进行整合，探究基于像素的分类方法与面向对象的分类方式的融合对植被边界处的精准分类能力。通过统计分析不同空间分辨率的遥感影像对各类植被的平均分类精度来定量分析空间分辨率对沼泽植被的分类能力。

表 3-80　　　　　　　　　　　　　沼泽植被智能识别模型构建方案

方法	组合	方案	传感器	空间分辨率	光谱范围（nm）	每幅影像的分割数量	每种方案的分割总数量
不同空间分辨率梯度的整合	组合一	方案一	GF-2+GF-1	0.8m+2m	（450~900）	5 * 10⁴	10×10⁴
		方案二	GF-2+ZY-3	4m+5.8m	（450~890）		
		方案三	GF-1+Sentinel-2A	8m+10m	（450~900）		
		方案四	Landsat-8	15m+30m	（430~885）		
	组合二	方案五	GF-1	0.8m+4m	（450~900）	5 * 10⁴	10×10⁴
		方案六	GF-1+ZY-3	2m+5.8m	（450~900）		
		方案七	GF-1+Landsat-8	8m+15m	（430~890）		
		方案八	Sentinel-2A+Landsat-8	10m+30m	（430~900）		
	组合三	方案九	GF-2+GF-1	0.8m+8m	（450~900）	5×10⁴	10×10⁴
		方案十	GF-1+Sentinel-2A	2m+10m	（450~900）		
		方案十一	GF-2+Landsat-8	4m+15m	（430~890）		
		方案十二	ZY-3+Landsat-8	5.8m+30m	（430~890）		
	组合四	方案十三	GF-2+GF-1+ZY-3+Sentinel-2A+Landsat-8	0.8~30m	（430~900）	5×10⁴	40×10⁴
	组合五	方案十四	GF-2+GF-1+ZY-3+Sentinel-2A+Landsat-8	0.8~30m	（430~900）	5.05×10⁴，5.2×10⁴，5.28×10⁴，5.1×10⁴，5.05×10⁴，4.81×10⁴，4.81×10⁴，4.7×10⁴	40×10⁴
不同光谱波段维度的整合	组合六	方案十五	GF-1+Sentinel-2A	8m+10m	（450~900）（1565-1655）（2100~2280）	5×10⁴	10×10⁴
	组合七	方案十六	GF-1+Sentinel-2A	2m+10m	（450~900）（1565-1655）（2100~2280）	5×10⁴	10×10⁴

1. 不同空间分辨率梯度的湿地植被遥感分类

为探究 DeepLabV3plus 算法在沼泽植被分类中的迁移学习能力，选用三种不同空间分辨率梯度的整合方式进行研究，并与 3.2.2 节中的未整合模型的影像的分类结果进行对比分析。

由表 3-81 可知，经 McNemar 卡方检验，在 95% 置信水平下，3 种整合方式的分类结果的显著性差异有所不同。其中，在高空间分辨率的组合训练中，McNemar 卡方检验表明：在 95% 置信水平下，高空间分辨率的影像的分类结果的显著性要大于低分辨率的影像的显著性；在中空间分辨率与低空间分辨率的组合训练中，McNemar 卡方检验表明，在 95% 置信水平下，低分辨率的影像的分类结果的显著性要大于高分辨率的影像的显著性。在组合二中，McNemar 卡方检验表明在 95% 置信水平下，在跨空间分辨率梯度的整合中，高分辨率的影像的分类结果的显著性要大于低分辨率的影像的显著性。在组合三中，空间分辨率差异较大的高空间分辨率与中空间分辨率的影像的整合时，McNemar 卡方检验表明在 95% 置信水平下，分辨率高的影像的分类结果的显著性要高于分辨率低的影像的显著性；在空间分辨率差异较大的中空间分辨率与低空间分辨率的影像的整合中，McNemar 卡方检验表明，95% 置信水平下，低分辨率的影像的分类结果的显著性要大于高分辨率的影像的显著性。

表 3-81　　　　不同空间分辨率梯度的组合方案的总体精度及 McNemar 检验

空间分辨率（m）		0.8	2	4	5.8	8	10	15	30
未整合	总体精度（%）	89.4	87.7	87.4	86.9	84.4	81.5	77.6	76.4
影像整合	组合一 总体精度（%）	85.9	86.9	86.0	85.1	84.3	81.3	79.7	79.0
	组合一 McNemar 检验	7.57*	1.45	4.66*	5.96*	0.52	5.40*	1.59	3.79*
	组合二 总体精度（%）	85.5	81.0	86.5	85.1	82.5	79.4	78.7	77.8
	组合二 McNemar 检验	9.12*	40.96*	1.16	5.51*	4.21*	4.66*	0.66	1.84
	组合三 总体精度（%）	86.9	84.9	87.0	86.3	83.3	80.1	82.6	80.2
	组合三 McNemar 检验	4.08*	12.96*	0.43	0.06	1.56	3.01*	10.96*	11.84*

注：* 当 McNemar 卡方检验的结果大于 1.96 时表明 2 种分类方案的分类结果之间存在显著差异。

结合图 3-57 融合训练后不同空间分辨率梯度的组合方案的总体精度增长率的变化趋势，可知，与未整合模型的研究相比，中高空间分辨率（0.8~10m）的分类结果中，3 种整合方式的训练都使得模型的总体分类精度有所下降，下降范围为 0.1%~7.6%。其中组合二的下降幅度最大，组合三的下降幅度最小。在低空间分辨率（15~30m）的分类结果中，3 种整合方式都提高了模型的总体分类精度，增长范围为 1.37%~6.41%。其中组合三的上升幅度最大，组合二的上升幅度最小。本节选取了四种训练方式中的空间分辨率为 0.8m 的分类结果进行对比显示，见图 3-58 不同空间分辨率梯度的组合方案的分类结果对比。

由图 3-59 融合训练后不同空间分辨率梯度的组合方案的平均精度增长率的变化趋势

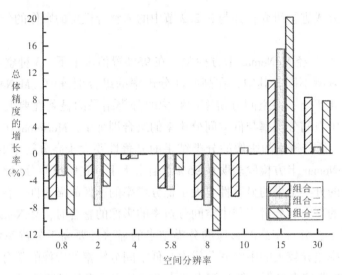

图 3-57　融合训练后不同空间分辨率梯度的组合方案的总体精度增长率的变化趋势

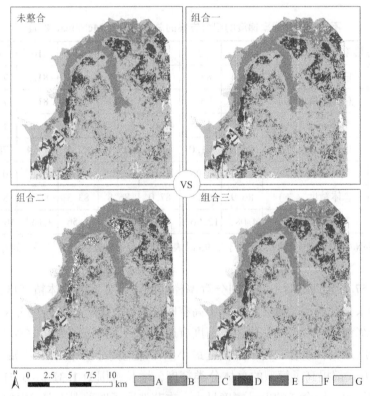

图 3-58　不同空间分辨率梯度的组合方案的分类结果对比
（A 为灌草植被；B 为深水沼泽植被；C 为浅水沼泽植被；
D 为白桦-白杨林；E 为水体；F 为水田；G 为旱地）

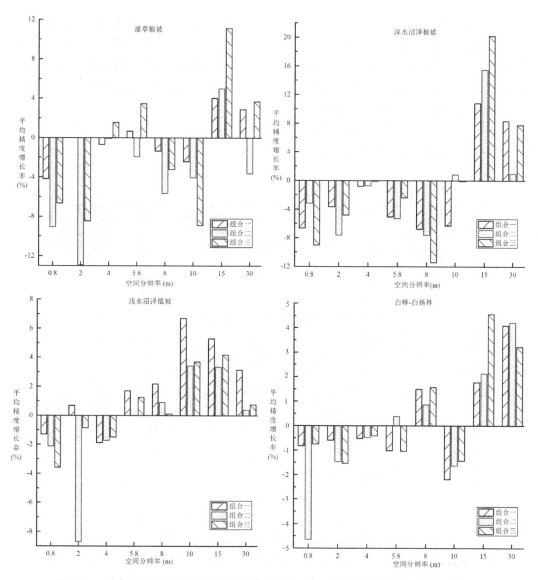

图 3-59　融合训练后不同空间分辨率梯度的组合方案的平均精度增长率的变化趋势

可知，3 种融合方式对不同空间分辨率遥感影像下的四种植被的分类能力具有不同的影响。在对灌草植被进行分类时，三种组合方式的空间分辨率为 0.8m、2m、8m 与 10m 的影像中灌木的分类精度有所降低，降低幅度为 0~12.92%，空间分辨率为 15m 的影像中灌木的分类精度有所提高，提升幅度为 1.02%~11.12%；在对深水沼泽植被进行分类时，3 种组合方式中空间分辨率为 0.8m、2m、5.8m 与 8m 的影像中深水沼泽植被的分类精度有所降低，降低幅度为 2.38%~11.41%，空间分辨率为 15m 的影像中深水沼泽植被的分类精度有所提高，提升幅度为 10.78%~20.19%；在对浅水沼泽植被进行分类时，3 种组合方式中空间分辨率为 0.8m 与 4m 的影像中浅水沼泽植被的分类精度有所降低，降低幅度为 1.30%~3.57%，空间分辨率为 5.8m、10m、15m 与 30m 的影像中浅水沼泽植被的分类精度有所提高，提升幅度为 0.01%~6.70%；在对白桦-白杨林进行分类时，3 种组合方式中空间分辨率为 0.8m、2m、4m 与 10m 的影像中白桦-白杨林的分类精度有所降低，降低幅度为 0.42%~4.64%，空间分辨率为 8m、15m 与 30m 的影像中白桦-白杨林的分类精度有所提高，提升幅度为 0.85%~4.56%。

同时选取了 4 种训练方式中的空间分辨率为 0.8m、5.8m 与 15m 的植被的分类结果进行对比显示，如图 3-60 4 种训练方式不同空间分辨率梯度的组合方案的分类结果对比。

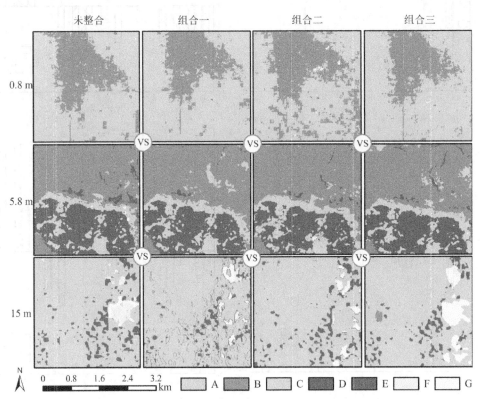

图 3-60　4 种训练方式不同空间分辨率梯度的组合方案的分类结果对比

（A 为灌草植被；B 为深水沼泽植被；C 为浅水沼泽植被；D 为白桦-白杨林；E 为水体；F 为水田；G 为旱地）

2. 多空间分辨率梯度的湿地植被遥感分类

为探究高、中、低三种不同空间分辨率的遥感影像整合对植被分类精度的影响，在组合四中将 8 种不同空间分辨率的数据进行整合训练，在该训练方案中将每种分辨率的影像分别分割成 5 万张，并将每种分辨率影像分类结果的总体精度的所占比例作为组合五中对应分辨率的影像的分割数量的权重，分析不同分割权重对分类结果是否有影响。

由表 3-82 与图 3-61 可知，与未整合模型的研究结果相比，在中高空间分辨率（0.8～10m）的分类结果中，2 种融合方式的训练都使得模型的总体分类精度有所下降（近似相同下降幅度为 0.41%～9.7%）。McNemar 卡方检验说明在 95% 置信水平下，多源遥感数据的整合使得空间分辨率为 0.8m～5.8m 的分类结果具有较高的显著性。在低空间分辨率（15～30m）的分类结果中，2 种整合方式都提高了模型的总体分类精度，提高幅度为 0.70%～2.44%。McNemar 卡方检验说明在 95% 置信水平下，在具有不同训练权重的组合五的中分辨率影像的分类结果都具有显著性。图 3-62 为两种融合模型中的空间分辨率为 0.8m 的分类结果对比。

表 3-82　　　　　多空间分辨率梯度的整合模型的总体精度及 McNemar 检验

空间分辨率（m）		0.8	2	4	5.8	8	10	15	30
未整合	总体精度（%）	89.4	87.7	87.4	86.9	84.4	81.5	77.6	76.4
影像整合 组合四	总体精度（%）	83.1	85.1	87.0	84.1	83.4	79.1	79.0	76.9
	McNemar 检验	25.38*	8.91*	8.45*	11.01*	1.45	4.90*	2.35*	1.35
组合五	总体精度（%）	80.7	82.3	85.1	83.6	84.5	80.6	79.5	78.2
	McNemar 检验	37.73*	29.07*	17.26*	15.87*	0.00	1.10	2.53*	2.59*

注：＊当 McNemar 卡方检验的结果大于 1.96 时表明两种分类方案的分类结果之间存在显著差异。

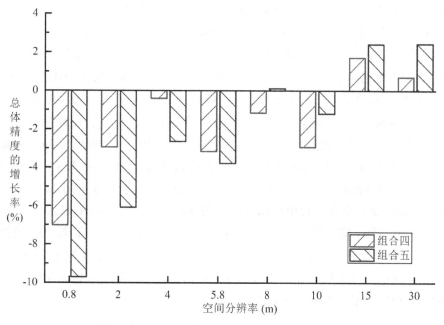

图 3-61　数据整合后多空间分辨率梯度的整合模型的总体精度增长率

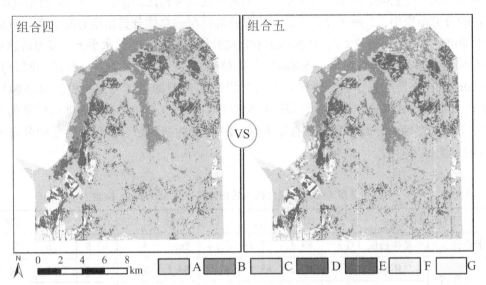

图 3-62 两种融合模型中的空间分辨率为 0.8m 的分类结果对比

（A 为灌草植被；B 为深水沼泽植被；C 为浅水沼泽植被；D 为白桦-白杨林；E 为水体；F 为水田；G 为旱地）

由图 3-63 影像整合后多空间分辨率梯度的整合模型的平均精度增长率可知，两种融合方式对不同空间分辨率中的四种植被的分类能力有不同的影响。

在对灌草植被进行分类时，2 种组合方式的除了空间分辨率为 4m 与 15m 的分类结果提升外，其余分辨率影像的分类结果中灌木的分类精度都有所降低，降低幅度为 0.02%~13.96%；在对深水沼泽植被进行分类时，2 种组合方式中空间分辨率为 0.8m、2m、5.8m 与 8m 的影像中深水沼泽植被的分类精度有所降低，降低幅度为 7.32%~12.67%，空间分辨率为 15m 与 30m 的影像中深水沼泽植被的分类精度有所提高，提高幅度为 4.77%~12.32%；在对浅水沼泽植被进行分类时，2 种组合方式中空间分辨率为 8m、15m 与 30m 的影像中浅水沼泽植被的分类精度有所上升，提高幅度为 0.34%~4.90%，其余空间分辨率的影像中浅水沼泽植被的分类精度有所下降，降低幅度为 0.56%~6.57%；对白桦-白杨林进行分类时，2 种组合方式中空间分辨率为 4m、5.8m 与 10m 的影像中白桦-白杨林的分类精度有所降低，降低幅度为 0.33%~1.69%，空间分辨率为 8m 与 30m 的影像中白桦-白杨林的分类精度有所提高，增长幅度为 1.65%~4.34%。本节选取了 2 种组合中的空间分辨率为 0.8m、5.8m 与 15m 的植被的分类结果进行对比显示，见图 3-64 多空间分辨率梯度的整合模型的沼泽植被的分类对比。

3. 不同光谱波段维度的湿地植被遥感分类

为探究光谱波段范围的维度对沼泽植被分类精度的影响，在组合六（方案十五）中

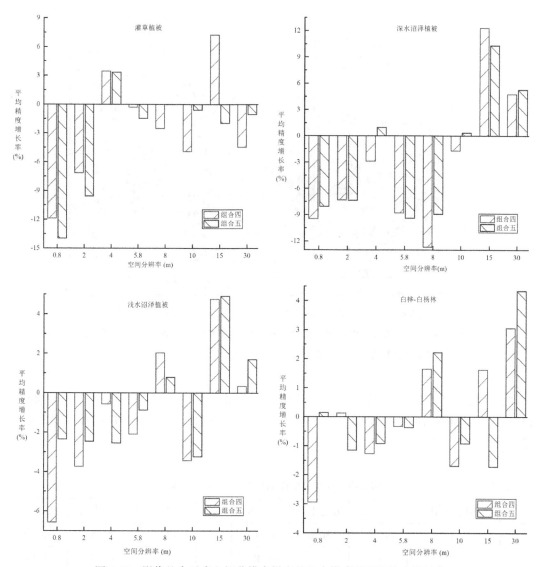

图 3-63　影像整合后多空间分辨率梯度的整合模型的平均精度增长率

将 GF-2 影像（空间分辨率为 8m 且光谱波段范围为 450~890nm）与 Sentinel-2A 影像（空间分辨率为 10m 且光谱波段范围为 458~900nm 以及 2100~2280nm）进行融合；在组合七（方案十六）中将 GF-2 影像（空间分辨率为 2m 且光谱波段范围为 450~890nm）与 Sentinel-2A 影像（空间分辨率为 10m 且光谱波段范围为 458~900nm 以及 2100~2280nm）进行融合。并将以上模型与方案三与方案十两种整合模型进行对比，分析光谱波段维度的增加对沼泽植被分类结果的影响。

由表 3-83 可知，光谱范围的增加降低了空间分辨率为 10m 的 Sentinel-2A 影像的分类

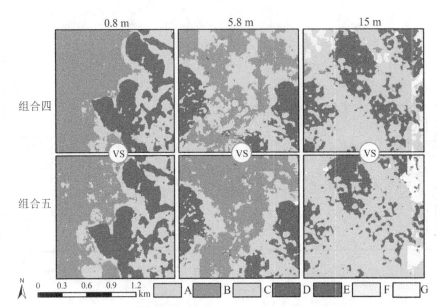

图3-64　多空间分辨率梯度的整合模型的沼泽植被的分类对比

（A为灌草植被；B为深水沼泽植被；C为浅水沼泽植被；D为白桦-白杨林；E为水体；F为水田；G为旱地）

精度，分类结果中灌草植被、浅水沼泽植被、水田和旱地的分类精度下降了1.90% ~ 13.85%，经McNemar卡方检验，在95%置信水平下融合模型的分类精度具有显著性差异。

表3-83　　　　　　　　　不同光谱波段组合的融合模型分类精度及增长率

	地物类型	方案三	方案十五	增长率		方案十	方案十六	增长率
8m	A	78.2	80.8	3.34%	2m	77.1	81.5	5.77%
	B	68.1	67.1	−1.48%		70.8	69.7	−1.44%
	C	84.1	85.4	1.52%		85.2	84.4	−0.88%
	D	95.1	95.4	0.36%		94.4	95.4	1.06%
	E	71.7	75.3	5.03%		78.7	80.9	2.69%
	F	95.2	95.9	0.73%		92.9	97.3	4.70%
	G	88.7	91.4	3.01%		90.8	88.2	−2.81%
	总体精度	84.3	85.3	1.16%		84.9	85.9	1.15%
	McNemar检验		1.33				1.37	

续表

	地物类型	方案三	方案十五	增长率		方案十	方案十六	增长率
10m	A	71.4	64.0	−10.33%	10m	66.7	65.4	−1.90%
	B	60.2	64.2	6.69%		64.2	59.9	−6.65%
	C	85.4	80.2	−6.05%		83.0	80.0	−3.60%
	D	92.7	92.5	−0.17%		93.4	93.6	0.26%
	E	63.8	60.4	−5.39%		61.2	61.9	1.08%
	F	100.0	86.1	−13.85%		92.0	85.0	−7.71%
	G	90.9	85.7	−5.73%		90.1	86.6	−3.88%
	总体精度	81.3	77.9	−4.15%		80.1	77.8	−2.88%
	McNemar 检验	3.47*				6.75*		

注：＊当 McNemar 卡方检验的结果大于 1.96 时表明两种分类方案的分类结果之间存在显著差异。

（A 为灌草植被；B 为深水沼泽植被；C 为浅水沼泽植被；D 为白桦-白杨林；E 为水体；F 为水田；G 为旱地）

光谱范围的增加提高了融合模型的光谱范围较少的影像的分类精度，两种影像的分类结果中灌草植被、水体、白桦-白杨林和水田的分类精度上升了 0.36%～5.77%，但 McNemar 卡方检验显示在 95% 置信水平下分类结果不具有显著性差异。研究区内各类地物的分布情况如图 3-65 所示，不同光谱波段组合中沼泽植被的分类对比情况如图 3-66 所示。

4. 基于像素的分类与多尺度分割结果融合的湿地植被遥感分类

多源影像的融合不符合传统遥感影像空间分辨率越高分类精度越高的规律，而不同空间分辨率的影像对各类沼泽植被的分类精度也有所差异。鉴于此，本节利用多数投票的方法将分类结果进行融合处理，并基于面积最优的分类方式将融合后的结果与该区域空间分辨率为 0.8m 的 GF-1 影像的多尺度分割结果进行整合，以探究基于像素的分类方法与多尺度分割结果的融合对植被边界处的精准分类能力。由图 3-67 多尺度分割结果融合前后分类结果对比可知，植被的边界分类精度有了明显的改善。表 3-84 多尺度分类结果融合前后沼泽植被分类精度，面向对象的定量分析显示基于多数投票的方法融合后，分类精度达到 88.1%，要优于表 6 中组合四的未融合前的所有分类结果，整合多尺度分割结果后总体精度没有较大的提升，但由基于像素的定量分析可知整合后分类精度提高了 4.0%。

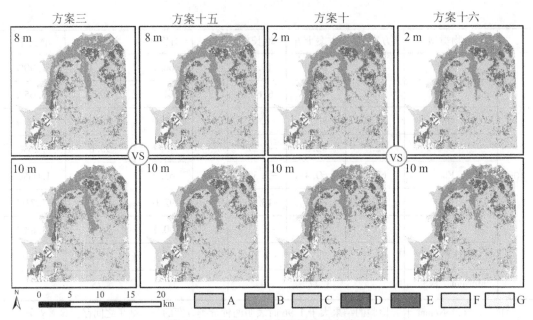

图 3-65 研究区内各类地物的分布情况

（A 为灌草植被；B 为深水沼泽植被；C 为浅水沼泽植被；D 为白桦-白杨林；E 为水体；F 为水田；G 为旱地）

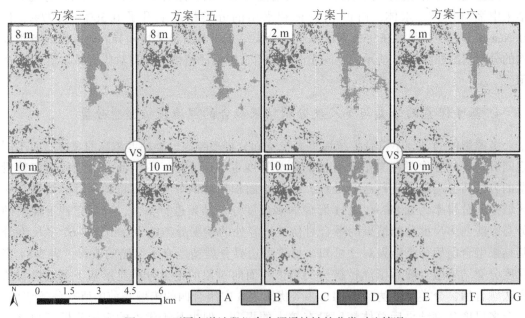

图 3-66 不同光谱波段组合中沼泽植被的分类对比情况

（A 为灌草植被；B 为深水沼泽植被；C 为浅水沼泽植被；D 为白桦-白杨林；E 为水体；F 为水田；G 为旱地）

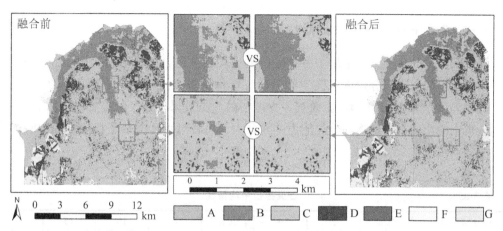

图 3-67 多尺度分类结果融合前后分类结果对比

（A 为灌草植被；B 为深水沼泽植被；C 为浅水沼泽植被；D 为白桦-白杨林；E 为水体；F 为水田；G 为旱地）

表 3-84 多尺度分类结果融合前后沼泽植被分类精度

	面向对象的精度评价		基于像素的精度评价	
基于像素的分类方法	A	81.6%	A	75.1%
	B	78.8%	B	70.0%
	C	85.5%	C	81.2%
	D	96.8%	D	89.0%
	E	92.8%	E	84.1%
	F	99.3%	F	91.4%
	G	96.9%	G	54.3%
	总体精度＝0.881	Kappa＝0.856	总体精度＝0.800	Kappa＝0.733
整合基于像素与面向对象的分割结果	A	824%	A	78.3%
	B	77.9%	B	72.9%
	C	83.1%	C	87.4%
	D	97.0%	D	89.3%
	E	92.8%	E	84.3%
	F	98.1%	F	91.4%
	G	96.5%	G	70.2%
	总体精度＝89.0%	Kappa＝0.866	总体精度＝84.0%	Kappa＝0.781

注：A 为灌草植被；B 为深水沼泽植被；C 为浅水沼泽植被；D 为白桦-白杨林；E 为水体；F 为水田；G 为旱地。

5. 对沼泽植被的分类精度的统计分析

将方案十三的 8 种分类结果中各种地物的平均精度进行统计分析，由表 3-85 各类植被平均精度可知中空间分辨率、高空间分辨率影像中各类地物的分类精度都在 60.0% 以上，其中分辨率为 0.8m 与 4m 影像对各类地物的分类效果较好，精度在 70.0% 以上；低空间分辨率的影像对各地物的分类能力差异较大，两者对水体的分类精度在 50.0% 左右，水田的分类精度在 95.0% 以上。

表 3-85　　　　　　　　　　　　　各类植被平均精度

空间分辨率（m）	0.8	2	4	5.8	8	10	15	30
灌草植被	71.6%	78.2%	78.2%	78.6%	77.2%	69.6%	77.2%	71.6%
深水沼泽植被	72.8%	68.9%	72.3%	63.8%	63.7%	63.2%	62.1%	60.0%
浅水沼泽植被	79.6%	82.7%	86.2%	82.9%	84.0%	77.3%	80.8%	78.6%
白桦-白杨林	93.9%	96.0%	94.7%	95.4%	95.2%	93.1%	92.2%	91.3%
水体	72.9%	83.9%	84.7%	66.7%	66.5%	61.2%	50.8%	52, 7%
水田	91.1%	94.9%	97.4%	99.3%	97.3%	96.8%	96.3%	95.9%
旱地	95.5%	87.1%	94.6%	97.4%	92.9%	87.9%	75.6%	85.1%

图 3-68 所示为 8 种分类结果中各类植被平均精度分布情况。其中，水田和白桦-白杨林的离散型较小，8 种空间分辨率遥感影像的分类精度都在 90.0% 以上；水体的分类精度的离散型的最大，而深水沼泽植被的分类精度的均值最小。

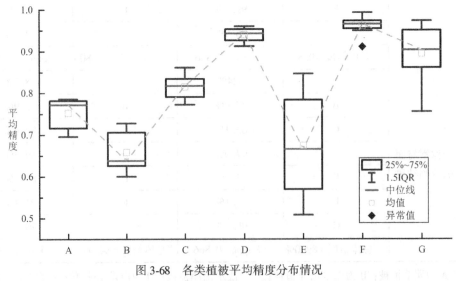

图 3-68　各类植被平均精度分布情况

（A 为灌草植被；B 为深水沼泽植被；C 为浅水沼泽植被；D 为白桦-白杨林；E 为水体；F 为水田）

图 3-69 所示为不同分辨率分类结果中各类植被平均精度分布，鉴于水田在研究区内所占比例较小，该图只选取其他 6 种地物类型进行分析。8 种空间分辨率的影像对白桦-白杨林的分类效果较好，三种梯度的分辨率影像对白桦-白杨林的分类能力差异较小，精度都在 90.0% 以上；对浅水沼泽植被分类中，旱地的分类精度都在 70.0% 以上，灌草植被与深水沼泽植被的分类精度在 60.0% 以上；8 种空间分辨率的影像对水体的分类精度差别最大，最高精度为空间分辨率为 4m 的影像的 84.7%，最低精度为空间分辨率为 15m 的影像的 50.8%。

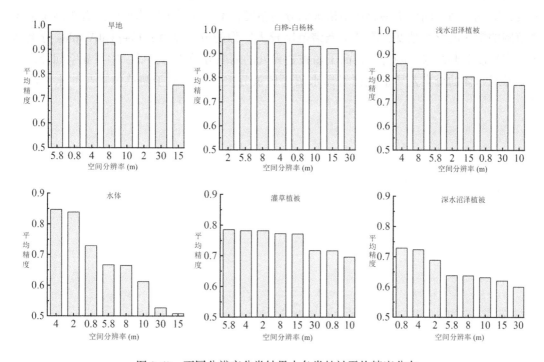

图 3-69 不同分辨率分类结果中各类植被平均精度分布

3.5 本章小结

本章利用 RF 浅层机器学习算法与 SegNet、PSPNet、RAUNet 和 DeepLabV3plus 等 4 种深度学习算法研究无人机影像、多光谱影像与极化 SAR 影像对湿地植被遥感的分类能力，得到以下 2 个结论。

（1）面向对象的 RF 分类算法在湿地植被中的分类能力要优于基于像素的分类方法，在进行变量降维时 RFE 变量选择算法在沼泽植被分类研究中表现最好，其次是 VSURF 算法，而 Boruta 算法在去除冗余方面的性能较弱；在利用 RF 算法进行分类时发现，纹理特征、位置特征、几何特征与光谱指数等多种特征的添加可以提高植被间的光谱差异，提高植被的分类精度；多时相多光谱数据的整合、光学数据与 SAR 数据的整合都可以提高植被的分类效果。

（2）在利用 SegNet、PSPNet、RAUNet 和 DeepLabV3plus 4 种深度学习网络进行分类时发现，DeepLabV3plus 模型和 RAUNet 模型识别岩溶湿地植被信息精度最高；DeepLabV3plus 算法在低空间分辨率的影像分类中的迁移学习能力要优于中高空间分辨率的影像分类，光谱范围较小的影像分类中的迁移学习能力要优于光谱范围较大的影像分类；多源影像的融合分类不符合传统遥感影像空间分辨率越高分类精度越高的规律，通过扩展遥感影像空间分辨率的梯度发现：影像整合可以提高低分辨率影像中沼泽植被的分类精度，降低中高空间分辨率影像中植被的分类精度；不同光谱范围影像的融合提高了窄光谱范围的影像的分类精度，降低了光谱范围较大影像的分类精度；DeepLabV3plus 分类结果与多尺度分割结果的融合，提高了植被边界处的精准分类能力；低、中与高空间分辨率的影像对水体的分类差异最大而对深水沼泽植被分类能力要弱于灌草植被与浅水沼泽植被。

第4章 湿地植被生物物理参数遥感反演研究

生理结构参数对湿地植被有着重要的意义，是衡量湿地生态健康状况的重要指标，因此生理结构参数对监测湿地生态健康状况和维护湿地生态系统可持续发展有着重要价值。湿地的植被生物物理量遥感定量提取，已成为湿地研究的热点之一。

卫星遥感影像的选择对于植被生理结构参数反演至关重要。在以往研究中，中分辨率成像光谱仪（MODIS）被广泛应用于植被生理结构参数反演（Ghosh et al.，2016；Yang et al.，2016）。但是，湿地植被不同于森林、草地及农作物等植被类型，其空间分布更为复杂，实地采样过程中很难找到与MODIS影像空间尺度（250m）相匹配的同质地块。因此，同样在2013年发射的中国新一代高空间分辨率遥感卫星GF-1 WFV（16m）和美国陆地卫星计划（Landsat）的第八颗卫星Landsat-8 OLI（30m）可确保与实测数据相匹配。另外，欧空局发射的Sentinel-2 MSI相比Landsat-8 OLI具有更高的时空分辨率，且增加了以705nm和750nm为中心的两个红边波段，被认为对植被生长状况的响应更为敏感（Verrelst et al.，2015；Battude et al.，2016）。

湿地水陆生态环境的特殊，造成湿地植被年内生长状况差异大，其理化参数年内动态变化明显，中等分辨率的遥感影像不足以获得详细的湿地植被理化参数年内时序特征和空间分布，且无法满足精细尺度下湿地植被理化参数各生长时期动态变化的定量分析要求（王鹏等，2017）。Sentinel-2多光谱成像卫星，拥有10m空间分辨率的红、绿、蓝和近红外波段，3个独有的20m空间分辨率的"红边"波段，5天的重返周期，相较于MODIS等传统中等分辨率卫星更适合用于区域尺度湿地植被理化参数长时间序列的监测与反演研究。目前对Sentinel-2卫星数据的应用多集中于植被分类识别（Rapinela et al.，2019），地质岩性识别（Van et al.，2015），水质监测（Pahlevan et al.，2017）等领域，在植被理化参数获取及分析方面，国内外研究人员还利用Sentinel-2数据进行了较多的研究，目前此类研究大多集中于草原（Hill，2013）、森林（Korhonen et al.，2017）和旱地（苏伟等，2018），Sentinel-2数据在全球植被生态特征监测分析方面显示出强大的应用潜力，然而目前鲜有利用Sentinel-2时序数据的时空优势来探究湿地植被理化参数年内动态变化特征的研究。

4.1 基于多源遥感数据的沼泽植被冠层叶绿素含量估算研究

叶片叶绿素含量（LCC）是影响沼泽植被进行光合作用的主要因素，可以反映沼泽植被的总体健康状况。对沼泽植被进行实时、高精度的 LCC 遥感反演，对沼泽保护和恢复具有重要意义。由于与遥感像元尺度相匹配的沼泽植被 LCC 实测数据采集困难，造成湿地植被 LCC 遥感反演研究匮乏。本节基于 UAV 正射影像辅助进行沼泽植被 LCC 实测数据采集这一新方法，并以典型的沼泽湿地中国黑龙江省洪河国家级自然保护区为研究区，采用优化后的 RF 回归算法对 GF-1 WFV、Landsat-8 OLI 和 Sentinel-2 MSI 等 3 种卫星遥感数据在沼泽植被中反演 LCC，最后绘制出研究区 LCC 分布图与植被分布图。研究区位置见图 4-1。

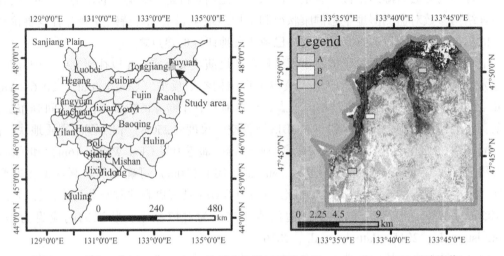

图 4-1　研究区位置（A、B 和 C 为无人机样区所处位置；D 为 GF-1 WFV 遥感影像）

　　上述实验方案中涉及的地面调查内容包括：无人机影像获取、实地地面调查、叶绿素含量测定及 GPS 定位。本实验在 2019 年 9 月 12 日和 13 日采用大疆精灵 Phantom 4 Pro 搭载 RGB 和 Survey3W-OCN 相机同时进行航摄，获取无人机影像。在 A、B 和 C 这 3 个样区分别选择了 20 个均质样地且选择的样地包括实验内的所有植被类型。每个样地包含 16m×16m、20m×20m 和 30m×30m 这 3 种不同尺度来对应 GF-1、Sentinel-2 和 Landsat-8 遥感影像。每块样地的 3 个尺度的中心坐标相同（见图 4-2）。另外，保证在样地周围 30m 以内，植被类型相似，以减少实测数据采集的不确定性。采用 SPAD-502 Plus 叶绿素仪在每个尺度的样地中选择 20 个随机采样点，并在采样点处采集冠层叶绿素含量（CCC）的 SPAD 值，每个采样点测量五次，并计算其平均值作为该采样点最终测定的 CCC 的 SPAD 值（后文提到的所有 CCC 值均为 CCC 的 SPAD 值）。

　　由于无人机多光谱影像和 GF-1 WFV、Landsat-8 OLI 和 Sentinel-2 MSI 这 3 种卫星遥感影像的地表反射率均处于沼泽植被的冠层尺度，如果将沼泽植被 LCC 实测数据用于无人机多光谱影像和卫星遥感影像的叶绿素反演研究会出现严重的尺度问题。因此需要将沼泽植被 LCC 实测数据转换为位于冠层尺度的沼泽植被 CCC 数据。具体的转换公式如下式所示（Xie et al.，2019）：

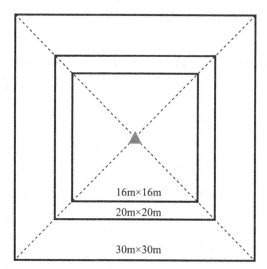

图 4-2　样地布设规则（三角形为样地的中心位置）

$$CCC = LCC \times LAI \tag{4-1}$$

　　不同于旱地、草地和林地等生态系统，沼泽湿地生态系统环境复杂，且多处于人类不可到达的地区。另外，在研究区内进行实地调查期间正处于湿地丰水期，这给叶面积指数（LAI）的实地采样带来困难，而 LAI 又是 LCC 转换为 CCC 必不可少的参数。在以往的研究中，NDVI 被广泛应用于反演植被的 LAI，并被认为与湿地植被的 LAI 具有较高的相关性（George et al.，2018）。因此，为了解决实测 LAI 数据缺乏的问题，我们基于 UAV 多光谱数据计算 NDVI 用于沼泽植被 LAI 反演。基于 Kamal 等（2016）的研究，采用的基于经验模型的 LAI 转换公式如下：

$$LAI = 5.00 \times \ln(NDVI) + 4.22 \tag{4-2}$$

　　实验时将 GF-1 WFV、Landsat-8 OLI 和 Sentinel-2 MSI 遥感数据分别用于构建沼泽植被 CCC 遥感反演的多维数据集，其中包括从遥感影像中提取的各光谱波段的地表反射率数据和根据不同光谱波段地表反射率数据计算得到的各种植被指数（见表 4-1）。另外，由于 3 种遥感影像的光谱波段数量和中心波长不同，可以计算得到的植被指数也不同。GF-1 WFV 和 Landsat-8 OLI 影像的多维数据集中除了地表反射率数据外还包括 NDVI，增强型植被指 2（EVI 2），绿波段叶绿素指数（Cl_{green}）和 GNDVI 这 4 种植被指数，而 Sentinel-2 MSI 影像具有 GF-1 和 Landsat-8 数据所没有的红边波段，所以在 GF-1 WFV 和 Landsat-8 OLI 影像所采用的 4 种植被指数的基础上增加了红边波段叶绿素指数（Cl_{rge}）、归一化红边植被指数 1（NDRE 1）、归一化红边植被指数 2（NDRE 2）、修正的简单比值植被指数（MSR）、MERIS 陆地叶绿素指数（MTCI）、转化后的叶绿素吸收反射指数/优化的土壤调整后的植被指数（TCARI/OSAVI）和修正后的叶绿素吸收率指数/优化的土壤调整后的植被指数（MCARI/OSAVI）等七种植被指数。使用 RF 回归算法对 3 种卫星遥感数据所构建的训练集与对应的 3 种不同尺度的 CCC 实测数据建立回归关系，用来进一步定量反演洪河国家级自然保护区的 CCC。

表 4-1　　　　　　　　GF-1 WFV、Landsat-8 OLI 和 Sentinel-2 MSI 对应的指数

指数	计算公式	GF-1	Sentinel-2	Landsat-8
NDVI	$(\rho_{NIR}-\rho_{Red})/(\rho_{NIR}+\rho_{Red})$	✓	✓	✓
EVI 2	$2.5(\rho_{NIR}-\rho_{Red})/(\rho_{NIR}+2.4\rho_{Red}+1)$	✓	✓	✓
Cl_{green}	$(\rho_{NIR}/\rho_{Green})-1$	✓	✓	✓
GNDVI	$(\rho_{NIR}-\rho_{Green})/(\rho_{NIR}+\rho_{Green})$	✓	✓	✓
Cl_{rge}	$(\rho_{Red-edge3}/\rho_{Green})-1$	✗	✓	✗
NDRE 1	$(\rho_{Reg2}-\rho_{Reg1})/(\rho_{Reg2}+\rho_{Reg1})$	✗	✓	✗
NDRE 2	$(\rho_{Reg3}-\rho_{Reg1})/(\rho_{Reg3}+\rho_{Reg1})$	✗	✓	✗
MSR	$[(\rho_{Reg3}/\rho_{Red})-1]/\sqrt{(\rho_{Reg3}/\rho_{Red})+1}$	✗	✓	✗
MTCI	$(\rho_{Reg3}-\rho_{Reg1})/(\rho_{Reg1}+\rho_{Red})$	✗	✓	✗
TCARI/OSAVI	$\dfrac{3[(\rho_{Reg1}-\rho_{Red})-0.2(\rho_{Reg1}-\rho_{Green})(\rho_{Reg1}/\rho_{Red})]}{(1+0.16)/(\rho_{Reg3}-\rho_{Red})/(\rho_{Reg3}+\rho_{Red}+0.16)}$	✗	✓	✗
MCARI/OSAVI	$\dfrac{[(\rho_{Reg1}-\rho_{Red})-0.2(\rho_{Reg1}-\rho_{Green})(\rho_{Reg1}/\rho_{Red})]}{(1+0.16)/(\rho_{Reg3}-\rho_{Red})/(\rho_{Reg3}+\rho_{Red}+0.16)}$	✗	✓	✗

基于无人机多光谱影像的高空间分辨率不仅可以清晰地描述植被的冠层结构，对裸露土壤、水面和阴影等非植被因素同样可以被显示出来，这些非植被因素给无人机尺度的 CCC 反演结果带来极大的不确定性（Tian et al.，2017）。因此，为了消除非植被因素的影响，我们首先采用多尺度分割算法对无人机多光谱影像进行分割，然后采用面向对象 RF 分类算法对样本区域 A、B 和 C 的无人机多光谱影像了二元（非植被和植被）分类（Lou et al.，2020）。样本区域 A、B 和 C 的纯植被覆盖区域内的无人机多光谱影像提取的分类结果具有较高的分类精度（分类总体精度均高于 90.0%）。分类完成后，在 ArcGIS 10.6 中使用"掩膜提取"工具根据植被类型的分布区域提取无人机多光谱影像，获得仅包括纯植被像元的样本区域 A、B 和 C 的无人机多光谱影像。通过图 4-3 中的多尺度分割和二元分类结果可以看出，植被和非植被区域（如清晰的植被冠层结构、裸露地表、水面和阴影等）得到了有效区分。样本区域 A、B 和 C 的分类总体准确性分别为 92.0%、91.0% 和 95.0%，Kappa 系数分别为 0.897、0.889 和 0.928。

表 4-2 中展示了基于面向对象 RF 分类算法对样本区域 A、B 和 C 的纯植被覆盖区域内的无人机多光谱影像进行提取的分类结果的混淆矩阵。

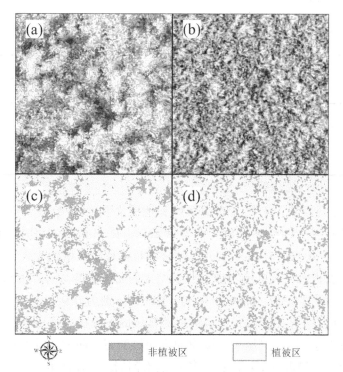

图 4-3　典型样方的多尺度分割和面向对象分类结果
（（a）和（c）为白桦-白杨林；（b）和（d）为浅水沼泽植被）

表 4-2　　　　　　　　　　样本区域 A、B 和 C 二元分类的混淆矩阵

	样本区域 A		样本区域 B		样本区域 C	
	植被	非植被	植被	非植被	植被	非植被
植被	144	12	138	12	140	8
非植被	4	40	6	44	2	50

　　由于样本区域 A、B 和 C 内的主要沼泽植被类型并不相同，为了使无人机尺度 CCC 反演结果更为切合实际，有必要基于 3 个样本区域内的 CCC 实测数据和对应的训练数据集分别建立 3 种回归关系，而不是为 3 个样本区建立统一的回归关系。因此，基于 RF 回归算法，在 3 个样本区域的无人机尺度训练数据集与所选样地中的实测 CCC 数据之间建立了回归关系（每个样本区域中包括 5 个样地，每个样地中包括 20 个样本点）。除此之外，根据原始的无人机多光谱影像和纯植被覆盖区域的无人机多光谱影像，分别进行无人机尺度的 CCC 反演。

　　表 4-3 显示了基于无人机尺度 CCC 结果获取的多尺度卫星遥感影像的像元尺度 CCC

样本数据的统计参数。

表4-3　　　　　　　　　　　**多尺度 CCC 样本数据统计分析**　　　　　（单位：SPAD）

	GF-1 WFV（16 m）	Sentinel-2 MSI（20m）	Landsat-8 OLI（30m）
最大值	94.75	93.47	93.11
最小值	5.32	6.04	6.54
平均值	43.86	44.05	43.83
标准偏差	9.76	9.48	10.54

　　结果表明：结合原始无人机多光谱影像和地面实测 CCC 数据获得的无人机尺度的 CCC 反演结果具有较高的反演精度，样本区域 A、B 和 C 的 R^2 分别为 0.90、0.88 和 0.92，RMSE 分别为 6.12、5.66 和 3.70。结合纯植被覆盖区域的无人机多光谱影像和地面实测 CCC 数据获得的无人机尺度 CCC 反演结果的反演精度与前者相比较低，样本区域 A、B 和 C 的 R^2 分别为 0.86、0.89 和 0.90，RMSE 分别为 6.98、5.25 和 4.18（见图4-4）。基于原始无人机多光谱影像和纯植被覆盖区域的无人机多光谱影像反演得到的无人机尺度 CCC，将其与多尺度卫星遥感影像的像元尺度完全匹配，进而对单个像元内的无人机尺度 CCC 反演结果进行平均，获取多尺度沼泽植被 CCC 样本数据，此外，两组 CCC 样本数据之间的方差分析结果表明，样本区域 A，B 和 C 的 P 值均小于 0.05，这表明两组 CCC 样本数据存在显著差异。

　　为了对比传统采样和本节提出的采样方式之间的差异，且保证泛化能力，首先采用未进行参数优化的 RF 回归算法，建立 GF-1 WFV、Landsat-8 OLI 和 Sentinel-2 MSI 数据的训练数据集与传统采样和无人机采样获得的 CCC 实测数据之间的回归关系，见表4-4。

表4-4　　**GF-1 WFV、Landsat-8 OLI 和 Sentinel-2 MSI 数据基于传统采样和无人机采样的 CCC 反演精度对比**

	GF-1 WFV（16 m）		Landsat-8 OLI（30 m）		Sentinel-2 MSI（20 m）	
	R^2	RMSE	R^2	RMSE	R^2	RMSE
传统采样	0.61	16.68	0.62	15.72	0.67	13.73
无人机采样	0.71	12.98	0.69	13.34	0.77	11.54

　　多尺度卫星遥感影像的 CCC 反演结果表明，当使用传统采样技术对多尺度遥感影像进行 CCC 反演时，Sentinel-2 MSI 遥感影像的反演精度最高（$R^2=0.67$，RMSE=13.73），其次是 Landsat-8 OLI 遥感影像（$R^2=0.62$，RMSE=15.72），而 GF-1 WFV 遥感影像的 CCC 反演精度最低（$R^2=0.61$，RMSE=16.68）。使用本节中提出的无人机采样技术对多

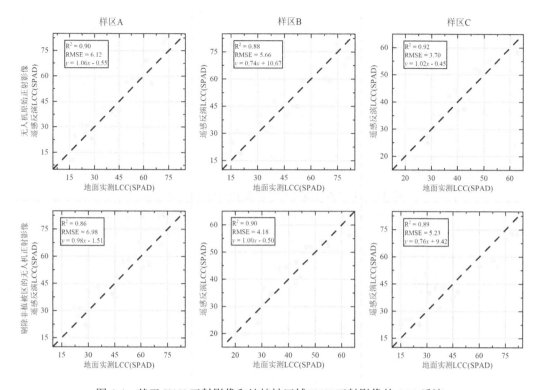

图 4-4 基于 UAV 正射影像和纯植被区域 UAV 正射影像的 CCC 反演

尺度卫星遥感影像进行 CCC 反演的结果表明：Sentinel-2 MSI 遥感影像的反演精度最高（$R^2 = 0.77$，RMSE = 11.54），其次是 GF-1 WFV 遥感影像（$R^2 = 0.71$，RMSE = 12.98），而 Landsat-8 OLI 遥感影像的 CCC 反演精度（$R^2 = 0.69$，RMSE = 13.34）最低。

通过 RF 算法在 GF-1 WFV、Landsat-8 OLI 和 Sentinel-2 MSI 这 3 种卫星遥感影像的训练集与对应尺度的基于无人机采样技术获取的 CCC 样本数据之间建立回归关系，进行多尺度 CCC 遥感反演（见图 4-5）。结果表明：Sentinel-2 MSI 遥感影像的 CCC 反演精度最高（$R^2 = 0.79$，RMSE = 10.96），其次为 GF-1 WFV 遥感影像（$R^2 = 0.74$，RMSE = 12.14），而 Landsat-8 OLI 影像在对 CCC 进行反演时精度最低（$R^2 = 0.72$，RMSE = 12.41）。

通过将研究区内沼泽植被类型的分布图与多尺度卫星遥感影像反演得到的沼泽植被 CCC 分布图进行对比分析可知，CCC 较低的分布区域主要为水体，深水沼泽植被和部分枯萎的浅水沼泽植被区域。而白桦-白杨林，灌木，水田以及生长较为旺盛的浅水沼泽植被区域通常分布有较高的 CCC。由于实地调查时间为九月初，正处于当地耕地收获以后的播种期，因此该植被类型对应区域 CCC 较低（见图 4-6）。

如图 4-7 所示，经过统计 3 种卫星影像反演得到 CCC 各分区面积和面积占比后发现，Landsat-8 OLI 遥感影像反演得到的 CCC 分布图中 CCC 较低的分区（$0 \sim 40 \mu g/cm^{-2}$）的面积和面积占比分别为 63.58km² 和 29.12%，显著高于 GF-1 WFV 遥感影像（49.04km²，

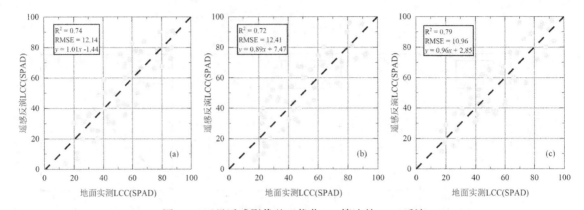

图 4-5　卫星遥感影像基于优化 RF 算法的 CCC 反演

（（a）为 GF-1 WFV；（b）为 Landsat-8 OLI；（c）为 Sentinel-2 MSI）

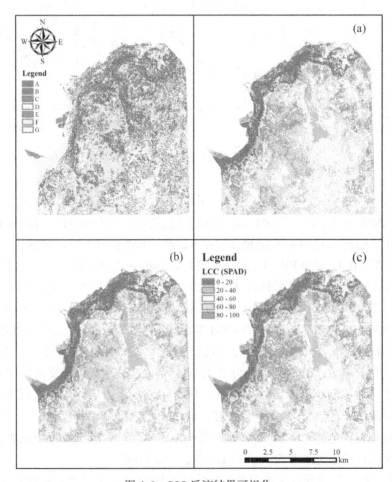

图 4-6　CCC 反演结果可视化

（（a）为 GF-1 WFV；（b）为 Landsat-8 OLI；（c）为 Sentinel-2 MSI）

22.46%）和 Sentinel-2 MSI 遥感影像（52.11km²，23.87%）。除此之外，Sentinel-2 MSI 遥感影像反演得到的 CCC 分布图在 CCC 高的分区（80~100μg/cm²）和中等分区（40~60μg/cm²）的面积和面积占比分别为 114.45km² 和 52.41%，显著高于 GF-1 WFV 遥感影像（103.92km²，45.79%）和 Landsat-8 OLI 遥感影像（49.04km²，98.27%）。总体而言，多尺度卫星遥感影像反演得到的 CCC 分布图中，CCC 的中等分区（40~60μg/cm²）所占面积最大，面积占比高于 36%，其次为 CCC 的较高分区（60~80μg/cm²），面积占比高于 23%，而其余分区面积占比较低，均不超过 18%。

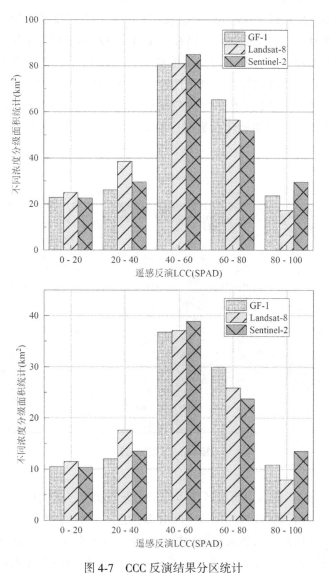

图 4-7　CCC 反演结果分区统计

（（a）为 GF-1 WFV；（b）为 Landsat-8 OLI；（c）为 Sentinel-2 MSI）

4.2　基于时序 Sentinel-2 的岩溶湿地植被群落生理结构参数定量反演

岩溶湿地植被是岩溶湿地生态系统内最敏感的要素，其理化参数反映了湿地生态系统的固碳能力和生产力水平，岩溶湿地植被理化参数的定量反演对于揭示区域岩溶湿地乃至全球气候环境变化规律具有特殊意义。本节以我国西南地区典型的岩溶湿地公园——会仙喀斯特国家湿地公园为研究区，在结合高分辨率无人机和星载光学遥感影像获取岩溶湿地高精度湿地植被空间格局的基础上，以长时间序列的逐月 Sentinel-2 多光谱遥感数据为主要数据源，使用 Biophysical Processor 模块（SL2P 方法）定量反演并构建逐月的光合有效辐射吸收率（FAPAR）、植被覆盖度（FVC）、LAI、CCC 和冠层含水量（CWC）5 类理化参数的时间序列数据集，结合基于增强型植被指数（EVI）和 NDVI 的简单而准确的 LAI 反演经验算法评估理化参数的能力。利用构建的 5 类理化参数的时序特征数据集，分析典型岩溶湿地植被群落三类理化参数的年内变化规律以及不同生长时期内不同植被的差异，为长时间序列岩溶湿地植被多理化参数时序特征分析提供研究范例。研究区位置见图 4-8。

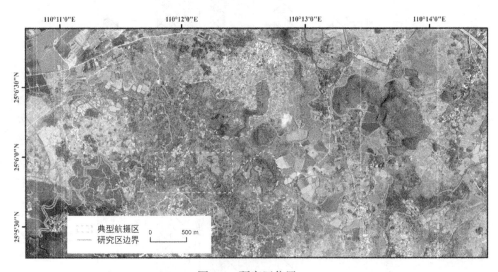

图 4-8　研究区位置

通过 Google Earth 影像获取研究区整体的空间分布状况，进而以 3 个典型区域的无人机航摄影像提取湿地内部更细致的植被空间分布信息。最后得到研究区整体的建设用地、人工鱼塘、人工湿地植被、天然岩溶湿地植被以及岩溶河流与岩溶湖泊 5 个类别；航摄区 A 内的狗牙根、凤眼莲、芦苇-白茅等 7 个类别；航摄区 B 内的狗牙根-白茅-水龙和竹子-马甲子等 7 个类别；航摄区 C 内的荷花和菩提-竹子-马甲子等 8 个类别。岩溶湿地植被高精度分布数据详细分类结果见图 4-9。通过建立混淆矩阵分别计算分类结果的总体精度和

Kappa 系数,分类结果中各类型植被有着较好的精度(见表 4-5)。岩溶湿地分类的总体精度均较高,都在 85% 以上,其中航摄区 C 的分类精度最高,总体精度 91.9%,Kappa 系数 0.90(耿仁方等,2019)。

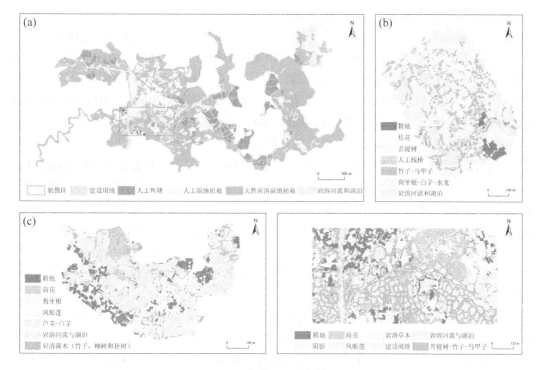

图 4-9　岩溶湿地分类结果

((a)为研究区整体的分类结果;(b)、(c)、(d)分别为航摄区 B、A、C 的分类结果)

表 4-5　　　　　　　　　　　　岩溶湿地分类精度验证

	研究区整体	航摄区 A	航摄区 B	航摄区 C
总体精度[%]	89.07	89.53	87.80	91.90
Kappa 系数	0.85	0.88	0.85	0.90

　　植被的理化参数综合反映了其所在生态环境的质量层次和发展现状,实验提取了 FAPAR、FVC、LAI、CCC 和 CWC 等 5 类典型理化参数进行动态分析。相较于 LAI,FVC 是确定植被覆盖表面能量通量的关键变量,FVC 的空间分布和动态变化趋势对于分析气候驱动作用,衡量区域生态环境状况具有重要意义(汪小钦等,2016;Carlson et al.,1997)。对于扩展叶片水平到冠层水平的生理机制,LAI 是重要的变量,LAI 与植物的蒸腾作用、光合作用、呼吸作用及太阳光拦截等直接相关,对于估算碳、水和太阳能的通量至关重要(Waring,1986)。CCC 能够较好地反映单位面积上植被的光合作用能力和营养

胁迫程度，同时也可以间接地反映出植被的含氮量及生理状态等，是评判农作物长势、病虫害及产量的一个重要指标（贺英等，2018）。岩溶湿地植被理化参数是岩溶湿地碳循环不可或缺的特征变量，在一定程度上代表了湿地的固碳能力和生产力水平，分析其时序特征对于揭示区域岩溶湿地乃至全球气候环境变化规律具有特殊意义。

　　基于 SNAP 软件 8.0（Liu et al.，2019）中的 SL2P 方法，采用人工神经网络算法（Artificial neural network，ANN）基于与强假设相关的特定辐射传递模型，根据冠层结构建立反演方法，它主要包括生成一个全面的植被特征和相关的天顶冠（TOC）反射率的合成数据集。然后训练神经网络从 TOC 反射率和定义观测结构的相应角度估计冠层特征。对于每个生物物理变量，都要对一个特定的神经网络进行校准。其中使用 PROSAIL 模型输出进行训练，使用 Sentinel-2 MSI 影像 B3、B4、B5、B6、B7、B8A、B11 和 B12 等 8 个波段的冠层表观反射率以及影像采集时的几何信息作为输入参数，来计算出各像素植被特征与冠层表观反射率之间的关系（Louis et al.，2016），分别构建最优的子网络模型并进行定量估算。针对数据预处理和反演算法的不确定性，已有大量研究评估了 SL2P 方法反演理化参数结果的可靠性（Djamai et al.，2019；Pasqualotto et al.，2019；Hu et al.，2020；Tewes et al.，2020），SL2P 方法对理化参数的反演能力得到了证明。

　　SL2P 方法通过训练神经网络来反演植被理化参数，但人工神经网络的主要缺点是其黑盒性质，需要指定和调整网络体系结构以及当输入与训练数据有很大差异时其表现出不可预测的趋势。通过使用两个简单而准确的经验算法来评估 SL2P 方法反演岩溶湿地理化参数的能力，对于植被而言，不同理化参数与 LAI 间均有着相关关系（Sánchez et al.，2012），因此选取了 LAI 作为 5 类理化参数的代表来进行对比评估。分别选取基于 EVI（Boegh et al.，2002）和 NDVI（熊隽等，2008）构建的植被 LAI 简易反演模型（式 4-3 和式 4-4），两种反演模型均经过地面实测验证精度较高。将以上两种反演模型计算的岩溶湿地植被 LAI 结果与基于 SL2P 方法反演得到的 LAI 进行对比，分别构建 SL2P 方法反演的 LAI（LAI_{SL2P}）与 EVI 反演 LAI（LAI_{EVI}）和 NDVI 反演 LAI（LAI_{NDVI}）的统计回归模型，利用决定系数（R^2）进行精度的定量评价。

$$\begin{cases} LAI = 3.618 \times EVI - 0.118 \\ EVI = 2.5 \times \dfrac{\rho_{NIR} - \rho_{Red}}{1 + \rho_{NIR} + 6 \times \rho_{Red} - 7.5 \times \rho_{Blue}} \end{cases} \tag{4-3}$$

$$\begin{cases} LAI = \sqrt[2]{NDVI \times \dfrac{1 + NDVI}{1 - NDVI}} \\ NDVI = \dfrac{\rho_{NIR} - \rho_{Red}}{\rho_{NIR} + \rho_{Red}} \end{cases} \tag{4-4}$$

　　分别从随机选点尺度（基于研究区整体）和区域尺度（针对 3 个航摄区）定量验证基于 SL2P 方法反演计算岩溶湿地植被 LAI 精度。在随机点尺度上，利用 ArcGIS 10.6 软件 Create Random Points 工具，在整个研究区的天然湿地植被和人工湿地植被范围内随机选择 108 个点，并获取这些点分别在 3 种反演方法下逐月的 LAI 值，将 LAI_{SL2P} 作为因变量

x，用 y 表示 LAI_{SL2P}；LAI_{EVI} 和 LAI_{NDVI} 分别为自变量，用 x 表示，建立线性、指数和对数回归模型。区域尺度上，基于无人机影像得到的更精细的植被分布格局，利用 ArcGIS 10.6 软件中 Zonal Statistics 工具分别获取 3 个典型航摄区内荷花、凤眼莲、狗牙根、狗牙根-白茅-水龙、竹子-马甲子、菩提-竹子-马甲子和芦苇-白茅等 7 种典型岩溶湿地植被在 3 种反演方法下逐月的 LAI 均值，分别建立 LAI_{SL2P} 与 LAI_{EVI} 和 LAI_{NDVI} 的线性、指数和对数回归模型。

天然湿地植被和人工湿地植被分别有着重要生态环境功能和价值，以农作物为代表的人工湿地植被在空间结构上更为均一，有着较高的碳储量，而天然湿地植被演替过程较为缓慢，具有较高的多样性水平，一般将未受人类活动直接影响的湿地植被视为天然湿地植被。天然岩溶湿地植被和人工湿地植被各生理结果参数年内总体趋势变化大（见图4-10），且出现双峰分布，天然岩溶湿地植被各理化参数的均值均略高于人工湿地植被。天然岩溶湿地植被的 LAI 年内变化范围为 0.586~1.544，在 3 月~6 月上升达到峰值；6 月~7 月显著下降；7 月~8 月回升至另一峰值 1.453；8 月~9 月微弱下降；9 月后连续下降，由 1.433 下降至 0.764。人工湿地植被的 LAI 的年内动态变化趋势与天然岩溶湿地植被类似，不同的是人工湿地植被的 LAI 在 3 月~6 月呈现连续上升态势，而天然湿地植被的 LAI 在 3 月~4 月上升较快，5 月~6 月大致持平。在 6 月~7 月的骤降现象，人工湿地植被较天然岩溶湿地植被更强。两类植被的 FVC，CCC 的年内动态变化与 LAI 类似，但人工湿地植被和天然湿地植被的年内峰值不同步出现，天然湿地植被的 FVC 年内峰值出现在 6 月，CCC 出现在 6 月，而人工湿地植被的 FVC 和 CCC 峰值出现在 8 月。

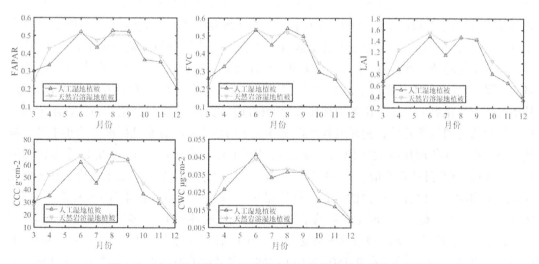

图4-10 人工湿地植被和天然岩溶湿地植被各理化参数年内变化

对无人机航摄区 A、B、C 内的植被进行更精细尺度地分析显示，各类型植被理化参数的年内时序特征均表现出与未细分植被类型的显著差异（见图 4-11）。

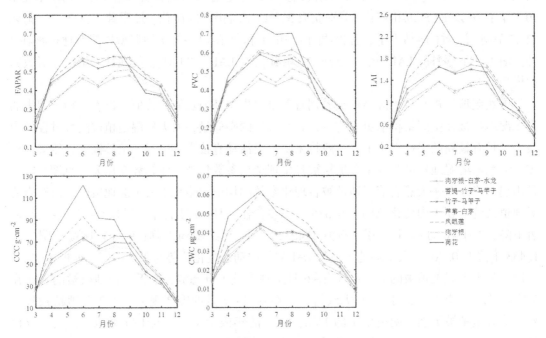

图 4-11　研究区典型岩溶湿地植被（群落）理化参数

　　提取了 3 类典型岩溶湿地植被：荷花（分布于航摄区 A、C），凤眼莲（即水葫芦，分布于航摄区 A、C），狗牙根（分布于航摄区 A）；4 类典型植被群落，分别为狗牙根-白茅-水龙（分布于航摄区 B），竹子-马甲子（分布于航摄区 B），菩提-竹子-马甲子（分布于航摄区 C），芦苇-白茅（分布于航摄区 A）进行进一步的分析。荷花的 LAI 和 CCC 有着类似的变化趋势，在 3 月~4 月显著上升，5 月微弱下降，在 6 月出现峰值，6 月~7 月略微下降；7 月~8 月大致持平；8 月以后持续下降。荷花的 FVC 较其他两类理化参数，其年内动态变化更平稳。荷花各项理化参数的标准差均为狗牙根的两倍左右，显示了两类植被生理活动的显著差异。狗牙根各项理化参数年内均为双峰分布且标准差均小于其他典型湿地植被，其各理化参数年内动态变化相对更平稳，狗牙根的 FVC 在 8 月达到峰值 0.513，CCC 在 9 月达到峰值，为 60.517g·cm^{-2}。凤眼莲和荷花都是水生植物，其各理化参数的年内动态变化有着相似的趋势，区别是凤眼莲各理化参数在 4 月~5 月微弱上升，而在 8 月~9 月，凤眼莲各理化参数的下降更平稳，凤眼莲的 FVC 多月均值为 0.454，标准差为 0.145。典型湿地植被群落各理化参数高于均值的月份大多为 5 月~9 月。狗牙根-白茅-水龙的 FVC 波动范围在 0.180~0.614 之间，多月均值为 0.424，在 3 月~6 月显著上升至 0.600；6 月~7 月微弱下降；7 月~8 月回升至年内峰值；8 月~11 月连续下降。狗牙根-白茅-水龙的各理化参数峰值显著地滞后于其他典型湿地植被群落。芦苇-白茅的 FVC 多月均值为 0.362，LAI 多月均值为 1.089，CCC 多月均值为 46.167g/cm^{-2}。菩提-竹子-马甲子的 3 类理化参数在 6 月~7 月均出现明显的骤降现象, 竹子-马甲子和菩提-竹子-马甲子各理化参数有着较为相似的动态变化, 两类植被的 FVC 的各月差值在 0.02 左右甚至更小。

根据岩溶湿地植被的物候特征, 挑选出 4 月、6 月、8 月和 10 月分别代表植被的返青期、生长期、成熟期和枯黄期, 进而分析岩溶湿地内不同时期典型湿地植被间各理化参数的差异 (见图 4-12)。岩溶湿地植被理化参数在不同生长时期因植被类型而存在差异, 反映了植被生理活动的差异。总体来看, 在生长期荷花与芦苇-白茅各理化参数差异显著, 芦苇-白茅与狗牙根各理化参数差异较小。岩溶湿地植被各理化参数在不同生长时期差异显著, 在生长期, 从 LAI 来看, 荷花与芦苇-白茅的差异最大, 为 1.181, 芦苇-白茅与狗牙根差异最小, 仅 0.001。荷花的 FVC, CCC 在生长期和成熟期均显著高于其他类型的植被, 枯黄期内凤眼莲的各项理化参数均显著高于其他类型植被, 芦苇-白茅和狗牙根的各项理化参数在返青期、生长期、成熟期均显著低于其他植被。

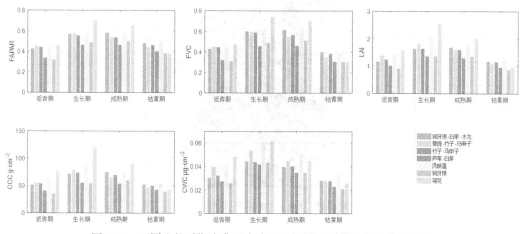

图 4-12 不同生长时期内典型岩溶湿地植被 (群落) 理化参数对比

4.3 基于 Sentinel-2 的山口红树林生理参数反演及时空特征研究

红树林生长在热带及亚热带的海岸潮间带, 属于特殊的湿地沼泽类型之一。它具有很独特的生态特性, 在防浪护堤、保持生物多样性和净化环境污染中起着重要作用。近几个世纪, 湿地受到了不同程度的影响导致其退化速度加快, 包括海平面上升、人类的不合理开发以及气候的变化影响 (Tian et al., 2015; 邵媛媛等, 2018), 中国红树林减少 50% 以上。尽管恢复了部分地区红树林的生态状况, 但是对红树林的保护和修复刻不容缓。而生理结构参数是评价红树林的生态系统状况的重要基础, 准确地获取生理结构参数的信息成为关键。本节以广西山口红树林自然保护区为研究区, 采用逐月的 Sentinel-2A/B 的 L2A

影像数据和 MODIS 的 13 级（MOD13A2/全球 1km 分辨率植被指数 16 天合成）、15 级（MOD15A2/全球 1km 叶面积指数/FAPAR 8 天合成）产品。基于与强假设相关的特定辐射传输模型，利用 SNAP 8.0 软件中 SL2P 方法分别反演计算出研究区逐月红树林植被 LAI、叶绿素含量（CAB）、FVC 以及 FAPAR 四种生理结构参数，并利用 Back Propagation（BP）神经网络算法验证反演结果与 MODIS 对应产品的精度差异；并进一步利用反演的逐月 CAB、LAI、FVC 以及 FAPAR 定量探究红树林年内植被生理结构参数动态变化；明晰不同生长期红树林植被的生理结构参数的差异。山口红树林研究区位置见图 4-13。

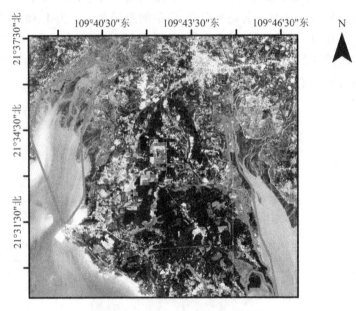

图 4-13　山口红树林研究区位置图

　　基于 Sentinel-2 L2A 级影像数据利用 SNAP 8.0 软件的中 SL2P 方法定量反演研究区 LAI、CAB、FVC 和 FAPAR 4 类理化参数。其中 PROSAIL 模拟光谱反射率按 Sentinel-2 波段结构（B2，B3，B4，B5，B6，B7 和 B8A），然后用来训练网络我们使用了反向传播 ANN，它由一个输入层、一个或多个隐藏层和一个输出层组成。其中，输入层由 11 个标准化输入数据组成：B3、B4、B5、B6、B7、B8a、B11、B12、cos（viewing_zenith）、cos（sun_zenith）、cos（relative_azimuth_angle）；隐藏层中有 5 个具有传递功能的神经元；带有线性传递函数为输出层。通过这种方法分别反演出 LAI、CAB、FVC 以及 FAPAR，再调用 mosaicing 和 subset 模块将 6 景生物物理指标进行拼接、裁剪、异常值处理，获取空间分辨率为 10 m 的山口红树林自然保护区的生理结构参数影像数据，最后将 LAI、CAB、FVC 以及 FAPAR 导入 ArcGIS 10.6 软件中进行分析。将分辨率为 10m 的 4 种结构参数影像数据分别重采样，使之与 MODIS 影像数据分辨率一致。

　　MODIS 植被数据产品中，13 级产品通过 ArcGIS 10.6 软件直接可以反演出 LAI 及

FAPAR，而 15 级产品 MOD15A2 由 MODIS NDVI 16 日产品，计算的 FVC 如式（4-5）；NDVI 与叶绿素含量呈现正相关，将反演出来的叶绿素含量进行归一化处理，再与 NDVI 进行相关性分析。

$$FVC = \frac{NDVI - NDVI_{soil}}{NDVI_{veg} - NDVI_{soil}} \tag{4-5}$$

式中，$NDVI_{soil} = NDVI_{min}$，$NDVI_{veg} = NDVI_{max}$；NDVI 为混合像元的植被指数；$NDVI_{veg}$ 为纯植被像元最大值；$NDVI_{soil}$ 为纯土壤像元最小值。

BP 神经网络是 1986 年 Rinehart 和 McClelland 为首的科学家小组提出，是按误差逆向传播算法训练的多层前馈网络。它的学习规律则是使用最速下降法，通过反向传播来调整权值和阈值，使误差平方和最小。同样 BP 神经网络存在一个输入层、隐含层和输出层，每层之间互相连接，BP 神经网络结构如图 4-14 所示。

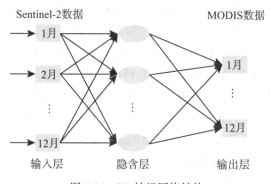

图 4-14　BP 神经网络结构

图 4-15 其中模仿了生物神经元所具有的 3 个最基本且重要的功能：加权、求和以及转移。其中 X_1，X_2，…，X_n 代表神经元 1，2，…，n 的输入；ω_{j1}，ω_{j2}，…，ω_{jn} 则分别表示神经元 1，2，…，n 与第 j 个神经元的连接强度，即权值；b_j 为阈值；$f(\cdot)$ 为传递函数；Y_j 为第 j 个神经元的输出。第 j 个神经元的净输入值 S_j 为

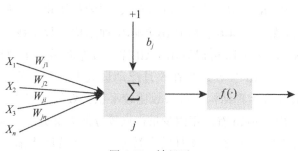

图 4-15　神经元

$$S_j = \sum_{i=1}^{n} \omega_{ji} \cdot x_i + b_j = W_j X + b_j \tag{4-6}$$

式中，$[X = x_1 \quad x_2 \quad \cdots \quad x_n]^T$，$W_j = [\omega_{j1} \quad \omega_{j2} \quad \cdots \quad \omega_{jn}]$，$x_0 = 1$，$\omega_{j0} = b_j$，即令 X 及 W_j 包括 x_0 及 ω_{j0} 则 $X = [x_0 \quad x_1 \quad x_2 \quad \cdots \quad x_n]^T$，$W_j = [\omega_{j0} \quad \omega_{j1} \quad \omega_{j2} \quad \cdots \quad \omega_{jn}]$，于是节点 j 的净输入 S_j 表示为

$$S_j = \sum_{i=0}^{n} \omega_{ji} x_i = W_j X \tag{4-7}$$

净输入 S_j 通过传递函数 $f(\cdot)$ 后，便得到第 j 个神经元的输出 Y_j：

$$Y_j = f(S_j) = f\left(\sum_{i=0}^{n} \omega_{ji} \cdot x_i\right) = F(W_j X) \tag{4-8}$$

式中，$f(\cdot)$ 是单调上升函数，而且必须是有界函数，因为细胞传递的信号不可能无限增加，必有一最大值。

采用 BP 神经网络，由 MATLAB 2021 实现 Sentinel-2A/B 影像数据反演的生理参数与相对应的 MODIS 数据产品做一元线性回归和相关性分析。网络共有 3 层结构包括输入层、输出层和隐含层。将获取的 1—12 月的数据分成 11 组数据；按照不同生长期划分为 4 组数据。每组数据按照 2 : 1 的比例分成测试集和训练集，训练集的数据输入到模型中用于学习，测试集的数据对构建模型输出的结果进行验证。通过选取网络的输入层、输出层及隐含节点，利用训练数据进行训练来建立适合山口红树林的验证模型，并利用测试集对构建好的模型进行验证，来评价验证模型的精确度。输入层分别为逐月的 Sentinel-2A/B 影像数据，输出层分别为相对应逐月的 MODIS 数据产品。由于输入层神经元为 1，因此隐含层个数为 3。构成三层的 BP 神经网络模型结构。经过反复训练已确定隐含层神经元个数为 3，训练设置迭代次数为 10000，训练目标为 0.0001 模型模拟得较好。

基于 BP 神经网络对 MODIS 产品影像数据与 Sentinel-2A/B 影像数据线性回归分析，选取年内 11 个月 4 种生理结构参数得出相关系数在 95% 置信区间内均高于 0.86，效果较好。由表 4-6 可知，在 4 种生理结构参数中，LAI 的年平均均方根误差（RMSE）、相关系数（R）和决定系数（R^2）精度评价指标值较高（$R = 0.92$，$R^2 = 0.92$ 和 RMSE $= 0.19$），年内反演效果好，由图 4-16 看出样点向趋势线靠近，并且样点分布紧凑，再由图 4-17 可以看出逐月的 LAI 的 R、R^2 及 R_{MSE} 个别月份较低，逐渐趋于稳定，从而证明用 Sentinel-2 反演 LAI 值可靠，效果好；表 4-6 看出 CAB 年际生理结构参数系数 R 为 0.86，R^2 较低为 0.66，RMSE 为 0.18，由图 4-16 可以看出 CAB 样点分布较散，多数样点向趋势线靠近，图 4-17 可以看出逐月的 CAB 参数系数在 5 月浮动最大下降到最低，然后逐渐升高至平稳；表 4-6 中 FAPAR 年际生理结构参数系数比较平稳，效果较好 R、R^2 及 RMSE 分别为 0.87、0.85 及 0.14，由图 4-16 看出年内少量样点较分散大部分样点向趋势线靠近，呈现较好的相关性，由图 4-17 可以看出逐月的参数系数 2 月最低逐渐上升趋于平稳；年内 FVC 由表 4-6 看出 R 为 0.93、R^2 为 0.84 及 RMSE 为 0.09，图 4-16 看出 FVC 年内样点分布靠近于趋势线，样点较分散不够紧凑，由图 4-17 看出逐月的 R 与 R² 后两个月系数接近

吻合，说明反演效果很好，在 4 月呈现较低值后逐渐上升趋于平稳。综合来看，用 Sentinel-2 数据反演逐月和年内的 4 种生理结构参数较好，比较可靠。

表 4-6　　　　　　　　　　　　年际生理结构参数模型系数

生理结构参数	R	R^2	R_{MSE}
LAI	0.92	0.92	0.19
CAB	0.86	0.66	0.18
FVC	0.93	0.84	0.09
FAPAR	0.87	0.85	0.14

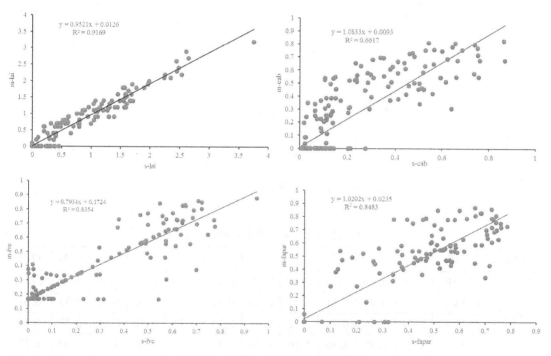

图 4-16　年际生理结构参数回归模型

山口红树林年内生理结构参数的动态变化反映了湿地质量水平对湿地的保护有着重要意义。本节将红树林分为核心区、缓冲区和实验区 3 个区域。核心区是重点保护区域，区域内人为活动较少；实验区可从事参观考察、科研试验和积极活动等；缓冲区可从事以保护为目的科研、生态修复工程以及生态旅游等（周林飞等，2016）。根据 Sentinel-2 影像数据利用 SNAP 8.0 软件反演逐月的生理结构参数，将反演后的 3 个区域的生理结构参数分别导入 ArcGIS 10.6 软件进行区域统计分析。对 3 个区域内的 4 种生理结构参数分析进行显示如图 4-18、图 4-19 和表 4-7。

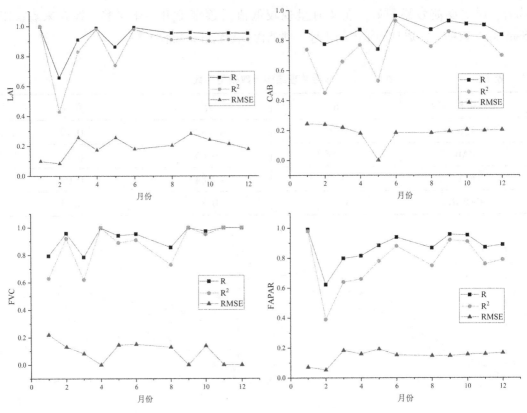

图 4-17 年内红树林 4 种生理结构参数精度指标变化

表 4-7 研究区 3 个区域植被生理结构参数

研究区	参数	1 月	2 月	3 月	4 月	5 月	6 月	8 月	9 月	10 月	11 月	12 月
核心区	CAB	44.68	16.71	50.78	40.91	52.99	47.30	60.95	43.67	65.08	40.55	29.62
	FVC	0.27	0.23	0.31	0.31	0.36	0.34	0.36	0.38	0.31	0.33	0.31
	FAPAR	0.34	0.25	0.34	0.32	0.34	0.32	0.33	0.38	0.35	0.37	0.38
	LAI	1.06	0.76	1.16	1.06	1.26	1.13	0.67	1.50	1.32	1.30	1.22
实验区	CAB	24.04	10.58	30.77	28.96	31.99	37.18	40.66	43.67	40.55	33.73	29.62
	FVC	0.18	0.13	0.22	0.24	0.26	0.29	0.29	0.29	0.25	0.24	0.22
	FAPAR	0.22	0.09	0.22	0.23	0.19	0.25	0.23	0.09	0.27	0.25	0.04
	LAI	0.60	0.81	0.73	0.73	0.92	0.88	0.81	1.04	0.94	0.78	0.72
缓冲区	CAB	3.66	1.07	11.19	12.11	11.04	13.07	13.04	14.77	17.29	5.32	2.76
	FVC	0.05	0.04	0.09	0.12	0.13	0.14	0.14	0.11	0.08	0.09	0.08
	FAPAR	0.05	-0.03	0.06	0.09	0.05	0.08	0.07	0.29	0.19	0.25	0.31
	LAI	0.24	0.65	0.37	0.39	0.52	0.42	0.52	0.58	0.55	0.31	0.26

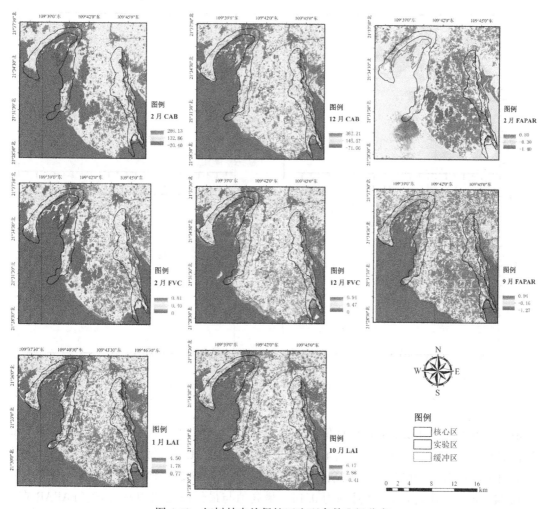

图4-18　红树林自然保护区生理参数空间分布

　　整体来看3个区域1-12月中生理结构参数发生明显变化主要出现在1-2月和9-12月，由图4-18和表4-7可以看出4种生理结构参数在核心区整体反演效果比较好，4种生理结构参数相对稳定，由图4-19看出CAB在2月核心区呈现最低值为16.71，最高值出现在10月为65.08，最高值与最低值之间相差48.37；FVC在2月呈现最低值0.23，最高值在9月0.38，最高值与最低值之间相差0.15；FAPAR年内核心区整体很稳定，最低值在2月为0.25，最高值在9月和12月均为0.38，其中最高值与最低值相差0.13；LAI最低值呈现在8月为0.67，最高值出现在9月为1.50，最高值和最低值之间相差0.83。表4-7、图4-19中，实验区CAB最低值在2月为10.58，最高值则在9月为43.67，最高值与最低值之间相差33.09；FVC最低值也出现在2月为0.18，最高值6—9月平稳于0.29，最高值与最低值相差0.11；FAPAR在12月出现最低值0.04，最高值出现在10月为0.27，最

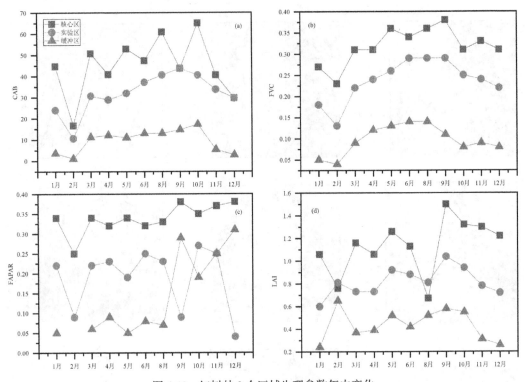

图 4-19　红树林 3 个区域生理参数年内变化

高值与最低值相差 0.23；LAI 最低值在 1 月为 0.60，最高值在 9 月为 1.04，最高值与最低值之间相差 0.44。由表 4-7 和图 4-19 可知，缓冲区中，CAB 最低值出现在 2 月为 1.07，最高值出现在 10 月为 17.29，最高值与最低值之间相差 16.22；FVC 最低值也出现在 2 月为 0.04，最高值出现在 6—8 月均为 0.14，最高值与最低值之间相差 0.10；FAPAR 在 2 月出现最低值为 -0.03，最高值在 12 月为 0.31，最高值与最低值之间相差 0.34；LAI 在 1 月出现最低值为 0.24，最高值则出现在 2 月为 0.65，最高值与最低值之间相差 0.41。综上所述，由图 4-19 总体来看 4 种生理结构参数最高值均出现在核心区，最低值均出现在缓冲区，主要原因可能是实验区人员活动较频繁，而核心区人员活动较少，对湿地破坏较少。缓冲区人为活动更多对湿地破坏较为严重。CAB 和 FVC 年内 3 个区域相对稳定，其中个别月份出现骤降，骤降的原因与自然和人为因素密切相关，例如海平面上升、气候突然变化以及人为乱砍滥伐等因素（吴培强等，2018），这与祝萍等人（2018）在中国典型自然保护区生境的时空变化中人类扰动对植被覆盖度变化相关的结论吻合。FAPAR 年内核心区和缓冲区稳定上升的趋势，而实验区变化较大，极有可能是人为原因导致的。年内 LAI 也变化浮动较大，3 个区域变化浮动都很大，环境因素应该是主要原因，可能受全球变暖的影响，气候的变化导致 LAI 变化较大，植物的自身机理会为适应环境而产生变化（王连喜等，2010）。

表4-8反映的是不同生长期Sentinel-2A/B反演植被结构参数，图4-20为不同生长期4种生理结构参数波动曲线图。由表4-8和图4-20可知，当植被处于萌芽期时其覆盖度最低，FVC由萌芽期0.19开始逐渐升高至生长期0.30再下降至成熟期0.20，植被生长期处于夏季，夏季温度高，植被生长较快，植被覆盖度处于最高值，在成熟期气温逐渐降低降水量也减少，落叶植被会受到影响，植被覆盖度降低；FAPAR由萌芽期0.13上升至最高值发育期0.37后逐渐平稳于0.23，FAPAR呈现先增大后减少的趋势，与植物的生长规律基本吻合（吴亚茜等，2018）。LAI在萌芽期处于最低值0.31，逐渐升高到0.47处于成熟期，4月~6月发育期植被开始展叶，LAI逐渐增加，在1月~3月萌芽期植被绿色器官刚开始生长LAI呈现最低值，这与夏传福等人（2012）在基于MODIS叶面指数的遥感物候分析基本吻合。在年季的时间尺度上，基本反映了植被的生长轨迹。不同生长期红树林的植被生理结构参数则变化不同，由此可见不同生长期对4种生理结构参数影响不同，FVC、LAI和FAPAR在萌芽期和发育期呈上趋势，CAB和LAI在成熟期呈上升趋势。

表4-8　　　　　　　　　不同生长期 Sentinel-2A/B 反演植被结构参数

生长期	CAB	FAPAR	FVC	LAI
萌芽期	0.24	0.13	0.19	0.31
发育期	0.22	0.37	0.27	0.43
生长期	0.20	0.24	0.31	0.40
成熟期	0.25	0.23	0.21	0.47

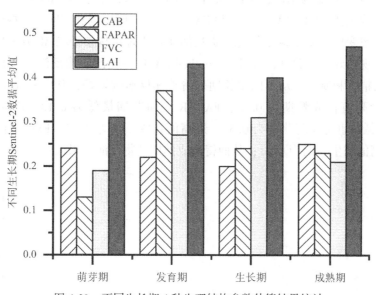

图 4-20　不同生长期 4 种生理结构参数估算结果统计

4.4　本章小结

本章节主要使用 GF-1 WFV、Landsat-8 OLI、Sentinel-2 MSI 结合无人机多光谱影像，对湿地植被生物物理参数进行反演，并进一步研究湿地植被理化参数年内动态变化特征。

基于多光谱影像辅助提高沼泽植被 CCC 样本数据采集的能力，在获取大量与遥感影像尺度相匹配的 CCC 实测数据的同时量化了多尺度 CCC 实测数据的采集精度。然后基于扩展后的与多尺度 CCC 实测数据对 GF-1 WFV，Landsat-8 OLI 和 Sentinel-2 MSI 这 3 种尺度的卫星遥感影像在沼泽植被 CCC 反演研究中的应用性能进行评估。多尺度卫星遥感影像的 CCC 反演选取了鲁棒性较好的 RF 回归算法。通过对 RF 模型进行参数调优并对模型输入变量的重要性进行定量评价，进一步提高了沼泽植被 CCC 反演的精度。实现了沼泽植被生理结构参数的高精度反演，通过将 CCC 反演结果与沼泽植被分布图进行对比分析，可了解不同植被种类的健康状况。

受制于西南地区的多雨、多云和多雾天气，定量分析岩溶湿地植被理化参数的时序动态变化特征一直是研究难点之一。在 Google Earth 高分辨率影像和无人机影像获取的岩溶湿地植被高精度空间分布格局的基础上，利用逐月的 Sentinel-2 多光谱遥感数据定量反演会仙喀斯特国家湿地公园内岩溶湿地植被中的 5 类植被理化参数 FAPAR、FVC、LAI，CCC 和 CWC 的时间序列，验证了 SL2P 方法反演理化参数的可靠性，并定量比较分析了不同植被类型的各类理化参数的年内动态变化及不同生长时期内不同植被各理化参数的差异。

以 MODIS 数据产品为基础，利用 BP 神经网络模型，基于 Sentinel-2 影像数据反演 4 种生理结构参数包括 CAB、FVC、LAI 和 FAPAR，从时间序列和空间上掌握广西山口红树林年内植被动态变化。Sentinel-2 影像数据反演 4 种生理结构参数与 MODIS 数据产品趋势基本相同，呈现较好的相关性，验证了 Sentinel-2A/B 多光谱影像反演红树林生理结构参数具有较高的精度和质量。从不同生长期来看整体反演效果好，其中 CAB 最低值在生长期为 0.20，最高值在成熟期为 0.25；FAPAR 在萌芽期最低为 0.13，最高在发育期为 0.37；LAI 最低值也是在萌芽期为 0.31，最高值在成熟期为 0.47；FVC 最低值在萌芽期为 0.19，最高值在生长期为 0.31；从而得出成熟期植物反演效果最好。

第三部分　沼泽湿地水文边界阈值反演及界定研究

第5章　湿地水位变化遥感监测方法研究

水是湿地生态系统形成的必要条件，影响着湿地的发育、成长、演替、消亡和再生，及时监测和掌握湿地的水位变化对湿地资源保护有着重要的意义。湿地水位的监测主要依靠地面水文站定时定点地观测，该方式虽较为准确，但往往需要大量的人力物力，且只能获得基于监测点的湿地水位，对于偏远地区无法大规模布点，日常监测效果还会受到地面站点监测和上报频次的影响，难以应用于大区域、长时间的监测（文京川，2018）。遥感技术的快速发展为大面积获取区域的湿地水位提供了有效途径，可以作为湿地水位变化监测手段的补充。目前，国内外学者利用遥感技术量测区域湿地水位及监测水位动态变化，主要分为以下三种方法：①整合被动遥感影像和 DEM 提取湿地水位，如利用波段阈值法、谱间关系法、水体指数法和遥感影像分类法等提取湿地水体范围，然后再叠加区域高精度 DEM 提取水位高度并作空间插值，获取湿地水位（Schumann et al.，2008；Hu et al.，2015）；②利用 SAR 后向散射系数（σ_0）与地面实测水位数据构建经验统计模型监测湿地水位（Kim et al.，2013；Yuan et al.，2015）；③利用合成孔径雷达干涉测量技术（InSAR）/雷达高度计监测湿地水位变化。前两种方法存在明显的局限性：第一种方法受植被干扰和天气条件等因素的制约，水位监测精度不高，且难以实现年内或年际湿地水位动态变化持续监测；第二种方法构建的统计模型存在普适性差的缺点，且难以实现大范围推广应用。通过地面实测数据验证，综合 InSAR 技术和雷达高度计可以实现湿地水位的精确估算及其动态变化的时序监测（Hong et al.，2014；Xie et al.，2015；Vu et al.，2018；Chembolu et al.，2019）。本章从雷达干涉测量技术提取沼泽湿地 DEM、DInSAR（Differential Synthetic Aperture Radar Interferometry）技术提取沼泽湿地水位、雷达高度计监测滨海湿地水位三个方面来介绍团队近年来的研究成果。

5.1　雷达干涉测量提取沼泽湿地 DEM

湿地的高程数据为估算湿地水位和生态需水量、监测湿地地下水位和地表水位的变化提供了基础数据。因此，及时更新研究区 DEM 数据对于湿地保护和合理开发起着重要作用（Liu et al.，2009）。但沼泽地区由于地表积水，泥炭地发育等原因，传统的测量手段难以进入，无法及时更新该区域 DEM 数据。利用光学遥感立体影像对生产湿地 DEM，容易受到气候条件影响（张力等，2009）；LiDAR 系统数据源单一，观测面积受限。与之相比，InSAR 技术不受复杂气候条件的影响，可以快速、高精度、大区域地进行对地观测，现已被广泛应用于地表变形监测、灾害监测、区域 DEM 提取和湿地水位监测等领域（张有军等，2017）。如 Wdowinski 等利用 1993—1996 年 L-band JERS-1 SAR 数据干涉测量和监测了美国 Florida 南部沼泽湿地水位变化，结果表明雷达干涉测量技术可以精确估算沼泽湿地水位变化，精度可以达到 5~10cm（Wdowinski et al.，2008）；谢酬等基于 C-band ENVISAT ASAR 和 L-band ALOS-1 PALSAR 单视复数数据干涉测量和监测了黄河三角洲天然湿地水位变化，达到了厘米量级的监测精度（谢酬等，2012）；Sefercik 等以高分辨率的 TerraSAR-X 影像为数据源提取了伊斯坦布尔城市地区的 DEM，结果表明高分辨率的 TerraSAR-X 影像可用于 DEM 提取，并可应用于要求 5~10m 垂直精度的城市地区（Sefercik et al.，2014）。综上，InSAR 技术被国内外学者广泛应用于湿地水位监测，并取得了厘米级的精度。但是目前基于 InSAR 提取 DEM 的研究主要集中在城市地区，对于利用 InSAR 能否提取湿地 DEM，精度如何，不同波长 SAR 数据对生成的 DEM 在精度上是否存在差异的相关研究，国内外学者鲜有涉及。

本章选取 3 种波长的干涉 SAR 数据对提取黑龙江洪河国家自然保护区的 DEM，并随机从 1∶10000 地形图中选取 111 个点数据进行精度验证，最后对比分析了沼泽湿地植被对于不同 SAR 波长的干涉相干性差异。

5.1.1 InSAR 提取沼泽湿地 DEM 技术流程

InSAR 提取 DEM 的基本原理是利用具有干涉成像能力的 SAR 传感器以重复轨道观测的方式来获取同一地区具有一定视角差的两幅或两幅以上的单视复数影像对，并对其进行干涉处理得到同一个目标对应的两个回波信号之间的相位差并结合精确的轨道参数，再利用卫星轨道与地面目标之间相对的几何关系来回获取高精度、高分辨率地面高程信息，从而重建地表 DEM。

本节分别选取了 3 种不同波长的干涉 SAR 数据对：2016 年 5 月 28 日和 6 月 8 日的 X-band Terra SAR HH 单视复数数据、2015 年 10 月 4 日和 10 月 6 日 C-band Sentinel-1 IW 模式的 VV 单视复数数据、2007 年 9 月 7 日和 10 月 23 日的 L-band ALOS-1 PALSAR 精细模式的 HH 单视复数数据，以上 SAR 数据均能完整覆盖洪河湿地自然保护区，具体 SAR 卫星成像参数见表 5-1。SRTM 30m DEM 数据产品来自美国 USGS 数据服务平台（http：//earthexplorer.usgs.gov/），精度验证数据为保护区 1∶10000 地形图。

表 5-1　　　　　　　　　　研究区不同 SAR 卫星成像参数

参数	TerraSAR	Sentinel-1A	PALSAR
波长	X	C	L
成像模式	条带模式（IW）	TOPS 扫描干涉模式	精细多极化
极化方式	HH	VV+VH	HH/HH+HV
入射角（°）	44.47	33.64	38.71/23.1

参数	TerraSAR	Sentinel-1A	PALSAR
空间分辨率（m）	2.52×3.3	4.66×13.94	9.37×18.36 21.6×3.76
重访周期（d）	12	12	46

InSAR 技术提取地表 DEM 的主要数据处理流程包括：单视复 SAR 影像对的基线估算、主辅影像配准、干涉图生成、平地相位剔除、干涉图自适应波及相干性计算、干涉图相位解缠、轨道精炼和重去平，以及初始相位转高程生成 DEM。具体流程如下：

（1）单视复 SAR 影像对基线估算。通过计算垂直基线、临界基线、多普勒位移量、高度模糊数和形变模糊数等参数评价两幅干涉 SAR 影像对的质量状况。当两幅 SAR 影像成像模式不一致或垂直基线超过了临界基线的长度，则该影像对相干性丢失，不能进行相干处理（Gatelli et al.，1994）。当垂直基线距在临界基线内，通常情况下选择长基线距的两幅 SAR 影像对进行相干处理。

（2）SAR 主辅影像对配准。在星载重复轨道 SAR 主辅影像之间的相对偏移量未知的情况下，一般采用粗配准、像元级配准、子像元配准等计算过程实现主辅影像对的配准。由于单视复 SAR 影像中既含有强度信息又含有相位信息，可以任意将复影像的相干系数、强度影像的相关系数，以及相位差的最小平方和作为测度进行主辅影像的配准。通常情况下，两幅影像配准的误差应尽量在 1/10 个像元之内（Li et al.，2008）。

（3）主辅影像对预滤波或多视处理。由于干涉影像对在方位向和距离向均存在一定的频谱偏移，从而会在生成的干涉条纹如图引入相位噪声，降低影像对的相干性。为了高精度地配准主辅影像和提高干涉图的质量，可在方位向和距离向对主辅影像进行预滤波处理。在数据处理过程中，可根据频谱偏移量的大小选择是否进行滤波处理。

（4）干涉图生成。对配准和多视处理之后主、辅影像对进行复共轭相乘生成干涉条纹图，干涉条纹图的稀疏反映了地表的起伏状况。复 SAR 影像对共轭相乘获得干涉条纹图，图中干涉相位是以 2π 为周期循环记录，并由于受平地效应的影响，干涉条纹在地势平坦且起伏和缓的区域呈现有规律的分布，如图 5-1 所示。

由图 5-1 所知，X-band TerraSAR 生成的干涉图，干涉条纹非常密集并存在大量相位噪声，C-band Sentinel-1A 和 L-band PALSAR 干涉条纹相对稀疏，同时 L-band PALSAR 生成的干涉条纹图对保护区描述明显好于波长更短的 C-band Sentinel-1A 和 X-band TerraSAR。

（5）平地相位剔除。平地效应是指在干涉条纹图中，平坦地区的干涉条纹会出现随距离和方位向的变化而呈周期性变化的现象。剔除平地相位之后的干涉相位可以更好表征地形相位与参考面的相位差，减少干涉图的条纹频率，降低干涉图滤波和相位解缠的难度。本节利用 SRTM 30m DEM 模拟试验区的平地相位来消除平地效应。

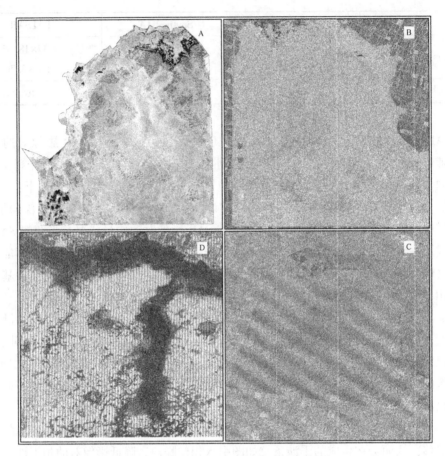

图 5-1　洪河保护区不同波长干涉条纹图

（A 为 GF-1 和 HH 极化 Radarsat-2 后向散射强度影像基于小波融合的 RGB
影像；B 为 TerraSAR-X 单视复数影像对生成的干涉图；C 为 Sentinel-1A 单视复
数影像对生成的干涉图；D 为 PALSAR 单视复数影像对生成的干涉图）

（6）干涉图自适应滤波及相干性计算。地面散射特性、影像配准误差、系统热噪声
及数据处理过程中的误差均为干涉图中相位噪声的主要来源，相位噪声降低了干涉图的质
量，增加了相位解缠的复杂性，直接影响最终生成 DEM 的精度。因此，本节利用自适应
滤波器尽量多地剔除干涉图中的相位噪声，并采用最大似然估算器计算相干系数，相干系
数可以指示区域相干程度的高低，研究区 SAR 影像自适应 Goldstein 滤波的干涉条纹图如
图 5-2 所示。

从图 5-2 可知，经过自适应 Goldstein 滤波处理和相位去平之后，在相干性较好的区
域，干涉条纹图变得更为稀疏和平滑，对于洪河自然保护区的表征更为详细，深水沼泽植
被区受湿地水体和体散射的影响，去相干性较为明显，干涉图不连续。

（7）干涉相位解缠。复共轭相乘获得的干涉图中的相位值为干涉相位的主值，此时

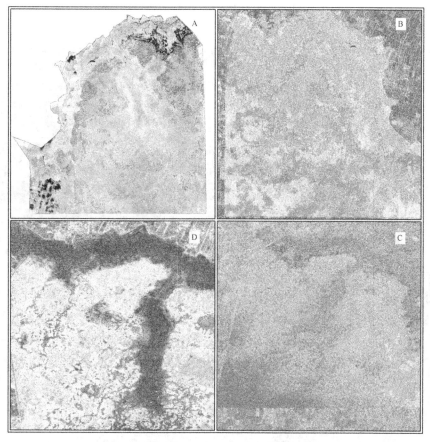

图 5-2 自适应滤波和相位去平之后的干涉条纹图

（A 为 GF-1 和 HH 极化 Radarsat-2 后向散射强度影像基于小波融合的 RGB
影像；B 为 TerraSAR-X 单视复数影像对生成的干涉图；C 为 Sentinel-1A 单视复
数影像对生成的干涉图；D 为 PALSAR 单视复数影像对生成的干涉图）

干涉相位只能以 2π 为周期，循环记录相位变化，必须对其进行相位解缠处理，确定各个
像元之间的真实干涉相位值，才能利用干涉图获取地面高程信息。洪河保护区复杂的植被
群分布结构决定了干涉图存在很多不连续的区域，3D Delaunay 最小费用流（minimum cost
flow）方法采用 Delaunay 三角剖面进行相位解缠，更加适用于研究区干涉图的相位解缠。
因此，本节采用最小费用流方法进行相位解缠，获取干涉条纹中的真实相位值，并且为了
让设定的解缠阈值尽可能考虑到区域的整体相干情况，数值设置为 0.12~0.15。

（8）精炼和重去平。由解缠相位转换到地表高程，需要有精确的基线参数，必须进
行轨道精炼，进一步精确估算干涉测量所需的几何参数，并再次去除平地效应。轨道精炼
的常用方法有：精确卫星轨道输入二次纠正和基于地面参考点的数学模拟。本节通过选取
地面控制点进行轨道精炼和重去平，尽量选择植被群落较为均一且相干性较高的区域，纠

正之后的均方根误差控制在 1 个像元之内，经过轨道精炼和重去平处理的解缠相位如图 5-3 所示。

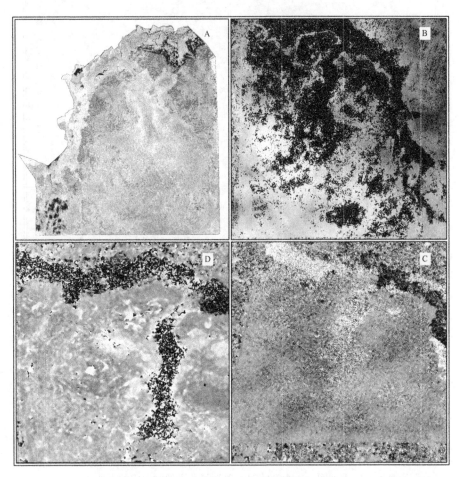

图 5-3   经过轨道精炼和重去平处理的解缠相位

（A 为 GF-1 和 HH 极化 Radarsat-2 后向散射强度影像基于小波融合的 RGB 影像；
B 为 TerraSAR-X 的解缠相位图；C 为 Sentinel-1A 的解缠相位图；D 为 PALSAR 的解缠相位图）

（9）真实相位转高程生成 DEM。获取各个像元之间的真实干涉相位值之后，对提取地表的 DEM 数据进行相应的插值和地理编码处理。

5.1.2 结果分析与验证

1. DEM 精度验证与结果分析

利用 ArcGIS 10.6 fishnet 工具生成 250 个 1km×1km 格网，利用 Create Random Points

工具生成 111 个随机点。将随机点、格网与 1：10000 地形图叠加，使 1 个格网中只有 1 个具有精确高程值的随机点，将这些点作为 InSAR 提取 DEM 的精度验证数据并统计分析精度差异，对比结果见图 5-4 和表 5-2。

表 5-2　　　　InSAR 干涉生成 DEM 与 1：10000 地形图高程数值差异分析

数据	验证点的高程数值差					
	<1m	<3m	<5m	<10m	<20m	<30m
PALSAR	24	85	108	111	111	111
Sentinel-1A	3	12	25	46	92	109
TerraSAR-X	0	0	0	1	75	111

由图 5-4 和表 5-2 可知，InSAR 提取的 DEM 精度受到湿地植被及水体去相干性的影响，深水沼泽植被区相干性差，进而导致生成的 DEM 数据精度较差，其中基于 L-band PALSAR 干涉测量提取沼泽湿地 DEM 的精度高于 C-band Sentinel-1A、X-band Terra SAR 和 SRTM DEM 数据产品，且与 1：10000 地形图数据吻合度较好，76.58% 的高程值差异在 3m 以内。

2. 不同波长干涉图中湿地植被相干性差异

解缠相位图在经过轨道精炼和重去平地效应处理后，计算得到相干系数图（如图 5-5 所示）。相干系数反映了单视复数 SAR 影像对所生成干涉图质量的好坏，也可以定量估计 SAR 两次成像过程中目标相位的稳定性，相干系数数值范围是 0~1，数值越大表明干涉图的质量越好。图 5-5 对应不同干涉 SAR 影像对生成的干涉系数图，图 5-5（a）中剖面线对应的相关系数数值如图 5-6 所示。

从图 5-5 和图 5-6 中可以看出，在洪河自然保护区内，白桦-白杨林和灌草结合的植被分布区相干系数值较大，其次是浅水沼泽植被区，相干系数值最小的是深水沼泽植被区。从 L-band PALSAR 和 C-band Sentinel-1A 相干系数曲线图中可知，白桦-白杨林和灌草植被区相干系数值达到了 0.6~0.8，浅水沼泽植被区相干系数值为 0.4~0.6，深水沼泽植被区相干系数值在 0.2~0.3 之间。而在 X-band TerraSAR 提取的相干系数曲线图中，白桦-白杨林和灌草结合的植被区相干系数值达到了 0.3~0.4，浅水沼泽植被区相干系数值为 0.2~0.3，深水沼泽植被区相干系数值在 0.1~0.2 之间。同一植被区相干系数值的差异表明：L-band PALSAR 数据对更适合沼泽湿地的干涉测量，X-band TerraSAR 数据对不适合用于沼泽湿地干涉测量。

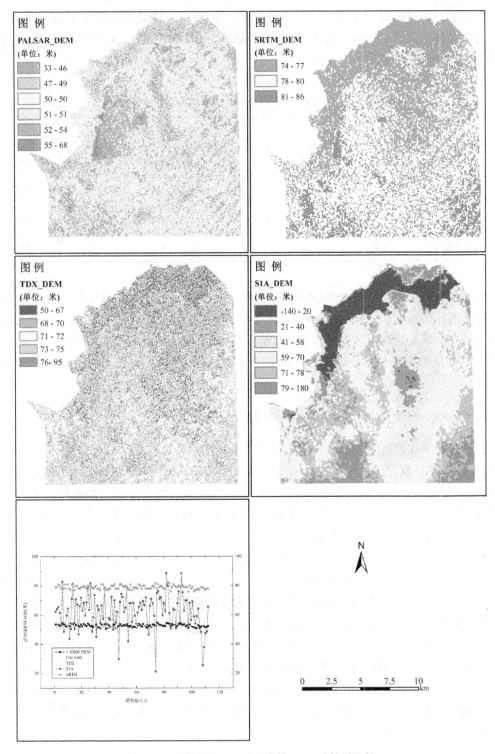

图 5-4　不同干涉 SAR 对生成的 DEM 及结果比较

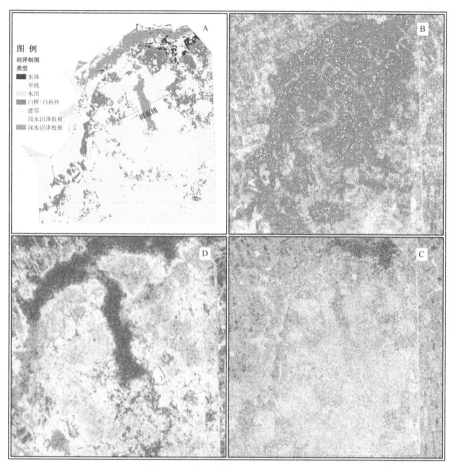

图 5-5 洪河保护区相干系数图

5.2 基于时序 **DInSAR** 的沼泽湿地水位相对变化量反演研究

本节以洪河湿地自然保护区为研究区，选取成像时间分别为 2007 年和 2015 年 6—11 月的精细双极化模式的 L-band PALSAR 和干涉宽幅模式（IW）的 C-band Sentinel-1A SAR 影像数据集，结合 2016 年日本宇航局对全球免费共享 30m 空间分辨率的 AW3D30 DEM 数据和 1：10000 地形图矢量数据，采用合成孔径雷达差分干涉测量（Differential Synthetic Aperture Radar Interferometry，DInSAR）技术构建沼泽湿地水位变化监测模型，结合 2007 年和 2015 年 5—11 月每日的 135#观鸟台（133.62°E，47.79°N）和奋斗桥（133.69°E，47.83°N）的湿地实测水位数据，实现了沼泽湿地年内水位相对变化量的估算，探究了不同时相沼泽湿地干涉相干性的差异，并利用方差分析和回归分析从水位观测站、浅水沼泽

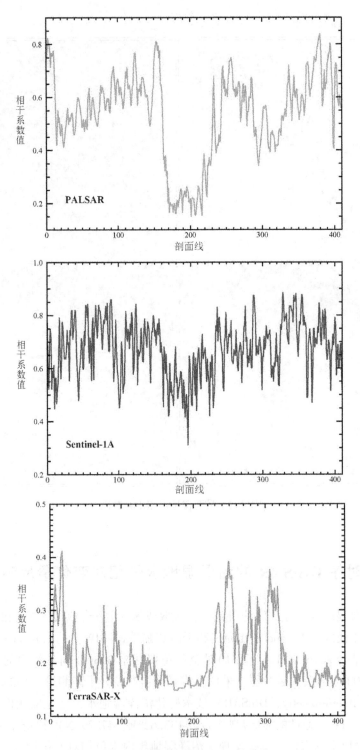

图 5-6　剖面线提取的相干系数曲线

区和深水沼泽区三个尺度对不同频率遥感计算的水位变化量进行精度验证和显著性检验。

5.2.1　沼泽湿地水位相对变化遥感监测方法

1. DInSAR 技术及数据处理

DInSAR 技术以 InSAR 技术为基础，通过对两幅干涉条纹图做二次差分，消除由 SAR 影像对共轭相乘获取干涉相位中含有的地形高程信息的相位分量，得到两幅 SAR 成像期间的地表形变相位，进而监测地表的微小形变（Wright et al.，2004）。通过 InSAR 技术提取的干涉相位主要包括三部分：平地相位、地形相位和形变相位。其中，地形相位和形变相位的关系如式（5-1）所示：

$$\begin{cases} \Delta R = -\dfrac{\lambda}{4\pi}\varphi_{\text{displacement}} = \dfrac{\lambda}{4\pi}(\varphi - \varphi_{\text{topography}}) \\[2mm] \varphi = -\dfrac{4\pi}{\lambda}[(R_1 + \delta R) - R_2] \\[2mm] \varphi_{\text{topography}} = -\dfrac{4\pi}{\lambda}(R_1 - R_2) \end{cases} \tag{5-1}$$

式中，φ 为干涉 SAR 数据对复共轭相乘获得复干涉条纹图，$\varphi_{\text{topography}}$ 是辅助 DEM 按照干涉基线和入射角模拟计算提取的地形相位，ΔR 为地表形变量。采用双轨法提取研究区沼泽湿地地表形变相位，辅助 DEM 为 AW3D30 DEM 数据。

本节在 ENVI SARscape5.5 软件支持下利用 DInSAR 技术提取沼泽湿地地表形变相位，主要处理流程有：单视复数 SAR 影像对的基线估算，主辅影像配准，干涉图生成，平地相位剔除，干涉图自适应滤波及相干性计算，干涉图相位解缠，轨道精炼和重去平，AW3D30 DEM 计算研究区干涉相位条纹图，重去平的干涉相位与计算干涉相位二次差分处理获取沼泽湿地地表形变相位。为了保持 SAR 数据对的高相干性，本节对所有的 SAR 数据对进行了基线估算，计算了 SAR 数据对的垂直基线、临界基线和 2π 模糊高度，并在最短时间基线的基础上确定了最佳的时序主辅影像，然后从基准影像和待配准影像的子窗体（256×256）中自动计算同名地物像素之间的交叉相关函数（cross-correlation function），确定方位向和距离向上的局部像素偏移最小阈值为 0.25，达到了 1/10 像素的配准精度。采用 Goldstein 滤波方法消除时间和空间基线产生的相位噪声，提高干涉条纹图的可见性，并选择 3D Delaunay 最小费用流（Minimum Cost Flow）方法采用 Delaunay 三角剖面进行相位解缠，提高研究区由沼泽植被群落空间异质性造成的干涉条纹不连续区域的相位解缠精度，设定相位解缠阈值为 0.12~0.15 之间。在轨道精炼和重去平过程中，参考地面沼泽植被调查样方，地面控制点全部选择在植被群落较为均一且相干性较高的区域，纠正之后的均方根误差控制在一个 1/4 个像元之内。

2. 沼泽湿地水位相对变化量监测计算

本节将 DInSAR 技术提取 2007 年和 2015 年 6—11 月沼泽湿地地表形变相位导入到式

（5-2）中，计算沼泽湿地水位相对变化量（Kim et al.，2009），式中，λ 是波长，θ 是 SAR 卫星成像的入射角，Δh 是湿地水位的相对变化量，n 是噪声产生的去相干效应。

$$\Delta h = -\frac{\lambda \varphi_{\text{displacement}}}{4\pi cos\theta} + n \tag{5-2}$$

3. 沼泽湿地水位相对变化量的精度验证

本节将付波霖等人（付波霖等，2019）综合利用全极化 C-band Radarsat-2 数据集和面向对象的 RF 算法提取的研究区高精度沼泽植被信息作为基础数据源（见图5-7），根据水位监测站点、浅水沼泽区和深水沼泽区 3 个尺度的实测水位变化量分别对 DInSAR 技术提取的湿地水位变化量进行精度验证。同时，采用方差分析分别从 3 个尺度对 5 月~11 月的实测水位变化量和基于 DInSAR 技术计算的水位变化量的均值差异进行显著性检验，利用回归分析定量计算实地观测和基于 DInSAR 技术计算的水位变化量之间存在的相关关系，建立回归模型，利用可决系数（R^2）评估两种方法提取水位变化量之间的偏差。利用 ArcGIS 10.6 软件中的"Create Random Points"工具分别从浅水沼泽区和深水沼泽区随机选取 41 个和 11 个水位变化量验证点。

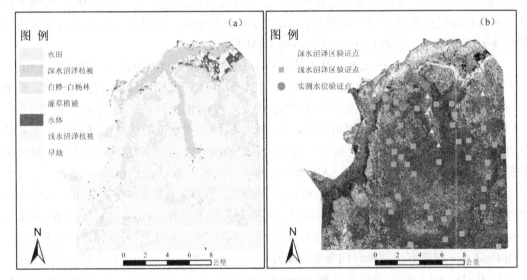

图 5-7   研究区沼泽植被及水位验证点空间分布

5.2.2   结果分析

1. 不同时相沼泽湿地干涉相干性差异

本节分别利用时序 L-band PALSAR 和 C-band Sentinel-1A 的干涉 SAR 数据，对经过干

涉图自适应滤波及相干性计算的影像提取了沼泽湿地干涉相干系数，探究不同频率条件下，沼泽湿地空间分布和植被群落生长期对研究区干涉相干性的影响。分区统计两种湿地区相干系数的均值和标准差揭示了深水沼泽受淹水深、临近明水面，水体表面散射去相干效应等因素的影响，基于 PALSAR 和 Sentinel-1A 提取的 6—11 月相干系数均低于浅水沼泽区，数值差异为 0.02~0.27。沼泽湿地的相干系数年内变化趋势是先升后降，从 6—10 月逐渐递增，如基于 PALSAR 提取的浅水沼泽区的相干系数由 0.529 增加到了 0.677，10—11 月则下降到了 0.613。9—10 月（湿地植物成熟期）的相干系数比 6—7 月（湿地植物发育期）高了 27.98%~80.06%，特别是 Sentinel-1A 计算的浅水沼泽区 10 月的相干系数比 6 月份的高了 0.32。究其原因在于 9—11 月，湿地植被进入成熟期，叶片生理结构特征稳定，植被与水体形成的散射机制较为稳定，相干系数较高。6—7 月是植被发育期，植被结构参数变化大，体散射效应较强，导致干涉相干系数较低，见表 5-3。

表 5-3　　　　　　　　　6—11 月浅水沼泽区和深水沼泽区干涉相干系数

基于 PALSAR 数据的相干系数					基于 Sentinel-1A 数据的相干系数				
月份	浅水沼泽区		深水沼泽区		月份	浅水沼泽区		深水沼泽区	
	均值	标准差	均值	标准差		均值	标准差	均值	标准差
6	0.529	0.149	0.377	0.163	6	0.397	0.162	0.375	0.158
7	0.593	0.150	0.476	0.131	7	0.449	0.167	0.379	0.159
8	0.587	0.169	0.481	0.169	8	0.584	0.150	0.462	0.174
9	0.677	0.144	0.491	0.152	9	0.602	0.142	0.511	0.172
10	0.670	0.153	0.418	0.181	10	0.717	0.105	0.544	0.172
11	0.613	0.148	0.340	0.175	11	0.579	0.152	0.405	0.165

从图 5-7 和表 5-3 中可以看出：波长更长的 L-band PALSAR 对于草本沼泽植被有更强的穿透性，除了在部分深水沼泽区或明水面相干性较低外，整个研究区从 6 月和 10 月都保持较高的相干性，浅水沼泽区相干系数主要集中在 0.75~0.98。同时，10 月深水沼泽区和浅水沼泽区的相干系数均高于 6 月份，可以表征沼泽湿地水文的季节性动态变化情况。春季冰雪融水由浓江河上游于 6 月初流入研究区，6 月底春汛结束，深水沼泽植被区水位下降，导致 2007/06/07~2007/07/23 PALSAR 数据，提取的该区域相干系数平均值仅为 0.529 见图 5-8（a）和表 5-3；7 月末到 9 月中旬，三江平原进入雨季，降水增多导致水位变化，致使 2007/09/07-2007/10/23 PALSAR SAR 数据对提取的浅水沼泽植被区和灌混合区的相干系数分别下降到了 0.670 和 0.418，见图 5-8（b）。由于 C-band 波长较短，对湿地植被的穿透性弱，6—7 月湿地植被进入萌芽和生长期，植被生长速率快，导致去相干现象较为严重，该阶段 Sentinel SAR 数据对所生成的洪河保护区相干性系数图不连续，值较低，相干系数在 0.3~0.35 之间，见图 5-8（c），只有孤立点或较小的植被区域

保证了较高的相干性，相干系数为 0.6~0.65；8—11 月植被生长状况逐步稳定，去相干效应减弱，研究区 Sentinel-1A 干涉数据对所生成的相干系数较高，除深水沼泽区相干系数小于 0.5 之外，其余区域相干系数为 0.67~0.84，见图 5-8（d），与研究区年内的水文情势状况相吻合。

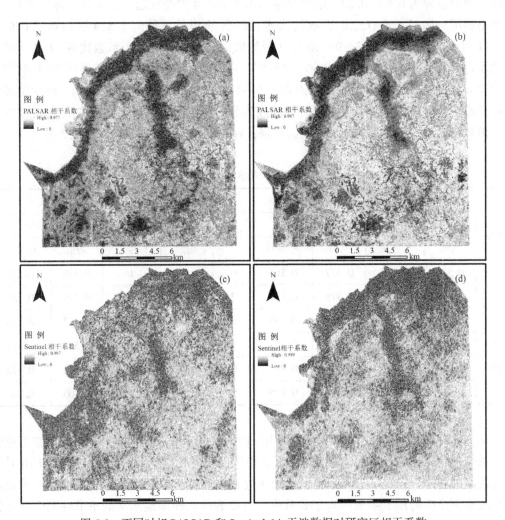

图 5-8　不同时相 PALSAR 和 Sentinel-1A 干涉数据对研究区相干系数
（（a）PALSAR 2007/06/07~2007/07/23；（b）PALSAR 2007/09/07~2007/10/23；（c）
Sentinel-1A 2015/08/17~2015/08/29；（d）Sentinel-1A 2015/10/16~2015/10/28）

2. 沼泽湿地水位相对变化量精度验证及显著性检验

（1）水位监测站点尺度上湿地水位变化量精度验证与显著性检验。从表 5-4 和表 5-5 可以看出，L-band PALSAR 和 C-band Sentinel-1A SAR 数据对所提取的沼泽湿地水位变化量与地面实测数据变化趋势均保持一致。但是在不同时间节点和监测站点上，两种数据提取的湿地水位变化量与地面实测数据也存在一定的差异。同一水位监测站点，对于 PALSAR 干涉数据对而言，135#地面监测水位变化量与利用 DInSAR 技术提取的水位变化量的吻合度高于奋斗桥的水位变化量，相同时间节点数据值差异在 0.03m～0.19m，见图 5-9（a）和（b）；而对于 Sentinel-1A 干涉数据对，奋斗桥地面监测水位变化量与 DInSAR 技术提取的水位变化量的吻合度高于 135#监测点的水位变化量，相同时间节点数据值差异在 0.00m～0.0313m，见图 5-9（c）和（d）。同一时间节点，在 135#监测点上，由 2015/07/12～2015/07/24 Sentinel-1A 干涉数据对所提取的水位变化量与实测水位数值存在较大差异，达到了 0.033m；而由 2007/06/07～2007/07/23 PALSAR 干涉数据对所提取的水位变化量与地面实测数值也存在较大差异，达到了 0.185m。在奋斗桥处，由 2015/09/10～2015/09/22 Sentinel-1A 干涉数据对所提取的水位变化量比实测数据高了 0.075m，由 2007/06/07～2007/07/23 PALSAR 干涉数据对所提取的水位变化量比实测数据高了 0.084m。以上数值差异表明，由于在 6—7 月研究区季节性积雪融水，加上沼泽植物进入生长期，DInSAR 技术监测的湿地水位变化量与实测数据差异高于其他月份。分别将 PALSAR 和 Sentinel-1A 计算的 135#和奋斗桥的水位变化量与实测数据进行方差分析，结果表明在 95%的置信区间内，两种数据利用 DInSAR 技术计算的湿地水位变化量的均值与实测数据之间没有显著性差异。

表 5-4　　　　　　　　　**PALSAR 数据提取湿地水位变化量精度验证**

编号	时相	135#验证点水位变化量（m）			奋斗桥验证点水位变化量（m）		
	干涉 SAR 对	实测	PALSAR	差值	实测	PALSAR	差值
1	2007/06/07—2007/07/23	0.226	0.041	0.185	-0.045	-0.062	0.17
2	2007/07/06—2007/08/21	-0.444	-0.328	-0.116	0.059	0.028	0.031
3	2007/07/23—2007/09/07	-0.111	-0.141	0.03	0.012	0.096	-0.084
4	2007/08/21—2007/10/06	0.654	0.516	0.138	0.081	0.076	0.005
5	2007/09/07—2007/10/23	0.283	0.137	0.146	-0.051	-0.099	0.048

表 5-5　　　　　　　　**Sentinel-1A（S1A）数据提取水位变化量精度验证**

编号	时相	135#验证点水位变化量（m）			奋斗桥验证点水位变化量（m）		
	干涉 SAR 对	实测	Sentine-1A	差值	实测	Sentinel-1A	差值
1	2015/06/06—2015/06/18	-0.003	-0.005	0.002	-0.007	-0.012	0.005
2	2015/06/18—2015/06/30	0.008	0.014	-0.006	0.159	0.182	-0.023
3	2015/06/30—2015/07/12	-0.006	-0.005	-0.001	-0.007	0.002	-0.009
4	2015/07/12—2015/07/24	0.008	-0.025	0.033	0.011	-0.02	0.031

	时相	135#验证点水位变化量（m）			奋斗桥验证点水位变化量（m）		
5	2015/07/24—2015/08/05	−0.031	−0.007	−0.024	0.010	0.014	−0.004
6	2015/08/05—2015/08/17	−0.009	−0.008	−0.001	−0.035	−0.021	−0.014
7	2015/08/17—2015/08/29	0.007	−0.001	0.008	−0.021	−0.007	−0.014
8	2015/09/10—2015/09/22	−0.002	0.006	−0.008	−0.074	0.001	−0.075
9	2015/09/22—2015/10/04	0.004	0.020	−0.016	−0.040	−0.013	−0.027
10	2015/10/04—2015/10/16	−0.007	−0.008	0.001	−0.014	−0.026	0.012
11	2015/10/16—2015/10/28	−0.012	−0.013	0.001	−0.001	−0.008	0.007

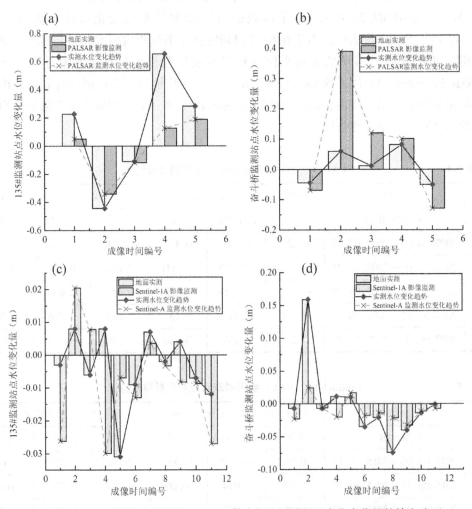

图 5-9　在水文观测站点尺度上 DInSAR 技术提取沼泽湿地水位变化量的精度验证

（2）浅水沼泽区水位变化量精度验证与显著性检验。由表 5-6 可知，在浅水沼泽区，地面实测与 PALSAR 计算获取的平均水位变化量在 6—11 月内变化趋势吻合度较高，水位梯度均集中在−0.445～0.653m 之间，2007/09/07—2007/10/23 时段地面实测与 PALSAR 计算的平均变化量差异最大，达到了 0.145m。方差分析验证了 6—7 月、7—9 月地面实测与 PALSAR 计算的平均水位变化量在 95％的置信区间不存在显著性差异，构建的两个时段线性回归模型表明 2007/07/23—2007/09/07 地面实测和 PALSAR 计算的平均水位变化量在 95％的置信区间存在显著性正相关关系，见图 5-10（b），R^2 达到了 0.852。2007/07/06—2007/08/21 地面实测和 PALSAR 计算的平均水位变化量差异非常小，但是方差分析发现了两种方法获取的平均水位变化量存在显著性差异（$P=0.000<0.05$），究其原因在于 41 个验证点中，大部分验证点 PALSAR 计算的水位变化量均高于地面实测，见图 5-10（a）。由表 5-7 可知，在 6—10 月内地面实测数据与 Sentinel-1A 计算的平均水位变化量一致，方差分析验证了在 95％置信区间内除了 2015/10/16—2015/10/28 时段外，其他时间节点两种方法获取的平均水位变化量均不存在显著性差异，究其原因在于 41 个验证点中，大部分验证点 Sentinel-1A 计算的水位变化量均低于地面实测，见图 5-10（c）。线性回归分析揭示了除了 2015/07/24—2015/08/05 和 2015/09/22—2015/10/04 两个时段外，其他时间节点的 R^2 均大于 0.5，2015/06/18—2015/06/30 时段的 R^2 为最高，达到了 0.820，见图 5-10（d），说明两种方法提取的平均水位变化量存在显著性线性相关关系。

表 5-6　　PALSAR 数据提取浅水沼泽区平均水位变化量方差分析和回归分析

| 编号 | 时相 | 平均水位变化量（m） | | 方差分析 | 线性回归分析 |
	干涉 SAR 数据对	实测	PALSAR	P（0.05）	R^2（0.05）
1	2007/06/07—2007/07/23	0.225	0.254	0.677	0.026
2	2007/07/06—2007/08/21	−0.445	−0.430	0.000	0.021
3	2007/07/23—2007/09/07	−0.153	−0.171	0.126	0.852
4	2007/08/21—2007/10/06	0.653	0.640	0.007	0.063
5	2007/09/07—2007/10/23	0.282	0.137	0.021	0.133

表 5-7　Sentinel-1A（S1A）数据提取浅水沼泽区平均水位变化量方差分析和回归分析

| 编号 | 时相 | 平均水位变化量（m） | | 方差分析 | 线性回归分析 |
	干涉 SAR 数据对	实测	Sentinel-1A	P（0.05）	R^2（0.05）
1	2015/06/06—2015/06/18	0.015	0.012	0.660	0.720
2	2015/06/18—2015/06/30	−0.008	0.004	0.548	0.820
3	2015/06/30—2015/07/12	−0.004	−0.002	0.680	0.781
4	2015/07/12—2015/07/24	0.008	0.007	0.807	0.701
5	2015/07/24—2015/08/05	−0.030	−0.030	0.953	0.052

续表

	时相	平均水位变化量（m）		方差分析	线性回归分析
6	2015/08/05—2015/08/17	−0.008	−0.011	0.525	0.524
7	2015/08/17—2015/08/29	0.008	0.014	0.398	0.562
8	2015/09/10—2015/09/22	−0.006	−0.004	0.808	0.561
9	2015/09/22—2015/10/04	0.013	0.008	0.495	0.093
10	2015/10/04—2015/10/16	−0.010	−0.010	0.951	0.661
11	2015/10/16—2015/10/28	−0.010	−0.020	0.028	0.711

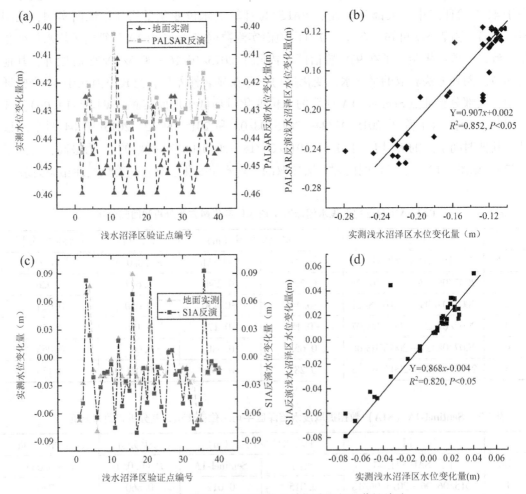

图 5-10　浅水沼泽区水位变化量精度验证与显著性检验

（（a）2007/07/06—2007/08/21 时段 41 个验证点水位变化量；（b）2007/07/23—2007/09/07 回归分析；（c）2015/10/16—2015/10/28 时段 4 个验证点水位变化量；（d）2015/06/18—2015/06/30 回归分析）

（3）深水沼泽区水位变化量精度验证与显著性检验。由表 5-8 可知，在深水沼泽区，地面实测与 PALSAR 计算获取的平均水位变化量在 6—11 月内变化趋势吻合度较高，对应时间节点数值差异较小，水位梯度均集中在 -0.083~0.069m 之间。方差分析验证了 6—11 月地面实测与 PALSAR 计算的平均水位变化量在 95% 的置信区间不存在显著性差异，但是线性回归分析表明 2007/06/07—2007/07/23（P = 0.130）和 2007/07/06—2007/08/21（P = 0.257）两个时间节点的 R^2 均小于 0.5，说明在这两个时间节点内，两种方法提取的平均水位变化量没有明显的线性关系。究其原因在于两种方法提取 11 个验证点的水位变化量差异较大，见图 5-11（a）。其余三个时间节点 R^2 大于 0.5，特别是 2007/09/07—2007/10/23 时段，R^2 达到了 0.993，见图 5-10（b），表明在此时段地面实测和 PALSAR 计算的平均水位变化量在 95% 的置信区间存在显著性正相关关系。由表 5-9 可知，在 6—10 月内相同时间节点地面实测数据与 Sentinel-1A 计算的平均水位变化量数值差异较小，2015/09/10—2015/09/22 时段差值为最大，达到了 0.024m，且年内水位变化趋势吻合度高。方差分析验证了在 95% 置信区间内除了 2015/09/10—2015/09/22 时段外，其他时间节点两种方法获取的平均水位变化量均没有显著性差异，究其原因在于 11 个验证点中，大部分验证点 Sentinel-1A 计算的水位变化量均高于地面实测（见图 5-10（c））。线性回归分析显示在 2015/08/05—2015/10/16 时段，R^2 均小于 0.5，说明该时段两种方法提取的 11 个验证点的水位变化量存在差异，余下时段 R^2 较高，特别是 2015/06/30—2015/07/12 时段，R^2 达到了 0.768，见图 5-10（d），说明两种方法提取的平均水位变化量在数值和变化趋势上差异较小，存在显著性线性相关关系。

表 5-8　　　**PALSAR 数据提取深水沼泽区平均水位变化量方差分析和回归分析**

	时相	平均水位变化量（m）		方差分析	线性回归分析
编号	干涉 SAR 数据对	实测	PALSAR	P（0.05）	R^2（0.05）
1	2007/06/07—2007/07/23	-0.045	-0.048	0.669	0.130
2	2007/07/06—2007/08/21	0.059	0.049	0.114	0.257
3	2007/07/23—2007/09/07	0.066	0.069	0.948	0.934
4	2007/08/21—2007/10/06	0.081	0.094	0.098	0.510
5	2007/09/07—2007/10/23	-0.083	-0.072	0.869	0.993

表 5-9　　**Sentinel-1A（S1A）数据提取深水沼泽区平均水位变化量方差分析和回归分析**

	时相	平均水位变化量（m）		方差分析	线性回归分析
编号	干涉 SAR 数据对	实测	Sentinel-1A	P（0.05）	R^2（0.05）
1	2015/06/06—2015/06/18	-0.002	-0.003	0.635	0.721
2	2015/06/18—2015/06/30	0.159	0.137	0.192	0.172
3	2015/06/30—2015/07/12	-0.007	-0.013	0.575	0.768

续表

	时相	平均水位变化量（m）		方差分析	线性回归分析
4	2015/07/12—2015/07/24	0.009	0.013	0.784	0.588
5	2015/07/24—2015/08/05	0.008	0.009	0.924	0.725
6	2015/08/05—2015/08/17	−0.036	−0.041	0.636	0.060
7	2015/08/17—2015/08/29	−0.021	−0.033	0.068	0.019
8	2015/09/10—2015/09/22	−0.074	−0.050	0.011	0.040
9	2015/09/22—2015/10/04	−0.040	−0.049	0.196	0.015
10	2015/10/04—2015/10/16	−0.028	−0.024	0.604	0.314
11	2015/10/16—2015/10/28	0.042	0.021	0.340	0.458

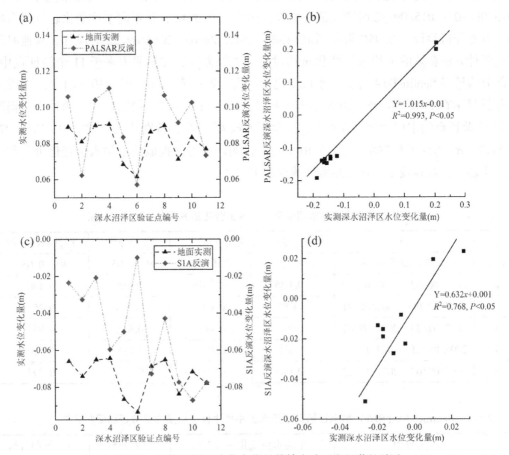

图 5-11　深水沼泽区水位变化量的精度验证和显著性检验

（（a）2007/07/06—2007/08/21 时段 11 个验证点水位变化量；（b）2007/07/23—2007/09/07 回归分析；（c）2015/10/16—2015/10/28 时段 11 个验证点水位变化量；（d）2015/06/18—2015/06/30 回归分析）

3. 年内沼泽湿地水位变化量计算及动态变化分析

由于研究区自 1984 年建立保护区以来,受到较好保护,保护区内的缓冲区和核心区几乎没有受到人为活动干扰,湿地植被类型和水文环境仍保持原始状态,生态系统演替和变化则是呈现自然形态。因此,湿地水位的年际和年内波动变化是沼泽湿地地表发生形变的主要驱动力。利用雷达差分干涉测量技术(DInSAR)提取了研究区 6—11 月的地表形变量,来监测湿地水位的相对变化,形变量为正值表明湿地水位在上升,相反,为负值则意味着水位在下降。由表 5-10、图 5-12 (a) 和 (b) 可以看出:DInSAR 技术可以监测沼泽湿地水位厘米级的变化,研究区湿地水位在不同的月份变化量差异很明显。基于PALSAR 干涉数据反演的浅水沼泽和深水沼泽区 6—11 月平均水位变化量集中在 −0.34~0.34m,其中 6—7 月和 9—10 月浅水沼泽区水位波动变化量最大,水位梯度(最大值与最小值的差异)均超过了 0.70m。究其原因在于浓江和沃绿兰河上游冰雪融水汇入研究区内,抬升了 7 月湿地水位。7—8 月份,湿地水位有明显下降,平均水位下降幅度达到了0.30m 以上。主要原因在于研究区周围沟渠抽水灌溉水田,湿地地下水外溢,进而导致表层水位下降。8 月底到 10 月初,浅水沼泽区和深水沼泽区平均水位分别上升了 0.1m 和0.12m,主要是因为研究区进入雨季,降水增加导致湿地水位上升。

表 5-10   6—11 月基于 PALSAR 数据提取的浅水沼泽区和深水沼泽区水位变化量

编号	PALSAR SAR 数据	浅水沼泽区水位变化量(m)				深水沼泽区水位变化量(m)			
		最小值	最大值	均值	方差	最小值	最大值	均值	方差
1	2007/06/07—2007/07/23	−0.13	0.65	0.17	0.15	−0.15	0.71	0.27	0.11
2	2007/07/06—2007/08/21	−0.54	0.00	−0.31	0.08	−0.55	0.00	−0.34	0.08
3	2007/07/23—2007/09/07	−0.34	0.08	−0.12	0.09	−0.41	0.12	−0.17	0.06
4	2007/08/21—2007/10/06	−0.05	0.30	0.10	0.03	−0.07	0.32	0.12	0.04
5	2007/09/07—2007/10/23	−0.40	0.33	−0.03	0.07	−0.45	0.32	−0.07	0.07
6	2007/10/06—2007/11/21	0.00	0.59	0.34	0.08	0.00	0.57	0.32	0.09

由表 5-11、图 5-12 (c) 和 (d) 可以看出,基于时序 Sentinel-1A 反演计算的 6—11月沼泽湿地水位动态变化与 PALASAR 提取的湿地水位变化趋势基本吻合,其监测的沼泽湿地区平均水位变化量均在 0.10m 以下,6—11 月份平均水位梯度变化最大的是在 6 月 18日到 6 月 30 日,达到了 0.17m。在同一时间节点,L-band PALSAR 和 C-band Sentinel 监测湿地水位变化量存在厘米级数值差异,究其原因在于合成孔径雷达的波长不同,决定了电磁波对湿地植被冠层的穿透能力存在差异,影响 SAR 后向散射回波对湿地水位变化的敏感性。SAR 波长对植被冠层密度、大小和叶片结构、朝向较为敏感,已有研究论证 L-band(波长为 23cm)能够穿透森林、灌木和草本湿地植被冠层在树干与树干、树干与地

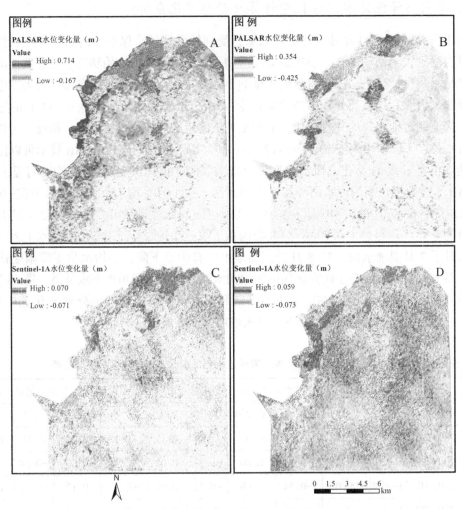

图 5-12　PALSAR 和 Sentinel-1A 干涉数据对提取的湿地相对水位变量

（（a）PALSAR 2007/06/07—2007/07/23；（b）PALSAR 2007/09/07—2007/10/
23；（c）Sentinel 2015/08/17—2015/08/29；（d）Sentinel 2015/10/16—2015/10/28）

面、树干（茎秆）与水面之间形成强二面角散射和三面角散射，能够更加精准区分湿地淹水区、洪泛区。C-band（波长为 5.6cm）则能够穿透草本沼泽湿地，在草本植被与水面之间形成二面角散射，植被冠层之间形成体散射。InSAR 技术利用植被与水面之间形成的二面角散射机制在干涉 SAR 数据对中保持较高的相干性，实现湿地水位相对变化的高精度监测。Canisius 等人利用 2014—2016 年 22 景 C-band Radarsat-2 影像实现了巴西亚马孙河岸带沼泽湿地水位动态变化高精度监测（Canisius et al.，2019）。Hong 等人同样利用 2006—2008 年 28 景 C-band Radarsat-1 影像厘米级监测了佛罗里达州沼泽湿地水位相对变化量（Hong et al.，2010）。Xie 等人用 2008—2009 年 5 景 L-band PALSAR 影像提取了黄河三角洲盐沼湿地水位相对变化（Xie et al.，2013）。以上研究结论佐证了本节利用 InSAR 技术可以实现湿地水位变化的高精度监测，但是通过对比多时相 C-band Sentinel-1A 和 L-band PALSAR 提取的研究区相对水位变化量可知（见图 5-12），在整体变化趋势和单个时间节点上，PALSAR 数据监测精度均好于 Sentinel 数据。

表 5-11　6—11 月基于 Sentinel 数据提取的浅水沼泽区和深水沼泽区水位变化量

编号	Sentinel-1A SAR 数据	浅水沼泽区水位变化量（m）				深水沼泽区水位变化量（m）			
		最小值	最大值	均值	方差	最小值	最大值	均值	方差
1	2015/06/06—2015/06/18	-0.05	0.04	-0.020	0.009	-0.07	0.05	-0.02	0.014
2	2015/06/18—2015/06/30	-0.08	0.09	0.040	0.014	-0.07	0.10	0.010	0.019
3	2015/06/30—2015/07/12	-0.07	0.06	-0.025	0.010	-0.07	0.05	-0.011	0.015
4	2015/07/12—2015/07/24	-0.07	0.06	0.030	0.013	-0.07	0.06	0.014	0.015
5	2015/07/24—2015/08/05	-0.06	0.05	0.034	0.010	-0.07	0.05	0.026	0.014
6	2015/08/05—2015/08/17	-0.06	0.05	-0.032	0.007	-0.07	0.05	-0.034	0.013
7	2015/08/17—2015/08/29	-0.06	0.05	-0.021	0.005	-0.07	0.07	0.017	0.013
8	2015/08/29—2015/9/10	-0.04	0.04	0.012	0.005	-0.07	0.06	0.014	0.009
9	2015/09/10—2015/09/22	-0.04	0.06	0.023	0.005	-0.07	0.06	0.018	0.009
10	2015/09/22—2015/10/04	-0.06	0.04	0.017	0.004	-0.06	0.05	-0.026	0.009
11	2015/10/04—2015/10/16	-0.06	0.03	-0.033	0.005	-0.07	0.05	-0.019	0.005
12	2015/10/16—2015/10/28	-0.06	0.05	0.043	0.005	-0.07	0.06	0.013	0.015
13	2015/10/28—2015/11/09	-0.05	0.05	-0.031	0.006	-0.05	0.05	0.010	0.012

5.3　基于雷达高度计监测北部湾滨海湿地水位动态变化研究

卫星测高技术具有全天候、高精度、大尺度的探测特点，具有其他观测技术无可比拟的优越性（李均力等，2011；何飞等，2020）。自第一颗搭载高度计的卫星发射至今已经过了四十多年的发展历程，卫星测高技术日益成熟。目前，包括 TOPEX/Poseidon（T/P）、ENVISAT、ICESat、Cryosat-2、Jason-1、Jason-2、Jason-3 及 Sentinel-3A/B 等在内的多种星载高度计数据均已用于水位的监测。赵云等利用 Ctyosat/SIRAL 数据对青海湖的水位进行监测，水位提取精度为 0.09m（赵云等，2017）。Normandin 等利用 ENVISAT、Jason-3 和 Sentinel-3A 等高度计数据对尼日尔内河三角洲的水位进行了监测研究（Normandin et al.，2018）。Wang 等利用 Topex /Poseidon 卫星提取 Ngangzi Co 湿地水位，水位提取精度约为分米（Wang et al.，2019）。对于内陆水体及近岸水域，陆地影响会污染回波波形，导致水位提取结果不准确，使用波形重跟踪算法改正回波波形可使水位监测精度进一步提高（田山川等，2018；Song et al.，2020；Chen et al.，2020）。

为了丰富滨海湿地水位的监测手段，探究新一代星载高度计 Jason-3 和 Sentinel-3A 监测滨海湿地水位的能力，本节以广西北部湾滨海湿地为研究对象（详见图 5-13），采用 Jason-3 雷达高度计 2 级 GDR 产品中 2016 年 4 月至 2020 年 9 月逐日的 SGDR 数据和 Sentinel-3A 雷达高度计 2016 年 4 月至 2020 年 12 月逐日的 Sentinel-3A SRAL 非时间关键（Non-Time Critical）WAT 2 级数据为数据源，结合北海港、炮台角和防城港 3 个站点 2016 年 4 月至 2020 年 12 月逐日的实测水位数据，实现了滨海湿地水位的动态变化监测。

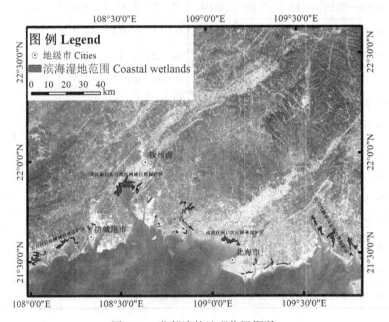

图 5-13　北部湾的地理位置概况

5.3.1　波形重跟踪方法

本节采用重心偏移法（Off-center of gravity）、阈值法（Threshold）、改进的重心偏移法和改进的阈值法对原始波形进行重跟踪。

1. 重心偏移法

重心偏移法是为了实现对波形的稳健跟踪，其基本思想是找到每个返回波形的重心，通过计算由波形值确定的矩形的重心和面积来确定波形的前缘中点（褚永海等，2005）。其数学公式为

$$\begin{cases} A = \sqrt{\dfrac{\displaystyle\sum_{i=1}^{N} P_i^4}{\displaystyle\sum_{i=1}^{N} P_i^2}} \\[4ex] W = \dfrac{\left(\displaystyle\sum_{i=1}^{N} P_i^2\right)^2}{\displaystyle\sum_{i=1}^{N} P_i^4} \\[4ex] \mathrm{COG} = \dfrac{\displaystyle\sum_{i=1}^{N} i P_i^2}{\displaystyle\sum_{i=1}^{N} P_i^2} \\[4ex] C_{\mathrm{rt\_cog}} = \mathrm{COG} - \dfrac{W}{2} \end{cases} \tag{5-3}$$

式中，N 为阀门的总个数，P_i 为第 i 个阀门的功率值，A 为振幅，W 为宽度，COG 为波形的重心，$C_{\mathrm{rt\_cog}}$ 为重定后的前缘中点。

2. 阈值法

阈值法以 OCOG 算法为计算基础，根据振幅、最大波形采样等给出阈值，在该阈值的几个临近采样点之间进行线性内插，确定重定点，见式（5-4）（高永刚，2006）。首先计算预设功率 P_{thres}，记录首个大于预设功率值的点为 ithres（ithres，P_{thres}），前一个点为 ithres-1（ithres-1，$P_{\mathrm{ithres-1}}$），用这两点线性内插出预设功率值所对应的位置，即为用阈值法得到的前缘中点 $C_{\mathrm{rt\_thres}}$。Th 为门槛值，本节取 50%。

$$\begin{cases} P_N = \dfrac{\displaystyle\sum_{i=1}^{5} P_i}{5} \\[3ex] P_{\mathrm{thres}} = (A - P_N) \times \mathrm{Th} + P_N \\[2ex] C_{\mathrm{rt\_thres}} = \mathrm{ithres} - 1 + \dfrac{P_{\mathrm{thres}} - P_{\mathrm{ithres-1}}}{P_{\mathrm{ithres}} - P_{\mathrm{ithres-1}}} \end{cases} \tag{5-4}$$

3. 改进的重心偏移法和改进的阈值法

改进的重心偏移法和改进的阈值法利用子波形数据进行重跟踪处理，可以减小利用全波形进行重跟踪导致的测量误差。改进算法的计算过程与上述两种算法相同。选取子波形时，先用回波中的所有功率值来计算开始点与结束点阈值，然后根据两相邻跟踪门的回波功率差与这两个阈值的对比，确定最终的子波形（Jain et al.，2015）。具体公式如式 5-5 至式 5-8：

$$d_2^i = P_{i+2} - P_i \tag{5-5}$$

$$Th_{\text{start}} = \sqrt{\frac{(N-2) \sum\limits_{i=1}^{N-2} (d_2^i)^2 - \left(\sum\limits_{i=1}^{N-2} d_2^i \right)^2}{(N-2)(N-3)}} \tag{5-6}$$

$$d_1^i = P_{i+1} - P_i \tag{5-7}$$

$$Th_{\text{stop}} = \sqrt{\frac{(N-1) \sum\limits_{i=1}^{N-1} (d_1^i)^2 - \left(\sum\limits_{i=1}^{N-1} d_1^i \right)^2}{(N-1)(N-2)}} \tag{5-8}$$

式中，d_2^i 是两个相间跟踪门对应的返回功率差，d_1^i 是两个相邻跟踪门对应的返回功率差。

5.3.2　北部湾滨海湿地水位监测遥感模型

对 Jason-3 和 Sentinel-3A 雷达高度计数据采用上述 4 种波形重跟踪算法获得改正的观测距离后，根据式（5-9），即可获得各个足迹点的滨海湿地水位。

$$H = h_{\text{alt}} - R_{\text{cor}} - h_{\text{geoid}} - \Delta r + inv \tag{5-9}$$

式中，H 为湿地水位，h_{alt} 为高度计的椭球高，h_{geoid} 为大地水准面相对于参考椭球面高度，Δr 为各项观测误差改正，inv 为逆气压高度改正。

R_{cor} 是理想状态下通过测量得到的卫星质心到地球表面的距离，但在现实中主要受仪器误差、卫星轨道误差以及信号传播误差的影响。本研究按海洋数据标准来处理滨海湿地水位的各项误差校正，但相对海面而言滨海湿地的水面很小，可不考虑潮压、海潮、逆气压等因素的影响，因此只用到以下的误差改正：

$$\Delta r = d + w + i + p + s \tag{5-10}$$

式中，d 为干对流层校正，w 为湿对流层校正，i 为电离层校正，p 为极潮校正，s 为固体潮校正。

采用以下步骤计算滨海湿地水位：①在 BRAT 中新建一个数据集，按月导入测高数据并读取；②选择广西北部湾滨海湿地范围，进一步精确边界，确保水位点在滨海湿地范围内；③创建操作，根据式（5-9）选择相应的字段，计算出初始的滨海湿地水位；④采用筛选标准将滨海湿地水位控制在 $-3.00\text{m} \sim 3.00\text{m}$ 之间，以 ASCII 码格式输出滨海湿地水位；⑤对输出的滨海湿地水位采用 3σ 原则进行异常值的剔除；⑥将上述水位点导入奥维地图中，剔除陆地上以及落到植被覆盖区的水位数据；⑦将经过波形重定改正后的距离改正值加到上述水位点中，改正值的选取遵循与水位点相同日期、同一经纬度的原则；⑧将改正后的滨海湿地有效水位按天、月、季、年分别取平均水位。由于雷达高度计的月平均水位、季平均水位和年平均水位用于预测滨海湿地的水位动态变化，因此实测数据只需要计算出对应的单天平均水位。

5.3.3　精度分析

两种雷达高度计通过不同波形重跟踪算法提取滨海湿地水位的精度，如图 5-14 和图

5-15 所示。由图 5-14 可知，Jason-3 雷达高度计提取的 4 种水位结果中，改进的阈值法提取精度最高，与重心偏移法相比，R^2 提升了 0.34，RMSE 减小了 0.50m，MAE 减小了 0.40m。由图 5-15 可知，Sentinel-3A 雷达高度计提取的 4 种水位结果中，改进的重心偏移法和改进的阈值法水位提取的效果明显优于重心偏移法和阈值法，R^2 从 0.68 提升至 0.87，RMSE 从 1.02m 减小至 0.24m，MAE 从 0.97m 减小至 0.18m。实验结果表明，4 种重跟踪算法均能提取滨海湿地水位，与其他 3 种重跟踪算法相比，改进的阈值法为最佳重跟踪算法，它提取的水位效果最好。Jason-3 雷达高度计获得的 R^2 最大为 0.78，RMSE 最小为 0.35m，MAE 最小为 0.28m，Sentinel-3A 雷达高度计获得的 R^2 最大为 0.87，RMSE 最小为 0.24m，MAE 最小为 0.18m。对于重心偏移法和阈值法，使用子波形的改进算法提取的水位 R^2 更高，RMSE 和 MAE 更小，使用子波形提取水位明显改善了传统重跟踪算法提取水位的精度。

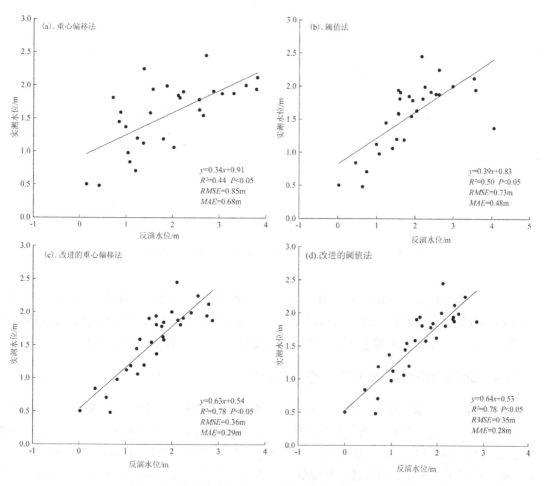

图 5-14　实测水位与 Jason-3 雷达高度计反演水位对比

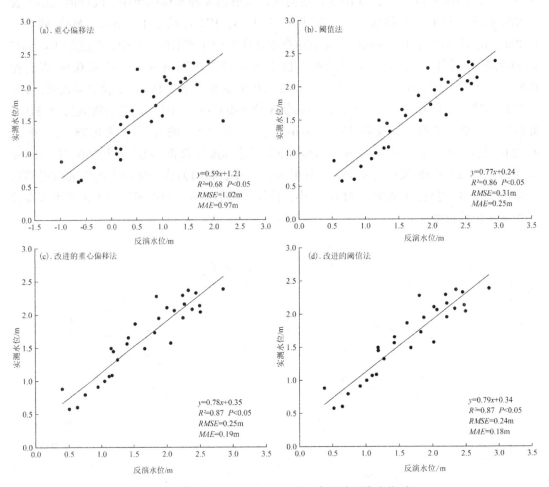

图 5-15　实测水位与 Sentinel-3A 雷达高度计反演水位对比

通过综合分析 R^2、RMSE 和 MAE 可得，改进的阈值法为最佳重跟踪算法，该方法利用子波形数据进行重跟踪处理，有效地减小了利用全波形数据对复杂波形进行重跟踪导致的测量误差。Sentinel-3A 雷达高度计的监测精度优于 Jason-3 雷达高度计的监测精度。

5.3.4　北部湾滨海湿地水位动态变化分析

本节利用年内水位变幅、月平均水位、季平均水位和年平均水位定量探究北部湾滨海湿地水位动态变化，利用实测气象站点降水量数据分析水位动态变化原因。由表 5-12 可知，通过 Sentinel-3A 雷达高度计反演的滨海湿地在 2016—2020 年间最高水位升高了 0.30m，达到了 2.57m。而最低水位降低了 0.29m，达到了 -1.21m。年内水位变幅增加了 0.59m，达到了 3.78m，表明北部湾滨海湿地水位近 5a 变化较为剧烈。分析 2016—2020 年逐日的降水量发现，2019 年年内水位变幅最大，近 5a 的最高降水量和最低降水量均出现在 2019 年。相邻年间最高、最低水位差均小于 0.30m，水位变幅小于 0.45m，证明相邻年间水位变化较为平缓。

表 5-12   Sentinel-3A 雷达高度计反演滨海湿地的年内水位变幅

年份	最高水位（m）	最低水位（m）	水位变幅（m）
2016	2.27	−0.92	3.19
2017	2.31	−0.74	3.05
2018	2.29	−0.90	3.19
2019	2.57	−1.07	3.64
2020	2.57	−1.21	3.78

对比月平均降水量与 Sentinel-3A 雷达高度计反演的月平均水位可以看出，月平均降水量变化与月平均水位变化吻合度较高，水位季节性变化明显，1—2 月和 11—12 月降水量较少，水位下降，为枯水期；3—10 月降水量增多，水位上升，为丰水期，5—9 月为降水集中期，7 月为降水高峰期，水位高峰期出现在 7—9 月（见图 5-16）。

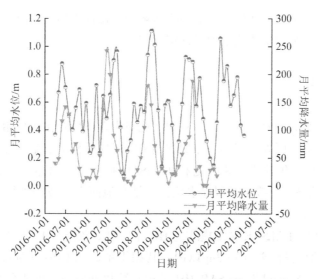

图 5-16 Sentinel-3A 雷达高度计反演的滨海湿地月平均水位

分析各季度和年平均水位变化可知，水位变化季节性明显，整体上呈现下降趋势（见表 5-13）。季平均水位与标准差相差较大，表明年内水位变化较为剧烈。另外，年内水位变化呈现一定的规律性，水位从第一季度开始上涨，第三季度达到一年的峰值，第四季度水位逐渐下降。2016—2020 年，各季度平均水位整体呈现下降趋势，第一季度水位下降了 0.12m，第二季度水位上升了 0.29m，第三季度水位上升了 0.11m，第四季度水位下降了 0.16m。分析 2016—2020 年各季度的降水量变化可知，降水量变化与平均水位变化呈现较强的一致性，相关系数为 0.77。第三季度为降水集中期，相邻年间的降水量差值均在 30mm 以上，差值最大达到了 66.66mm，导致第三季度水位变化尤其剧烈。其余 3 个季度的水位变化则相对平缓。

表 5-13　　　　　　Sentinel-3A 雷达高度计反演滨海湿地水位的年际变化

年份	季平均水位（m）				年平均水位（m）
	1	2	3	4	
2016	—	0.60±0.95	0.55±0.83	0.53±1.03	0.56±0.96
2017	0.40±0.72	0.56±0.82	0.71±0.75	0.52±0.66	0.56±0.75
2018	0.39±0.68	0.52±0.54	1.02±0.83	0.42±0.92	0.55±0.79
2019	0.37±0.73	0.59±1.08	0.79±0.94	0.52±1.22	0.57±1.02
2020	0.28±0.79	0.89±1.08	0.66±0.97	0.37±0.70	0.54±0.93

注：季平均水位和年平均水位均为水位平均值±标准差。

滨海湿地年平均水位的变化与年平均降水量的变化较为相符，滨海湿地水位总体上呈现下降趋势，水位年平均变化速率为-0.005m/年。

5.4　本章小结

水位是湿地水文的重要因素之一，它的变化与生态环境变化息息相关。充分掌握湿地水位的动态变化特征，可为生态环境保护和经济发展提供科学依据。针对地面实测方法获取湿地水位信息存在的不足，本章先利用 InSAR 技术提取了沼泽湿地 DEM，再通过 DInSAR 技术和雷达高度计提取了湿地水位，并结合地面实测数据进行了精度验证，得到的主要结论如下：

①L-band ALOS-1 PALSAR 精细模式的 HH 单视复数数据与 1∶10000 地形图数据吻合度较好，76.58% 的高程值差异在 3m 以内，其相干系数比 C-band Sentinel-1A IW 模式的 VV 单视复数数据和 X-band Terra SAR HH 单视复数数据要高，更适合利用 InSAR 技术提取沼泽湿地的 DEM；不同湿地植被类型的相干系数有较大差异，白桦-白杨林和灌草结合的湿地植被分布区的相干系数值较大，而浅水沼泽植被区和深水沼泽植被区的相对较低。

②植被生长期和群落空间格局均对沼泽湿地的干涉相干性产生影响，8—10 月研究区的干涉相干性要好于 6—7 月，浅水沼泽区干涉相干性要高于深水沼泽区，相干系数要高出 10%~35%；DInSAR 技术计算得到的湿地水位变化量与地面实测的水位情势吻合度较高，6—7 月和 9—10 月浅水沼泽区水位波动变化量最大，水位梯度超过了 0.70m；

PALSAR 和 Sentinel-1A 计算深水沼泽区和浅水沼泽区的平均水位变化量与地面实测数据在数值上均无显著性差异，且在变化趋势上存在显著性线性相关关系，其中浅水沼泽区在6-8 月的 R^2 值达到了 0.82 以上。

③在 4 种重跟踪算法中，改进的阈值法重定效果最佳，Jason-3 雷达高度计的 R^2 最大为 0.78，均方根误差最小为 0.35m，平均绝对误差最小为 0.28m；Sentinel-3A 雷达高度计的 R^2 最大为 0.87，均方根误差最小为 0.24m，平均绝对误差最小为 0.18m，表明 Sentinel-3A 雷达高度计的监测精度较高。广西北部湾滨海湿地水位变化与降水量变化的相关性较高，年内水位变化较为剧烈，呈现明显的季节性，年内水位平均变幅为 3.37m，在2016—2020 年间水位整体呈现下降趋势，年平均变化速率为-0.005m/年。

第6章　沼泽湿地植被与湿地水文耦合变化研究

湿地是世界上最富有生产力和经济价值的生态系统之一，湿地退化导致的自然土地生态系统稳定性下降，将严重威胁到人类的可持续发展（Shen et al.，2019），因此湿地的动态监测和分析对于揭示生态环境的变化、恢复和重建具有重要作用（Zhang et al.，2021）。据报告揭示（Junk et al.，2013），世界各地湿地面积的损失在30%～90%之间变化。20世纪全球湿地面积的损失为64%～71%，内陆湿地比沿海湿地减少的范围大。至21世纪，自然湿地仍处于持续退化状态，表现为河流断流、湖泊萎缩，沼泽面积减少，水质富营养或咸化，生物物种减少、生物多样性受损（Wan et al.，2015），并且速度不断加快。已有研究证明，湿地植被群落和水文是湿地生态系统中最重要的组成部分，湿地水体是湿地维持、发育和衰亡的主要驱动力，而湿地植被是湿地生态系统健康状况的直接指示因子，其空间分布受湿地水文情况影响的特征显著（Shan et al.，2019）。因此，亟须长时间监测湿地植被及水体的时空动态变化，为湿地保护区管理提供科学可信的参考依据。传统湿地变化监测方法主要是有限的观测站点/采样样方的地面观测，该方法存在不能在空间上完整描述湿地水文和植被变化信息的问题，难以在时间尺度上实现湿地变化的连续观测（Martins et al.，2020）。遥感技术已被证实在快速监测土地覆被/土地利用变化方面具有很大的优势，已广泛应用于湿地研究（Lang et al.，2008），包括湿地分类识别（Castañeda et al.，2009）和动态变化监测（Huang et al.，2014）。年度或者季节性的水循环是控制湿地生态特征及其演替过程的根本因素，掌握湿地的水文状况对于监测水体的变化过程和长期趋势至关重要，因此有研究者研究了湿地范围的水文动态和淹没的程度（Huang et al.，2014），并且还揭示了湿地植被是消散水能量和限制湿地大面积淹没的天然屏障（Reed et al.，2018），通过研究湿地植被的动态变化及其演化规律来证明其在生产力、养分循环以及使湿地减少遭受洪水等自然灾难的影响方面起到至关重要的作用（Aslan et al.，2016）。以上关于湿地植被和水体的变化监测研究已取得了一定研究进展，实现了对湿地植被和水体以及要素之间相互作用和影响因素的探究，但主要利用在两个或三个以上不同时间段遥感影像来评估土地覆盖的变化（Liao et al.，2015），难以获得足够的准确性和一致性。当图像之间的间隙较长时，由干扰事件引起的不连续性可能无法与趋势区分开，对揭示湿地植被和水体的变化规律不具有代表性，植被和水体不能在长时间尺度上呈现完整的变化轨迹。时间序列轨迹分析法提供整个监测期间土地覆盖变化特征的光谱值（或衍生指数）的时间轨迹，可以检测出大量微小或长期的变化，因此基于长时间序列进行湿地水体和沼泽植被的变化监测具有重大的意义。时间序列分析法（Halabisky et al.，2016）等自动及半自动的变化监测方法更容易被应用于土地利用/覆盖变化和生态环境监测等领域，虽然大多数时间序列变化监测研究能够较好地检测出土地覆被类型的转换，但不能有效地监测间伐、退化等干扰变化，这些变化对影像要求较高，在云覆盖度高的地区难以实现。同时，以上监测方法需要将大量遥感影像下载到本地配置中，无法避免传统遥感分析模式带来的数据获取困难、预处理繁琐等过程。而 Google Earth Engine（GEE）云平台为实现实时的长时间序列变化监测应用提供了便利，可以免费获取从地方、区域到全球覆盖的大量多时态遥感数据，简化数据管理和大量的预处理步骤，拥有实现遥感数据分析与加载庞大地理空间数据集并行处理的能力。

目前，在湿地植被和水体的相互关系研究中，湿地水文的持久性、深度和土壤饱和度会影响沼泽植被群落的组成、生产力、稳定性、物种多样性和演替。水文情势对湿地植被生态特征具有极其重大的影响，水位波动可以直接改变湿地土壤环境，影响湿地微生物的群落结构（Ye et al.，2017）。因此，更好地了解与水情变化有关的植被分布模式对于湿地管理至关重要。但是，目前部分学者基于地面实测数据来探究湿地植被和水体响应关系，由于湿地监测系统起步晚且尚未建成，导致系统的长期观测资料较为缺乏，不能够系统研究湿地植被和水体在时间和空间上的动态变化特性。另外，部分学者尝试构建湿地植被和水文过程耦合模型从而在时间和空间上来模拟湿地植被-水体相互之间的耦合关系（Jiao et al.，2017），利用耦合水文模型探究半干旱盆地植被与水文之间的相互影响。综上所述，目前对于湿地植被和水体耦合变化的定量研究尚未系统地深入展开，缺乏定量描述湿地植被与水体时空变化特征的方法。

6.1 基于 LandTrendr 算法的沼泽植被和水体时空演变遥感监测研究

自 2008 年 USGS 公开发布了可免费获取的 Landsat 存档数据之后，研究者们基于 Landsat 数据开发出了很多时间序列方法，时间序列变化检测模型考虑了遥感影像时序的季节、残差和趋势，因此可利用其进行实时监测沼泽植被和水体的扰动和覆被恢复情况，弥补了传统变化检测算法中无法实现连续检测的技术缺陷，比利用两三张遥感影像进行变化检测研究具有更大的优势。虽然利用时间序列变化监测方法研究土地覆被变化的效果显著，但是对于受人类活动和气候变化驱动下发生巨大变化的内陆湿地生态系统，以上变化监测算法的适用性还需要进一步探究和验证。Kennedy 提出的 LandTrendr 变化监测算法对于由人为因素、自然因素以及混合因素引起的中高强度的扰动事件十分敏感（Kennedy et al.，2010），该方法将年度 Landsat 时间序列数据拟合到一系列连续的直线段中，构建每个像素的光谱指数与时间的函数关系，并且将拟合的（FTV）波段从图像阵列转换为时间序列中每年带有波段的图像，建立可视化分析或预测模型（见图 6-1），通过捕获长期的缓慢变化与短期的突变以满足对沼泽植被和水体扰动或恢复的动态映射要求。LandTrendr 算法结合了前期算法的偏差和趋势的优点，灵活捕捉突变干扰事件以及人为或自然因素引起的长期生态变化过程，整个过程识别出光谱指数值的 3 种特性，即增加（恢复）、下降（干扰）和保持不变。沼泽植被覆盖和水势情况变化大致可分为开始扰动前、持续扰动、生态恢复三个阶段。遥感植被和水体指数是反映植被和水体在可见光、近红外波段与环境背景之间差异的重要指标，植被和水体所处状态的变化与光谱指数等值的变化之间存在明显关系。将扰动和非扰动区域的年度植被指标相互比较，其扰动前的指标值更高、更稳定。而沼泽植被轨迹变化概念模型中加入了关于事件属性的描述，包括事件开始的年份、事件扰动的幅度和事件持续的时间，故提出以描述沼泽植被变化的轨迹概念模型来分析沼泽植被生态系统随时间变化的事件，并利用其特性得出湿地沼泽植被和水文情势的变化特征。

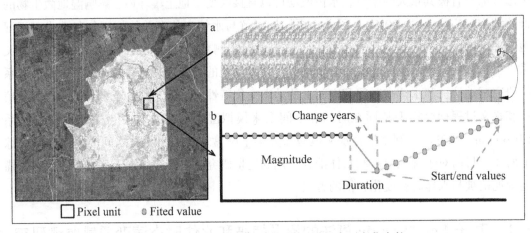

图 6-1　基于监测指数捕获单个像元时间序列变化事件

6.1.1　时间序列数据集的构建

沼泽植被与水文的变化检测需要长时间序列的影像支持，本章节基于 GEE 平台，以 1985—2019 年 Landsat 5 TM、Landsat 7 ETM+和 Landsat 8 OLI 为数据源，创建长达 35 年的年度时间序列数据集。首先，使用 Landsat 影像自带的 QA（Quality Assessment）波段进行去云、阴影等处理。虽然 OLI 和 ETM+传感器对时间序列数据建模具有良好的特性，但 Landsat ETM +和 OLI 的光谱特征之间存在潜在的细微差异，为了方便集成多传感器的使用，生成一个跨越 Landsat TM、ETM+和 OLI 的较长时间序列，必须使 Landsat TM、ETM+表面反射率与 Landsat OLI 表面反射率一致。因此，使用普通最小二乘回归（OLS）量化三个 Landsat 传感器之间的线性差异（Roy et al.，2016），通过获得的协调回归系数（见表 6-1）将 TM、ETM+光谱空间线性转换为 OLI 光谱空间来实现协调。最后，提取每年中同一时段（植被生长期）的多张影像，将选出的影像进行最佳像素合成，形成 35 张的年度时间序列集。

表 6-1 　　　　　　　　**ETM+、TM 转化为 OLI 的表面反射率转化系数**

波段	蓝 （~0.48 μm）	绿 （~0.56 μm）	红 （~0.66 μm）	近红外 （~0.85 μm）	短波红外 （~1.61 μm）	短波红外 （~2.21 μm）
斜率	0.9785	0.9542	0.9825	1.0073	1.0171	0.9949
截距	−0.0095	−0.0016	−0.0022	−0.0021	−0.0030	0.0029
公式	OLI=截距×10000+斜率×ETM+OLI=截距×10000+斜率×TM					

6.1.2　沼泽湿地遥感指数计算

为了准确监测沼泽植被和水文的动态变化，将经过植被遥感监测指数计算（见表 6-2）的时间序列数据作为 LandTrendr 变化监测模型的输入数据，建立最优的植被监测指标可以有效提高变化监测的精度。这里基于 GEE 计算了 7 个遥感植被指数（归一化植被指数 NDVI、植被增强指数 EVI、比值植被指数 RVI、归一化燃烧指数 NBR、缨帽变化湿地指数 TCW、绿度指数 TCG、亮度指数 TCB）和 4 个水体指数（归一化差异水体指数 NDWI、修正归一化差异水体指数 MNDWI、自动提取水体指数 AWEI 及水体指数$_{2015}$ WI$_{2015}$）（Feyisa et al.，2014；Fisher et al.，2016；Gao，1996；Viana-Soto et al.，2020；Xu，2006），这些遥感光谱指数可以有效消除外部因素（地形和大气因素等）的影响。另外，使用缨帽变换的 TCW 和 TCG 与水分含量相关，对土壤和植被的水分、结构很敏感，且对不同光照引起的地形效应不敏感（Jones et al.，2015）。将以上 11 个与植被覆盖情况、土壤条件和湿地水文等相关性很高的指数用来分析沼泽植被和水文的变化趋势，可以有效提高对变化的监测精度。

表 6-2 　　　　　　　　　　　**遥感指数计算公式**

植被和水体指数	计算公式
归一化差异植被指数 NDVI	$NDVI = \dfrac{(NIR-RED)}{(NIR+RED)}$
植被增强指数 EVI	$EVI = \dfrac{(NIR-RED) \times 2.5}{(NIR+6\times RED-7.5\times BLUE+1)}$
比率植被指数 RVI	$RVI = \dfrac{NIR}{RED}$

续表

植被和水体指数	计算公式
归一化燃烧指数 NBR	$NBR = \dfrac{(NIR-SWIR2)}{(NIR+SWIR2)}$
缨帽变化亮度指数 TCB	$TCB = 0.2043×BLUE+0.4158×GREEN+0.5524×RED+0.5741×NIR$ $+0.3124×SWIR1+0.2303×SWIR2$
缨帽变化湿度指数 TCW	$TCW = 0.0315×BLUE+0.2021×GREEN+0.3102×RED+0.1594×NIR$ $-0.6806×SWIR1-0.6109×SWIR2$
缨帽变化绿度指数 TCG	$TCG = -0.1603×BLUE-0.2819×GREEN-0.4934×RED+0.7940×NIR$ $-0.0002×SWIR1-0.1446×SWIR2$
归一化差异水指数 NDWI	$NDWI = \dfrac{(NIR-SWIR1)}{(NIR+SWIR1)}$
修正归一化差水指数 MNDWI	$MNDWI = \dfrac{GREEN-SWIR1}{GREEN+SWIR1}$
自动水提取指数 AWEI	$AWEI = BLUE+2.5×GREEN-1.5×(NIR+SWIR1)-0.25×SWIR2$
水体指数$_{2015}$ WI$_{2015}$	$WI_{2015} = 1.7204+171×GREEN+3×RED-70×NIR-45×SWIRI$

6.1.3　沼泽植被变化监测结果和精度验证

利用 LandTrendr 算法对 NBR、NDVI、RVI、EVI、TCB、TCW 和 TCG 7 个植被监测指数进行时间序列重构,以捕获沼泽植被短期的扰动与长期的恢复趋势,根据图 6-2,RVI、EVI 提取的结果检测到深水植被和浅水植被区域的显著变化,但无法过滤来自原始影像中成片的噪声,遥感影像本身存在一定缺陷,湿地保护区的植被光谱特征在 Landsat 影像中分布不均匀,在对遥感影像进一步的处理之前,利用 RVI、EVI 监测植被的变化并不存在优势。对遥感影像进行缨帽变换处理可以提高植被的判别效果,且能突出背景地物及纹理特征,运用缨帽变换得到的三个分量指数 TCW、TCB、TCG 监测植被动态变化具有很好的效果,TCW 能很好地检测到深水沼泽植被和浅水沼泽植被的变化,但 TCB 和 TCG 的检测则存在一定噪声,这会对后续的干扰制图造成一定误差,NDVI 能够有效检测植物生长状况、植被覆盖度,但在湿地植被的应用中只能精准检测农田的变化以及极少量深水沼泽植被的变化像素,对光谱小的变化非常不敏感,在这七个指数中,NBR 检测的湿地变化情况最符合沼泽植被随生境变化而变化的现象,深水植被区域随着水位的下降发生了明显边缘化的变化,其内部出现了大量坑洼,同时对植被与非植被之间的变化表现出限制性最强的检测(对大的光谱的变化非常敏感)。根据研究表明(Cohen et al.,2018),NBR 使用的 SWIR2 和 NIR 波段对植被扰动监测具有很强的互补性,使 NBR 对扰动事件的敏感性高于 NDVI 和 TCW。因此,在此选择 NBR 来监测森林扰动和恢复,以提高沼泽植被监测的精度。

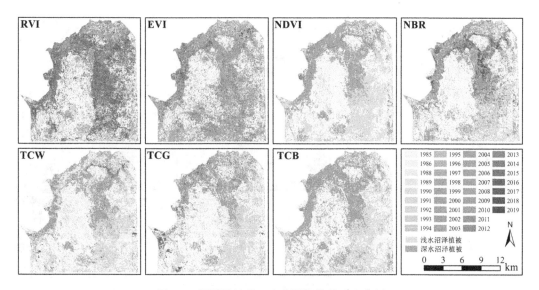

图 6-2 沼泽植被的 7 个监测指数的对比分析

基于地面实测影像进行 NBR 干扰监测指数的精度验证，选取四类能够记录沼泽植被 1985—2019 年的植被损失与恢复变化阶段的事件，验证了 NBR 时间序列数据探测植被变化的可靠性。图 6-3 展示深水沼泽植被-浅水沼泽植被、灌木-白桦林-白杨林、浅水沼泽植被-灌木、白桦林-白杨林（灌木或者其他植被类型）-农田的 4 个典型事件。

（1）在深水沼泽植被-浅水沼泽植被区域（见图 6-3（a）），其变化轨迹整体处于一直下降的趋势，NBR 由 0.5 降到 0.4 左右，两轨迹拟合的均方根误差 RMSE 为 80.01，在 2019 年的实测影像中拍到了此处为浅水沼泽植被；

（2）在灌木-白桦林-白杨林区域（见图 6-3（b）），NBR 时序的变化轨迹处于长达 35 年的上升趋势，由 0.5 上升至 0.7，两轨迹的均方根误差 RMSE 为 45.64，根据历史影像可以看出，此处原来是呈片状的灌木林，随着时间的推移，缓慢地形成了白桦林-白杨林，2019 年无人机实测影像验证了此处确实是成林的白桦林-白杨林；

（3）NBR 动态分割轨迹在浅水植被-灌木区域（见图 6-3（c））与图 6-3（b）事件具有相同的上升趋势，NBR 大约由 0.62 上升到 0.72 左右，实际观测值和算法拟合值的 RMSE 为 60.24，根据历史影像和无人机实测影像，小型个体集群频繁出现在浅水沼泽植被区监测地点，在地块内形成灌丛；

（4）LandTrendr 算法对湿地的农田活动监测显著（见图 6-3（d）），轮廓清晰，基于农田区域 30 * 30 的像元尺度生成分割变化轨迹明显，不像其他 3 个事件一样单调增加或减少，NBR 值由 1985 年约 0.62 降至 1996 年的 0.45，随后又升至 2019 年的 0.68，整个植被损失阶段持续了 9 年，植被恢复阶段持续了 23 年，根据历史影像过程推测其植被变化过程应该由白桦林-白杨林变成农田，最后弃田造林。

233

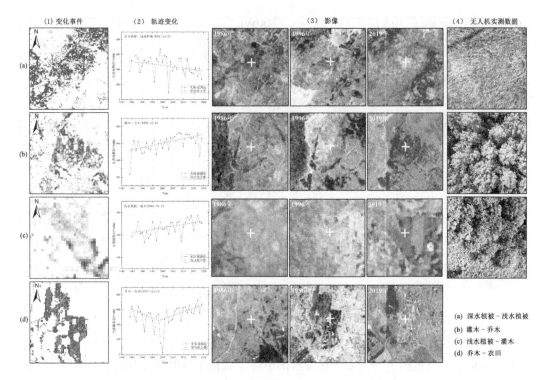

图 6-3　光谱时间轨迹与植被覆盖变化实际历史关系的现场验证

  4 类事件记录的沼泽植被损失与增益与其导致的演替阶段的预期结构相匹配，说明将 NBR 监测指数与 LandTrendr 算法结合作为探测沼泽植被覆盖变化的方法具有一定的可行性。不同演替阶段的群落的出现也与监测到的事件类型有很强的相关性，主要的恢复变化还是旱生植物的频繁出现，而干扰事件的监测主要体现在深水沼泽植被和浅水沼泽植被区域伴随水位变化而变化，人为干扰因素体现在农田活动活跃，而湿地的水位变化是导致整个沼泽植被变化的最大自然因素。

  根据表 6-3 沼泽植被年际变化监测的准确性评估结果，通过 LandTrendr 算法获得 1985—2019 年沼泽植被的干扰和恢复的区域的 kappa 系数分别为 0.8368 和 0.8578，干扰与恢复的总体精度达到 83.00% 和 85.00%，且恢复的总体准确性略高于干扰的。

表 6-3　　　　　　　　　　干扰与恢复两类事件年际变化监测精度统计

年份	扰动事件		恢复事件	
	PA	UA	PA	UA
1985	80.00%	100.00%	100.00%	85.00%
1986	100.00%	40.00%	90.91%	95.24%

续表

年份	扰动事件		恢复事件	
	PA	UA	PA	UA
1987	70.83%	94.44%	94.74%	90.00%
1988	94.12%	80.00%	84.21%	80.00%
1989	71.43%	93.75%	80.95%	89.47%
1990	87.50%	70.00%	90.91%	95.24%
1991	87.50%	70.00%	94.12%	80.00%
1992	94.44%	77.27%	78.95%	78.95%
1993	88.89%	94.12%	80.95%	85.00%
1994	94.74%	90.00%	83.33%	75.00%
1995	90.00%	94.74%	76.19%	80.00%
1996	76.00%	90.48%	81.82%	90.00%
1997	93.33%	77.78%	90.00%	90.00%
1998	77.27%	89.47%	88.89%	80.00%
1999	94.12%	80.00%	81.82%	90.00%
2000	90.48%	90.48%	90.00%	90.00%
2001	83.33%	78.95%	90.00%	90.00%
2002	89.47%	85.00%	89.47%	85.00%
2003	82.61%	90.48%	85.71%	90.00%
2004	85.71%	94.74%	89.47%	85.00%
2005	85.00%	85.00%	85.00%	89.47%
2006	86.36%	90.48%	90.48%	95.00%
2007	78.95%	78.95%	95.00%	90.48%
2008	93.75%	71.43%	88.89%	80.00%
2009	73.08%	95.00%	80.95%	85.00%
2010	87.50%	70.00%	83.33%	75.00%
2011	82.35%	77.78%	77.27%	85.00%
2012	82.35%	70.00%	84.21%	80.00%
2013	85.71%	90.00%	78.95%	78.95%
2014	74.07%	95.24%	84.00%	100.00%
2015	94.12%	88.89%	86.67%	86.67%

续表

年份	扰动事件		恢复事件	
	PA	UA	PA	UA
2016	80.00%	66.67%	75.00%	90.00%
2017	75.00%	90.00%	100.00%	66.67%
2018	82.35%	60.87%	62.50%	83.33%
2019	79.59%	92.86%	100.00%	33.33%
Kappa	0.8368		0.8578	
OA	83.00%		85.00%	

注：PA 为生产者精度；UA 为用户精度；OA 为总体精度；Kappa 为 kappa 系数。

　　研究中较高的监测精度证明 LandTrendr 是一种具有针对离散事件和渐进趋势的能力的算法，可以有效监测与植被损失和增加相关的变化（Kennedy et al.，2012）。利用 LandTrendr 算法监测沼泽植被变化具有相对较高的平均准确度，每年变化的监测结果被识别为干扰和恢复区域的生产者精度和用户精度在 60%到 100%之间波动。Landsat 的空间分辨率可能无法确定存在的所有变化，但不同位置可以识别出沼泽植被的空间格局变化，包括带状，弧形或斑块状的格局。变化监测在某些年份发生的监测精度不高。例如，1986 年干扰事件的用户精度和 2019 年恢复事件的用户精度均较低，分别为 40.00%和 33.33%，原因可能是影像分辨率使不同植被的光谱特性在一定程度上区别不明显，使干扰植被和恢复植被发生混淆。

6.1.4　沼泽植被时空动态变化

　　图 6-4 所示为洪河保护区 1985—2019 年 NBR 指数检测的植被损失和增益分布图，左图反映了湿地长达 35 年的干扰情况，干扰主要发生在农田区域、深水沼泽区域、浅水沼泽区域，且干扰发生的趋势由外围至内部的方向呈现逐渐推迟的趋势，深水沼泽植被、浅水沼泽植被、灌木和白桦林-白杨林四个典型区域发生干扰的年份与其水含量存在明显的相关性，湿地主要农田范围的 NBR 干扰集中发生于 1985—2000 年间，湿地内部深水沼泽区域和浅水沼泽区域的干扰监测集中发生在 2000 年之后，变化事件主要发生在其区域之间过度的边缘上；右图反映了湿地 1985—2019 年间的植被恢复生长情况，恢复事件主要发生在白桦林-白杨林和灌木区域，自湿地灌木生长区域至白桦林-白杨林生长区域的植被覆盖发生年份具有明显提前趋势，这与海拔、地形特征关联度较高。湿地中白桦林-白杨林与灌木的主要区域在 1985 年就开始恢复。而浅水沼泽植被由于水分流失逐渐生长出旱生植物，在 2000 年之后恢复变化相对明显。

　　将湿地沼泽植被损失与增益面积随时间变化的结果进行统计分析（见表 6-4），获得植被覆盖变化活动随时间变化的趋势：①沼泽植被覆盖损失和增加事件发生在不同年份，

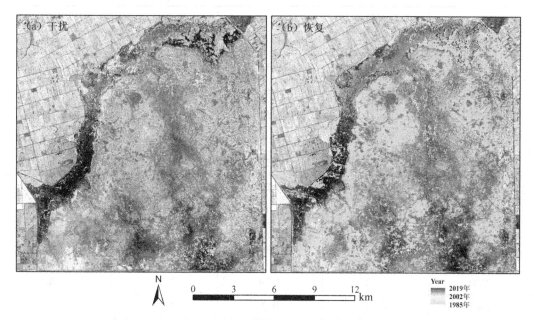

图 6-4　1985—2019 年 NBR 指数检测的植被损失和增益分布图

损失事件在 1985 年、1990 年、1991 年、1998 年、2000 年、2013 年、2017 年最为严重，在其他年份都不明显；大多数植被增益事件主要发生于 1985—1991 年、1998—2004 年、2006—2016 年三个阶段，在其余年份中植被干扰面积大于植被恢复面积；②湿地监测到植被受到干扰的像素累积面积总共为 59.6858km²，植被恢复的累积面积总共为 126.8746km²，各占整个湿地总面积的 27.33% 和 58.1%，1985—2019 年植被增益面积明显大于植被损失面积，约为损失面积的 2 倍；③湿地不同时间段植被覆盖变化强弱不同，植被损失和增益面积在 1985—1991 年间呈现先上升后下降趋势，1992—1998 年，植被损失面积大于增益面积，1999—2004 年植被增益面积略高于损益面积，2004—2019 年沼泽植被干扰和恢复的强度都不高，但还是植被增益面积占主导趋势。

表 6-4　　　　　　　1985—2019 年沼泽植被干扰与恢复年际面积统计

年份	干扰面积/km²	占比/%	恢复面积/km²	占比/%
1985	10.75	4.92	53.11	24.32
1986	0.04	0.02	18.06	8.27
1987	0.56	0.26	2.29	1.05
1988	0.04	0.02	2.61	1.2
1989	1.83	0.84	0.59	0.27

续表

年份	干扰面积/km²	占比/%	恢复面积/km²	占比/%
1990	2.55	1.17	1.62	0.74
1991	4.69	2.15	3.11	1.42
1992	1.4	0.64	0.86	0.39
1993	1.11	0.51	0.38	0.17
1994	1.27	0.58	0.98	0.45
1995	0.56	0.26	0.83	0.38
1996	0.58	0.27	0.98	0.45
1997	0.41	0.19	0.48	0.22
1998	1.88	0.86	0.9	0.41
1999	1.06	0.49	6.18	2.83
2000	3.91	1.79	2.15	0.98
2001	0.44	0.2	3.69	1.69
2002	0.56	0.26	2.43	1.11
2003	1.02	0.47	4.88	2.24
2004	2.24	1.03	0.72	0.33
2005	1.07	0.49	0.53	0.24
2006	0.21	0.1	0.57	0.26
2007	0.63	0.29	0.98	0.45
2008	1.1	0.5	0.97	0.45
2009	0.51	0.23	1.14	0.52
2010	0.67	0.31	0.81	0.37
2011	0.83	0.38	1.52	0.69
2012	0.28	0.13	2.18	1
2013	5.93	2.71	1.58	0.72
2014	0.18	0.08	4.13	1.89
2015	1.62	0.74	2.32	1.06
2016	3.27	1.5	0.09	0.04
2017	4.79	2.19	1.31	0.6
2018	1.17	0.53	1.6	0.73

续表

年份	干扰面积/km²	占比/%	恢复面积/km²	占比/%
2019	0.5	0.23	0.28	0.13
累计	59.66	27.34	126.86	58.07

通过对保护区扰动与植被覆被的变化强度特征可反映研究区生态变化特征。变化幅度空间分布图可以直观反映湿地沼泽植被变化最大干扰与恢复的增量情况，由图 6-5（a）可以看出 NBR 在沼泽植被损失的变化幅度为 100~860，农田区域和深水沼泽植被边缘处是变化幅度主要干扰区。

图 6-5（b）可以看出 NBR 在沼泽植被增益的变化幅度为 100~944，陆生植被区域的灌木区、成片白桦林-白杨林以及小部分植被之间变化如深水沼泽植被转换为浅水沼泽植被是植被恢复的主要区域，并且植被恢复覆盖区域 NBR 的上升幅度远大于植被干扰的变化幅度，在空间分布上植被增益范围比植被损失范围更广。

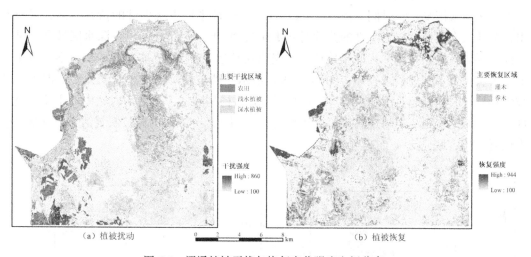

（a）植被扰动　　　　　　　　　　　（b）植被恢复

图 6-5　沼泽植被干扰与恢复变化强度空间分布

为了分析研究区沼泽植被 35 年间受到干扰与恢复的变化强度，绘制了植被在 NBR 指数中的变化强度图（见图 6-6），可发现沼泽植被的干扰和恢复面积随着变化强度的增加在逐渐减少，并且植被增益强度几乎都超过植被损失强度，在 0.1~0.5 之间较为剧烈，植被恢复面积由 27.27km² 减少到 4.77km²，植被扰动面积由 19.42km² 下降到 4.72km²。保护区内的植被变化随着变化强度的增加变得越来越平稳，植被损失与增益的面积在 0.6~1 之间也越来越少，趋于 0 值稳定的。

研究区植被生态扰动及覆被恢复事件的持续时间表示每一个像元发生干扰或恢复的变化过程所需要的时间，将 1985—2019 年湿地沼泽植被变化事件的持续年份绘制为梯度图

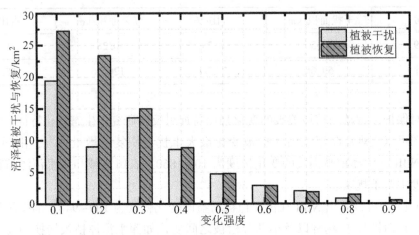

图 6-6　沼泽植被干扰面积和恢复面积随强度变化

(见图 6-7)，结合色带图例分析沼泽植被 35 年间的时空分布情况，不同颜色代表了此像元发生扰动或恢复持续时间。图 6-7（a）显示了植被主要干扰事件的持续时间，可以看出，湿地大多数植被损失事件的持续时间不超过 20 年，大部分体现在深水区域和少部分的浅水区域，农田持续干扰的年数较长，表明在长达 35 年的植被逐渐减少，不断有植被形成了农田或者其他植被类型；图 6-7（b）显示了植被恢复的持续时间，整个湿地的植被恢复持续时间都超过了 20 年，尤其是白桦林-白杨林区域，是整个区域中的主要恢复事件，由于湿地实施了退耕还林政策，因此可以监测到部分农田的植被恢复活力，其次是灌木恢复生长区域，持续了 20 年左右。

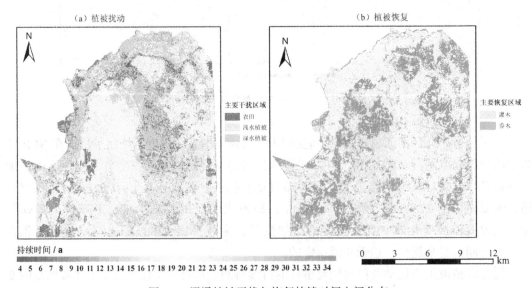

图 6-7　沼泽植被干扰与恢复持续时间空间分布

1985—2019 年间沼泽植被干扰和恢复持续时间具有明显的时间序列平稳性，干扰与恢复随着持续年份的增大呈现协同下降与上升的趋势。根据图 6-8 可以看出：（1）主要干扰持续时间分布发生在 1～9 年、16～17 年和 34～35 年，分别占总干扰面积的 36.79%、11.07% 和 11.34%，说明短期的干扰事件发生较多；（2）植被恢复持续时间主要集中在 11～15 年、18～24 年和 31～35 年内，占恢复总面积的 7.16%、20.27% 和 63.11%，每年的恢复面积比例各不相同且呈现上升的趋势，说明植被恢复是一个持续长久的过程。

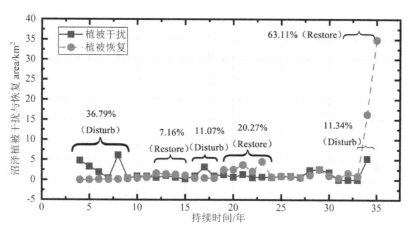

图 6-8　沼泽植被干扰面积与恢复面积随持续年份变化

6.1.5　沼泽湿地水文监测结果和精度验证

利用 NDWI 指数和 LandTrendr 算法相结合对水体进行变化监测，以显示水体的时间序列空间分布情况。对沼泽植被和水体的分布变化监测结果进行空间分析，研究结果表明，两者要素的空间变化分布具有明显相似的分布趋势，如图 6-9 所示。结合图例发现湿地中水体和植被发生变化的年份具有一致性，湿地水像素的时间序列变化情况和植被的空间变化相吻合，说明 NDWI 指数是提取湿地水体空间变化信息的有效指标。先前的研究侧重于单一要素如植被的变化监测，往往忽略水位的变化，如果不研究湿地水位的变化，则不能客观获得湿地变化的重要影响因素。而湿地水位变化监测结果表明湿地的水势变化显著，湿地水体和植被的空间关系密切相关，水文系统迅速恶化导致植被栖息地水和其他类型的退化。湿地沼泽植被和水体发生的干扰主要位于深水沼泽植被和浅水沼泽植被区域附近，湿性植物的生态环境受到水势变化的影响而发生干扰变化，沼泽植被随着水位的变化而发生类型之间的相互转化（水位下降，水生植物减少，变成陆地的区域生长出灌木和白桦林-白杨林；水位上升，陆生植物被淹没死亡，变成沼生植物）。

湿地水文情势的变化与气候变化息息相关，将 2002—2019 年地表水实测数据与 NDWI 光谱指数提取的湿地水文变化信息作 Pearson 相关性分析，由表 6-5 可知，湿地水

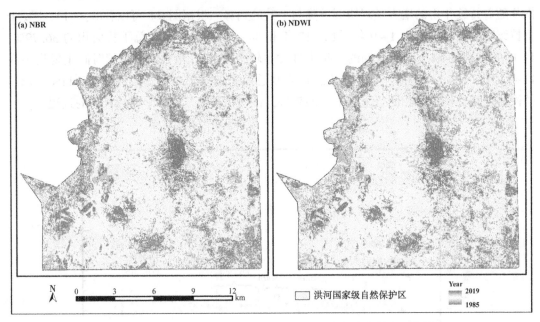

图 6-9   1985—2019 年沼泽植被和水势空间变化分布的监测结果

像素的时间序列变化与地表水显著（p 值小于 0.05，相关系数 r 为 0.61），说明两者之间具有显著的相关性。

　　为了进一步验证水体变化监测结果，将 1985—2019 年 7 到 9 月份月平均气象数据（降雨数据、气温数据）、2002—2019 年地表水数据与水体变化监测结果进行趋势性分析，从图 6-10 可知，2002—2019 年三者的上升和下降趋势具有相似的趋势，说明水体的时间序列变化情况与其两者都有重要的关系。降雨量增加的年份，地表水水位也随之上升，降雨量减少的年份，水位也有所下降，湿地水体变化强烈的年份随降雨和地表水发生明显变化的年份相关，如 2011 年（降雨量较少）、2013 年（降雨量较多），降雨量的变化导致那年与相邻年份水位波动极大，同时湿地水文情势变化也随之发生强烈变化，湿地水像素变化的数量明显增多。因此，以上结果均说明利用 NDWI 指数获取水体变化信息具有一定的可信度。

表 6-5   **2002—2019 年水监测变化与地表水位的 Pearson 相关性系数**

Pearson 相关分析	2002—2019 地表水
p 值	0.007
r 值	0.61

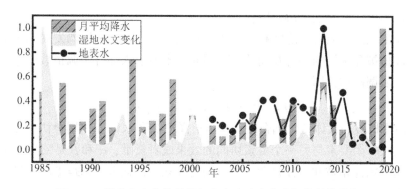

图 6-10　湿地水文变化结果与降水和地表水之间的趋势分析

6.2 基于耦合协调模型的沼泽植被-水文时空响应关系研究

6.2.1 沼泽植被和水体变化耦合度

沼泽植被和水文情势是两个复杂且综合性较强的两个系统，为探究湿地生态系统功能间的互动关系，本书引入物理学中的容量耦合概念以及容量耦合系数模型（Ariken et al.，2021），定量评估 1985—2019 年研究区湿地水生植被和陆生植被变化与水体变化的耦合度和耦合协调度并进行时空对比分析。耦合协调模型可用于测度两个或多个要素之间相互作用程度及其相互协调配合情况，已应用于评价生态环境与现代经济之间的相互关系，沼泽植被-水体耦合度评估模型具体计算公式如下：

$$C = 2 \times \{(u_1 \times u_2) / (u_1 + u_2)^2\}^{\frac{1}{2}} \tag{6-1}$$

式中，C 为沼泽植被和水体变化之间的耦合度，取值范围为 [0，1]，其值越大说明沼泽植被和水体变化之间的相互作用、相互影响越强烈，当值为 0 时，耦合程度最小，要素或系统之间不相关，耦合系统趋于无序；u_1 为沼泽植被空间变化结果；u_2 为湿地水体空间变化结果。耦合度类型划分标准见表 6-6。

表 6-6　　　　　　　　　　　　　　　耦合度类型划分

C 取值区间	耦合度	发展特点
$C = 0$	耦合度为 0	系统无序发展
$0 < C \leqslant 0.3$	耦合度极低	湿地水体变化对植被变化影响较小
$0.3 < C \leqslant 0.5$	拮抗时期	湿地水体变化促进沼泽植被的生长，影响力逐渐上升
$0.5 < C \leqslant 0.8$	磨合时期	湿地水体变化和植被变化进入高度耦合阶段，系统之间紧密联系
$0.8 < C \leqslant 1$	耦合度极高	系统走向有序发展

沼泽植被和水体变化耦合协调度：

耦合度模型只能说明要素之间相互作用的强弱，无法呈现其协调发展水平的高低，不利于探究沼泽植被和水体的耦合互动关系。因此，本书引入耦合协调指数构建沼泽植被和水体变化耦合协调模型，即

$$D = \sqrt{C \times T} \quad T = \alpha u_1 + \beta u_2 \tag{6-2}$$

式中，C 为沼泽植被和水体变化耦合度；D 为沼泽植被和水体变化耦合协调度；T 为综合协调指数，反映一个要素与另一个要素协同的效果或者贡献；α 和 β 是沼泽植被和水体的待定系数，由于沼泽植被和水体是两个同等级的要素，因此取 $\alpha = \beta = 0.5$。耦合协调度的划分标准见表 6-7。

表 6-7　　　　　　　　　　　　　耦合协调度的划分标准

$0 < D \leq 0.2$	$0.2 < D \leq 0.4$	$0.4 < D \leq 0.5$	$0.5 < D \leq 0.8$	$0.8 < D \leq 1$
严重失调	中度失调	基本协调	中度协调	高度协调

6.2.2　沼泽植被与地表水水位的相关性分析

为了探究沼泽植被损失和增益面积随地表水水位和月平均降水的变化规律，通过 Pearson 相关系数法，将 2002—2019 年洪河沼泽植被的干扰与恢复面积分别与湿地地表水位作相关性分析，结果见表 6-8，显示沼泽植被的干扰分布面积与水位波动变量间具有明显的显著性（$p = 0.011 < 0.05$），Pearson 相关系数 r 约为 0.590，表明了两者之间相关性较大，沼泽植被随着湿地水位的涨落发生明显的演替变化；沼泽植被的恢复事件与湿地地表水位之间相关性不显著（$p = 0.534 > 0.05$），相关系数 $r = 0.156$，说明湿地水位变量的波动对沼泽植被恢复生长的影响比较小。水文梯度是湿地景观形成的主要因素，水位是影响植被空间分布的重要因素。

表 6-8　　2002—2019 年湿地损失植被、恢复植被与湿地地表水位的 Pearson 相关性系数

Pearson 相关分析	沼泽植被干扰事件	沼泽植被恢复事件
p	0.011	0.535
r	0.590	0.156

根据以上结果可知，基于时间序列数据采用 LandTrendr 方法对损失植被和水体进行变化监测，已成功检测出湿地长达 35 年的时间序列变化情况。采用线性拟合法构建水情因子与洪河湿地损失植被面积之间的定量关系，可探究湿地水体和植被的长期变化规律。如图 6-11 左图所示，湿地水体的时间序列变化情况与湿地沼泽植被有良好的拟合效果（Linear fit $R^2 = 0.94$，Pearson' $r = 0.97$），湿地水生植被受水位的影响显著。水位过低或

过高都会抑制或促进水生植被的生长，当水位过高时，浅水沼泽植被有可能被淹没，导致缺氧致死或有利于深水沼泽植被生长；当水位逐渐降低时，水生植被附着的水就会减少，在区域边缘处或者地形较高的地方会因缺水变成浅水或者陆地，植被类型就会发生转化。为了进一步分析影响沼泽植被分布的水文情势，将提取的沼泽植被和水体的时间序列变化信息进行趋势性分析，从图 6-11 右图可知：研究区内沼泽植被和水体呈现上下一致的波动趋势，从 1985 年到 2000 年间沼泽植被和水体的波动频率相对较高，1985 年到 1987 年的变化率达到 35 年间水体和植被变化率的最大值，并在 2000 年出现了 35 年间的第二个最大值。2001 年到 2010 年间沼泽植被和水体发生了较小幅度的升降波动，说明这几年几乎没有发生比较大的湿地干扰事件；2011 年到 2019 年，两者之间的变化波动又逐渐强烈，在 2013 年又一次出现峰值，而 2012 年、2013 年和 2014 年的降雨量都比较高。从整个时间长度来看，沼泽植被和水体发生变化的趋势相同，沼泽植被随着湿地水文变化而变化，在相同年份都发生了扰动变化。

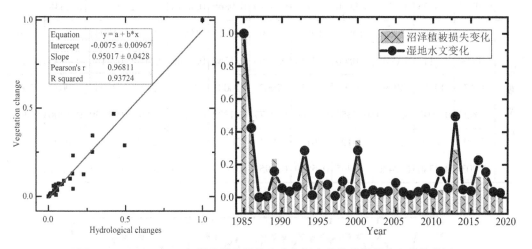

图 6-11　1985—2019 年湿地损失植被和水年际变化的线性拟合和趋势分析

6.2.3　沼泽植被变化与水体变化的耦合协调度

下面借助耦合协调模型揭示沼泽植被损失和恢复事件与水体变化间相互作用彼此影响的现象，为了更直观评价水体变化对沼泽植被的影响，将 1985—2019 年的耦合协调模型测算结果绘制成折线图。

1. 损失植被与水体变化耦合协调度

从时间演化来看（见表 6-9 和图 6-12），1985—2019 年湿地损失植被变化与水体变化耦合协调度变动以保持稳定高耦合度为主，总体上向着良性协调发展，但耦合协调度的值较低，损失植被协调类型主要以中度失调为主，该阶段水生植被受到湿地水分流失的影响比较大，水生植被与洪河水位良性耦合和协调发展受到阻碍；部分年份达到基本协调和中度协调的水平，水生植被区域能够实现自我调节和趋于有序发展状态。这与湿地现状有关，湿地水文循环过程中的变化会导致沼泽植被在空间及时间上发生变化，从而对湿地生态系统功能产生影响。

表 6-9　　　　　　**1985—2019 年湿地损失植被和水体变化的耦合度和协调度**

	1985	1986	1987	1988	1989	1990	1991	1992	1993	1994	1995	1996
耦合度 C	1.00	0.9997	0.0000	0.8286	0.9137	0.9889	0.8546	0.9896	0.9930	0.9730	0.9537	0.997
	1997	1998	1999	2000	2001	2002	2003	2004	2005	2006	2007	2008
	0.9629	0.9967	0.9197	0.9780	0.9934	0.9812	0.7848	0.6950	0.9671	0.9027	0.9794	0.9966
	2009	2010	2011	2012	2013	2014	2015	2016	2017	2018	2019	
	0.9724	0.9325	0.4778	0.8960	0.8782	0.3719	0.9868	0.8018	0.9822	0.9593	0.8348	
协调度 D	1985	1986	1987	1988	1989	1990	1991	1992	1993	1994	1995	1996
	1.0000	0.7113	0.0000	0.0800	0.4114	0.2269	0.1560	0.2646	0.5073	0.1136	0.3436	0.2735
	1997	1998	1999	2000	2001	2002	2003	2004	2005	2006	2007	2008
	0.0925	0.3047	0.2240	0.5559	0.1360	0.2177	0.1822	0.1248	0.2785	0.1439	0.1206	0.1712
	2009	2010	2011	2012	2013	2014	2015	2016	2017	2018	2019	
	0.203	0.1340	0.2420	0.1765	0.5809	0.0951	0.1647	0.3433	0.3298	0.1923	0.1375	

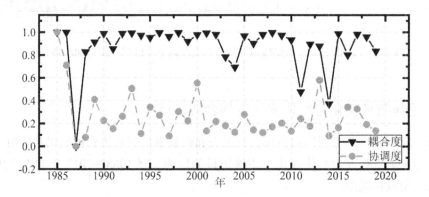

图 6-12　1985—2019 年湿地损失植被与水体变化之间的耦合度与协调度变化趋势

自 1984 年起，保护区的四周被 1.5～2.0m 的深沟包围，部分旱地改为水田，实行人工截流，导致保护区原有的水位持续下降，水土流失严重，深水沼泽植被区域的边缘变成浅水沼泽植被，部分浅沼泽水植被区水分流失形成了灌木；当保护区遇上丰水年或者雨水充沛的季节，保护区水位上升，充足的水分促进水生植被生长，部分陆生植被被水淹没之后活力缓慢丧失直至死亡，变为水生植被区。因此，湿地水位的变化和水生植被具有一致的变化方向，它们之间相互依存，植被的变化程度取决于不同水位的生长环境。

2. 恢复植被与水体变化耦合协调度

根据湿地恢复植被和水体长达 35 年的耦合协调情况可知，恢复植被变化和水体变化整体耦合度呈波动下降的趋势（见表 6-10 和图 6-13），经历了"高耦合-磨合-拮抗-低耦合"的"先增后减"的过程，1985—2019 年协调发展水平处于严重失调的阶段。根据 2002—2019 年沼泽植被的干扰面积和恢复面积与湿地地表水位的 Pearson 相关性系数（见表 6-8），沼泽植被的恢复事件与湿地地表水位之间相关性不显著（$p = 0.535$），相关系数 $r = 0.156$，说明湿地水位变化的波动对沼泽植被恢复生长的影响比较小，洪河的沼泽植被恢复主要发生在陆生植被区域（主要植被为白桦林-白杨林和灌木林），沼泽植被恢复主要以自然的植被演替过程为主，导致沼泽植被的恢复事件与地表水水位之间的关系不显著。因此，恢复植被（陆生植被）区域受水体变化的影响较小，湿地常年水分流失，给陆生植被提供了更大的生存空间，但不受水体的主要调节，趋于无序发展状态。

表 6-10　　　　**1985—2019 年湿地恢复植被和水体变化的耦合度和协调度**

耦合度 C	1985	1986	1987	1988	1989	1990	1991	1992	1993	1994	1995	1996
	1.0000	0.9887	0	0.4223	0.0294	0.6610	0.9167	0.2303	0.0041	0.9831	0.0253	0.1664
	1997	1998	1999	2000	2001	2002	2003	2004	2005	2006	2007	2008
	0.0616	0.7190	0.8061	0.3229	0.5910	0.2535	0.3522	0.1654	0.0995	0.3330	0.5819	0.1788
	2009	2010	2011	2012	2013	2014	2015	2016	2017	2018	2019	
	0.0675	0.1589	0.0022	0.0336	0	0.0195	0.0004	0	0	0.0001	0	
协调度 D	1985	1986	1987	1988	1989	1990	1991	1992	1993	1994	1995	1996
	1.0000	0.6783	0	0.1019	0.0475	0.1607	0.2047	0.0937	0.0240	0.1126	0.0434	0.0857
	1997	1998	1999	2000	2001	2002	2003	2004	2005	2006	2007	2008
	0.0596	0.2239	0.2271	0.2347	0.1497	0.0805	0.0776	0.0543	0.0702	0.0752	0.0723	0.0558
	2009	2010	2011	2012	2013	2014	2015	2016	2017	2018	2019	
	0.0415	0.0452	0.0147	0.0275	0.0016	0.0200	0.0024	0	0.0005	0.0013	0.0005	

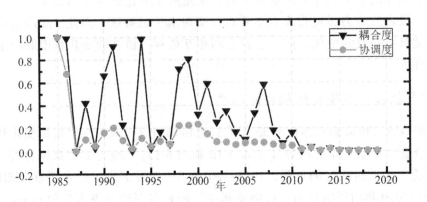

图 6-13　1985—2019 年湿地恢复植被与水体变化之间的耦合度与协调度变化趋势

6.3　沼泽湿地水文边界阈值反演及湿地边界界定研究

　　基于第一章构建的沼泽湿地"淹埋深-历时-频率"阈值理论和第三章多源遥感的沼泽湿地植被分类结果，以下进一步构建沼泽湿地水文边界界定模型，利用植被样带多年水位-历时数据反演湿地水文边界阈值并界定湿地边界，具体过程为：基于多源遥感的湿地植被分类结果，确定湿地植被边界和选设植被样带；利用植被样带内地面实测多年水文数据和湿地水文边界模型，反演湿地"淹埋深-历时"阈值，并借助 InSAR 提取 DEM，实现湿地水文边界的空间化表达；利用东方白鹳巢址和地面植被样方调查数据进行边界验证，并对比分析湿地植被边界和湿地水文边界的空间位置差异。

6.3.1　沼泽湿地水文边界界定模型研究

　　湿地水文情势决定了湿地植被和湿地土壤的发育状况和空间分布格局，湿地水文特征（淹埋深-历时-频率）指标是界定湿地水文边界的标准和依据，但这是隐性指标，不易直接地量化而形成在空间上可操作的湿地边界标准。而湿地植被和湿地土壤对湿地水文的波动变化也具有相应的指示作用，是诊断指标（显性指标），可通过遥感观测和地面调查的方式来确定湿地诊断指标的边界，该边界上的"水位-历时"必然是形成湿地植被或湿地土壤所要求的最小"水位-历时"，同时湿地植被和湿地土壤与湿地水文的耦合关系也决定了湿地诊断指标边界上的"水位-历时"必然与湿地水文的"淹埋深-历时"（S，D）阈值之间存在一一对应的关系。虽然湿地水文情势在年际上具有多变性，湿地植被和湿地土壤对湿地水文情势的响应特征在时间上具有一定的滞后性，但是在长时间序列上两者往往围绕某一个"淹埋深-历时"阈值中心波动。因此，可利用湿地植被边界或湿地土壤边界处的多年"水位-历时"反演湿地水文"淹埋深-历时"（S，D）阈值。

　　由于湿地水文情势的波动变化，湿地植被边界处的湿地水文的"淹埋深-历时"也处于不断变化中，进而使得由此反演得到的湿地水文边界对应的"淹埋深-历时"阈值也无法唯一确定。因此，本书将多年淹水频率指标（F）作为"淹埋深-历时"（S，D）的函数，在满足 F（S，D）$\geq$50%条件下对应的植被边界处的最小"水位-历时"阈值作为湿地水文边界的"淹埋深-历时"（S，D）阈值，构建湿地水文边界的界定模型，具体表达式如下：

$$B_{\text{water}}(S, D) = \min\{(S_v, D_v) \mid F(S_v, D_v) \geqslant 50\%\} \tag{6-3}$$

式中，S_v 和 D_v 分别是湿地植被边界带内的多年"水位-历时"。在植被边界处满足 F（S，D）$\geq$50%条件下，可能存在多个"水位-历时"数据集，通过最小值运算，选取连续淹水历时最短时对应的水位作为最终界定湿地水文边界的"淹埋深-历时"（S，D）阈值，通过地面 DEM 数据，进一步将湿地水体的淹埋深转化为高程数值，在空间上形成可操作的湿地水文边界，模型的具体过程如图 6-14 所示。

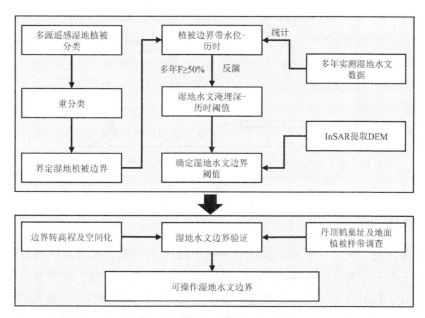

图 6-14　湿地水文边界界定流程

6.3.2　湿地植被边界界定及其水位-历时提取

陆生植被和湿地植被受制于对水生环境适应能力的差异，响应水位梯度变化的两种植被类型在空间上必然存在一个由陆生和湿地植被杂合而成的过渡地带，陆地植被边界必然位于过渡地带中。本章利用第三章中基于 ZY-3 和 C-band Radarsat-2 多源遥感数据集的沼泽湿地植被分类结果，以灌草植被区作为陆地和沼泽湿地的过渡地带，将浅水沼泽植被和深水沼泽植被区重分类为湿地，将岛状林、旱地和水田划分为非湿地，具体结果如图 6-15 所示。

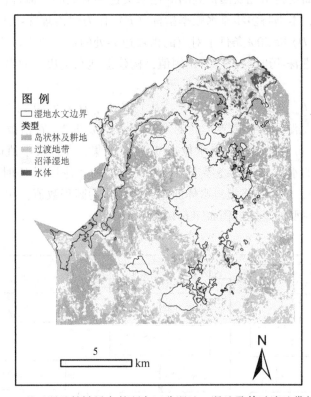

图 6-15　基于湿地植被界定的研究区非湿地、湿地及其过渡地带的范围

1. 植被样带设置

为了更好地探究研究区湿地植被边界带的水位-历时过程，本节在洪河自然保护区的核心区的奋斗桥和缓冲区的 135#观鸟台分别设置了一处典型样地，该样地包含了陆地和湿地生态系统，同时在每一处样地又进一步布设了一个典型植被样带。典型植被样带从岛状林到明水面横穿了湿地植被边界，并涵盖了主要的植被类型，在植被样带内设置采样点进行植被样方调查并用手持 GPS 记录其位置信息。洪河自然保护区管理局和中国科学院东北地理所已在洪河自然保护区的缓冲区（135#）和核心区（奋斗桥）埋设了 Odyssey 电容式水位记录仪，并进行了多年湿地水位情势观测，获取植被样带内的历年水位观测数据，并根据 GPS 记录的经纬坐标在 InSAR 提取的 DEM 和 1∶10000 地形图中提取水位观测点和植被样带范围内的采样点的高程值，如图 6-16 所示。

2. 植被样带处水位-历时获取

由于研究区范围小，地势低缓，坡降比在 1/5000～1/10000 之间，研究区水位观测点的水位-历时过程与植被样带的水位-历时过程是一致的，水位高低的变化主要受微地形起

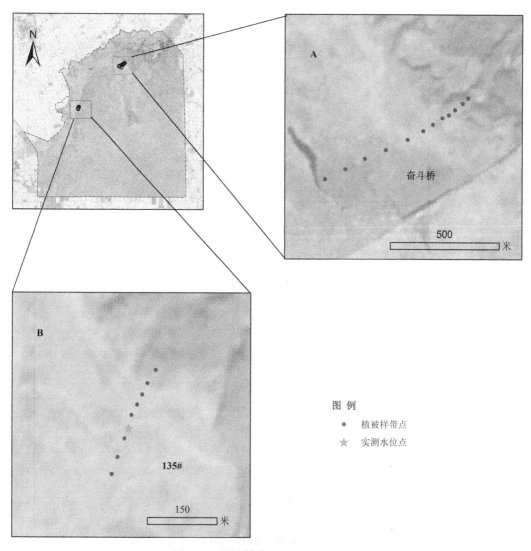

图 例

● 植被样带点

★ 实测水位点

图 6-16 植被样带及实地水文观测点

伏的影响，可用水位观测点的水位-历时过程推导出植被样带的水位-历时过程，图 6-17 和
图 6-18 分别为两个水位观测点 2007—2015 年的水位过程线，由 2007—2015 年每年 5 月—
11 月逐天的水位观测值绘制而成。由水位过程线即可统计出不同水位梯度的历时阈值。
从图 6-17 和表 6-11 中可以看出，2008—2015 年核心区湿地植被边界带中水位存在很大波
动性，水位差异达到了 300~600mm；不同水位梯度，淹水历时存在很大的变化，水位在
700~850mm 时，多年连续淹水历时较长。在年际内，湿地植被边界带，湿地水位-历时也
呈现一定的规律性：5—6 月，湿地水位上升，但是淹水历时较短，6—7 月，湿地水位下
降，8 月湿地水位再次上升且达到最大值，此时湿地淹水范围大、历时长，有利于沼泽湿

地发育，10 月水位开始下降。

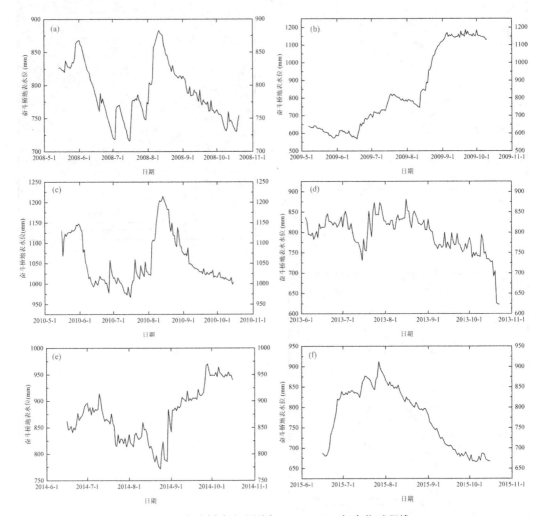

图 6-17　奋斗桥水文观测点 2009—2015 年水位过程线

表 6-11　　奋斗桥水文观测点 2008—2015 年 5—10 月不同淹水-历时统计

观测水位（mm）	2008 年（天）	2009 年（天）	2010 年（天）	2013 年（天）	2014 年（天）	2015 年（天）
$h \leqslant 600$	$-$*	18	—	—	—	—
$600 < h \leqslant 700$	—	36	—	4	—	33
$700 < h \leqslant 750$	30	16	—	15	—	17
$750 < h \leqslant 800$	67	19	—	49	9	15
$800 < h \leqslant 850$	45	14	—	64	35	36

续表

观测水位（mm）	2008 年（天）	2009 年（天）	2010 年（天）	2013 年（天）	2014 年（天）	2015 年（天）
850<h≤900	18	2	—	10	41	21
900<h≤1000	—	3	112	—	38	1
h>1000	—	49	41	—	—	—
总计	160	157	153	145	123	123

注：＊是指在观测的时间段内没有满足对应水位梯度的天数。

表 6-12 和图 6-18 则表示了缓冲区湿地植被带水位-历时的变化规律，从中可以看出，除了 2007 和 2014 年水位差异在 600~700mm 之间外，2007—2015 年缓冲区湿地植被边界带中水位差异在 100~400mm 之间；水位在 1000~1200mm 时，多年连续淹水历时较长；年际水位-历时变化规律与核心区一致。

表 6-12　　　　135#水文观测点 2007—2015 年 5—10 月不同淹水-历时统计

观测水位（mm）	2008 年（天）	2009 年（天）	2010 年（天）	2013 年（天）	2014 年（天）	2015 年（天）
700<h≤800	14	—	44	—	—	—
800<h≤1000	44	37	44	—	—	—
1000<h≤1050	25	17	1	—	—	—
1050<h≤1100	13	24	—	—	—	—
1100<h≤1150	13	45	12	—	—	—
1150<h≤1200	2	24	23	28	13	13
1200<h≤1300	4	12	20	116	110	110
1300<h≤1400	2	—	—	—	—	—
1400<h≤1500	8	—	—	—	—	—
h>1500	5	—	—	—	—	—
总计	130	159	144	144	123	123

6.3.3　沼泽湿地水文边界阈值反演及界定研究

1. 沼泽湿地水文边界界定

根据 6.3.1 构建的沼泽湿地水文边界界定模型，基于植被样带处 2008—2015 年奋斗桥（表 6-11）和 2007—2015 年 135#水文观测点的淹水-历时的统计结果（表 6-12），在满足 $F(S, D)$≥50% 条件下，最终分别界定洪河自然保护区的缓冲区湿地水文边界阈值：

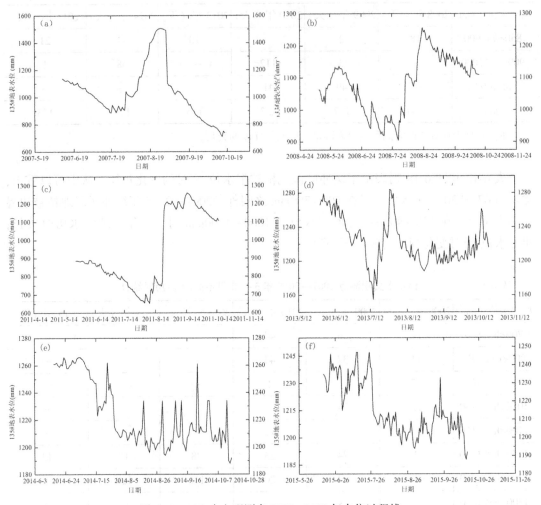

图 6-18　135#水文观测点 2007—2015 年水位过程线

S 应取 1150~1200 mm，D 为连续淹水 21 天；界定洪河自然保护区的核心区湿地水文边界阈值：S 应取 800~850 mm，D 为连续淹水 28 天。奋斗桥和 135#两个水位观测点的绝对高程分别是 50.9 m 和 51.2 m。同时，考虑到地表过湿但处于非淹水的情况，这里以湿地植物主要根系分布层的下限深度对应的地下水埋深为 30 cm 作为湿地水水文边界的上界的界定标准，利用 InSAR 技术提取的湿地 DEM，将反演得到湿地水文边界淹埋深-频率阈值转换为地面高程值，对应的地面高程为：缓冲区为 52.65~52.7 m，核心区为 52.0~52.05 m。以缓冲区的湿地水文边界阈值对应的高程值为基准（52.7 m），将基于 C-band Sentinel-1A 干涉数据对生成的洪河自然保护区的 DEM 在 ArcGIS 10.6 中进行栅格运算、重分类和矢量化，最终将洪河自然保护区中高程值小于 52.7 m 的范围界定为沼泽湿地，从而在空间上形成了可操作的沼泽湿地水文边界，具体界定的沼泽湿地范围见图 6-19。

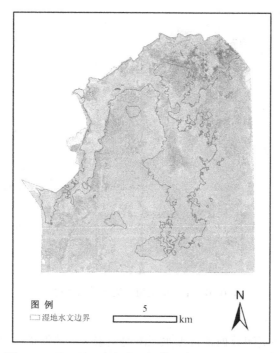

图例
□ 湿地水文边界　　　5 km　　　N

图 6-19　基于湿地水文边界阈值界定的沼泽湿地范围

湿地植被对于湿地水体的依存关系决定了湿地植被边界和湿地水文边界在空间上必然存在一定的耦合性，但由于湿地植被对于湿地水位变化响应的滞后性使得两者界定的湿地边界也会存在一定的差异。为了探究具体的差异，此处将由湿地水文（S, D, F）阈值界定的湿地水文边界与湿地植被边界进行叠合，具体效果见图 6-20。

从图 6-20 中可以看出，湿地水文边界界定的湿地范围比湿地植被边界界定的湿地范围要小。由多源遥感的湿地植被分类结果可知，在湿地水文边界界定的湿地范围中，浅水沼泽植被区和深水沼泽植被区成为主体部分，浓江河上游的过渡地带的灌草植被区也被划为沼泽湿地的一部分。造成湿地水文边界和湿地植被边界界定湿地范围差异的原因是：①由于湿地植被对湿地水文变化的响应存在滞后性，在水文情势的变化无法维持湿地存在和发育区域，湿地植被仍可以继续生存，致使仅仅基于湿地植被界定的湿地范围要大；②湿地水文边界界定的湿地范围基于湿地多年的水文情势，而水文情势是湿地的发生因素，直接影响湿地的生长和消亡，不存在滞后效应，更为准确；③利用 InSAR 生成的研究区 DEM 存在误差，对研究区微地貌表征不够精细。

2. 湿地水文边界验证

为了验证基于湿地水文阈值界定的湿地边界的准确性，这里采用两种地面实测数据进

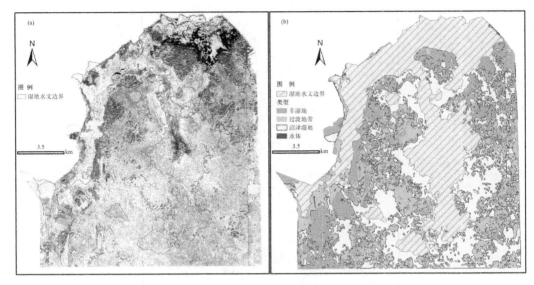

图 6-20 基于湿地植被边界及水文边界

行边界精度验证，一种实测数据来自黑龙江洪河国家级自然保护区管理局朱宝光科长提供的 40 个丹顶鹤巢穴的空间位置数据，其中包括 33 个人工巢穴和 7 个自然巢穴。自然巢穴是由丹顶鹤搭建，主要分布在岛状林区，人工巢穴考虑到丹顶鹤觅食的便利性，主要设置在沼泽植被区；另一种数据来源于栾兆擎老师国家自然基金项目"三江平原沼泽湿地植被群落分布的水文驱动机制"（编号：41001050）中 2014 年 8 月地面样方调查数据，从岛状林至浓江河道共设置了 12 条植被样带，每条样带设置了 15~20 个 50×50 cm² 的植被样方，12 条植被样带分别分布在核心区、缓冲区和试验区（王香红，2015）。每一个植被样方均用 GPS 记录其经纬度坐标、植被类型和土壤类型。两种数据源与湿地水文边界的耦合情况见图 6-21。

从图 6-21 可以看出，在核心区中有一条植被样带与湿地水文边界存在偏差，剩下的 11 条植被样带均跨越湿地水文边界；丹顶鹤人工巢穴和自然巢穴均分别正确地分布在水文边界界定的湿地范围和非湿地范围内。进一步分析在水文边界处调查样方对应的植被类型和土壤类型，具体见表6-13。从表中可以看出，湿地水文边界处对应的湿地植被和土壤类型分别为小叶樟和草甸土，而小叶樟和草甸土都发育在季节性积水的环境中。季节性积水表明此处受到了湿地水文情势波动变化的影响，出现了季节或年际淹水或土壤水饱和的情况，必然存在淹水-历时的问题。以上结论表明湿地水文边界与其对应的湿地植被和土壤类型是吻合的，进一步论证了基于湿地"淹埋深-历时-频率"阈值界定的湿地边界的准确性。

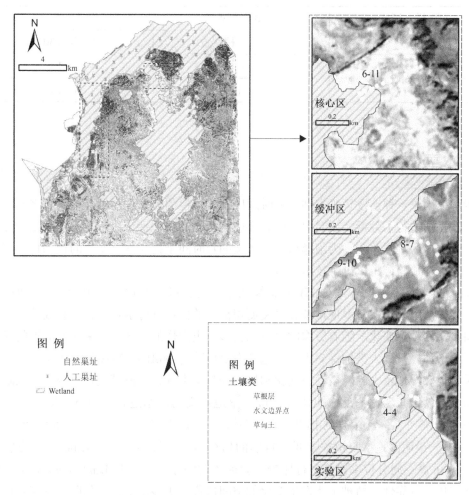

图 6-21 东方白鹳巢址及实测植被样带与湿地水文边界的耦合情况

表 6-13 湿地水文边界处对应的植被和土壤类型

样带-样方编号	植被类型	土壤类型
1-2	小叶樟	草甸土
2-3	漂筏苔草	草根层
3-9	小叶樟	草甸土
4-4	毛果苔草-小叶樟	草甸土
6-11	小叶樟	草根层<30 cm
7-4	小叶樟	草甸土
8-7	毛果苔草-小叶樟	草甸土

样带-样方编号	植被类型	土壤类型
9-10	小叶樟	草根层≥30 cm
11-3	小叶樟	草甸土
12-14	小叶樟	草甸土

6.4　本章小结

本章提出了一种连续且半自动化的时间序列变化检测模型，对沼泽植被和水文的时空动态变化特征进行了分析，同时引入生态环境中常用的物理耦合协调模型用以定量评估沼泽植被和水体的响应关系，为沼泽植被和水文的长时间干扰与恢复变化的自动化分析和时空耦合的统计检验分析提供了技术参考。

Landsat 时间序列数据与 LandTrendr 算法相结合，可以实现更大范围的近实时监测，证明了该方法可以直接对湿地植被和水文覆盖范围的损益进行定量估计，有效地研究湿地植被和水文的动态变化。随着影像的更新和更多历史图像的出现，未来研究湿地的时间跨度将不断增加，帮助人类加深对湿地生态系统的了解。NBR 和 NDWI 遥感指数可以检测到沼泽植被和湿地水文的时空动态变化和探测变化的事件，分析其变化轨迹可以跟踪沼泽植被和水文的增减变化，反映出沼泽植被和湿地水文的动态过程。1985—2019 年这个长时间跨度，整个沼泽植被的损失和增益累积面积变化分别达到了 59.6958km² 和 126.87km²，说明湿地恢复植被主要以自然的植被演替过程为主。与 Landsat 历史影像及 Google Earth 高空间分辨率影像进行比较，验证了时间序列数据和 LandTrendr 算法探测沼泽植被变化的可靠性。植被干扰发生变化的空间位置位于湿地水文变化明显的深水区和浅水区附近，与地表水水位具有显著相关性（$p<0.05$，$r=0.590$），但恢复植被与水位不存在明显的关系。根据 Landsat 的空间分辨率可能无法确定存在的所有变化事件，但在不同位置也可以识别出湿地沼泽植被和水体的空间格局，包括带状，弧形或斑块状的格局。通过分析变化区域 NBR 值的变化幅度，确定了湿地沼泽植被的恢复速度，这些有关恢复速度的信息对于政府开展恢复工作至关重要。

湿地水文与植被干扰的空间变化位置和发生变化的年份相吻合，其发生的显著变化与植被干扰呈显著相关性，且湿地植被干扰和水文的年际变化呈协同的升降趋势，说明湿地水文的变化与沼泽植被存在密切的相关性。利用耦合协调模型分别定量评估植被损失和植被恢复与水文之间的耦合协调关系，时间维度上损失植被与水体之间呈现高水平耦合度的特征，总体上向着良性协调发展，但耦合协调度的值较低，植被干扰协调类型主要以中度失调为主，该阶段水生植被受到湿地水分流失的影响比较大，与洪河湿地 30 多年来水位持续下降的现状有关；植被恢复变化和水文变化的整体耦合度呈波动下降趋势，经历了

"高耦合度-磨合-拮抗-低耦合度"的"先增后减"的过程，1985—2019年协调发展水平处于严重失调的阶段，主要原因是恢复植被（陆生植被）区域受水体变化的影响较小，湿地常年水分流失，给陆生植被提供了更大的生存空间，但不受水体的主要调节，趋于无序发展状态。

地表淹水深或地下水埋深，即淹埋深（S）、地表淹水或土壤水饱和历时（D）及其发生的频率（F）是表征湿地水文情势变化的3个重要指标。必须满足一定的阈值才能够形成湿地生态系统。湿地植被边界存在于陆地生态系统与湿地生态系统的过渡地带，即陆生植被和湿地植被的杂合处、灌草植被区、岛状林与浅水沼泽植被分界处以及岛状林与深水沼泽植被分界处。基于沼泽湿地水文边界界定模型，在满足多年淹水频率（F）≥50%条件下，确定的洪河自然保护区（S，D）阈值分别是：缓冲区，S应取1150~1200mm，D为连续淹水21天；核心区，S应取800~850mm，D为连续淹水28天。湿地水文边界对应的地面高程为：缓冲区为52.65~52.7m，核心区为52.0~52.05m。

湿地水文边界划设的湿地范围与丹顶鹤巢址在空间分布上是吻合的，湿地水文边界处波动的水文情势与调查样方中形成的湿地植被和土壤类型所需要的水文环境是一致的。地面植被样带（岛状林-沼泽湿地）样方调查验证了湿地水文边界的空间位置主要在季节或年际淹水或土壤水饱和条件下发育的草甸土和小叶樟植被群落，论证了湿地水文边界与湿地植被边界在空间上是耦合的。

参 考 文 献

[1] 布东方，胡金明，周德民，等．不同水位梯度下的小叶樟种群密度 [J]．生态学杂志，2006（9）：1009-1013.

[2] 陈宜瑜，王宪礼，肖笃宁．中国湿地研究 [M]．长春：吉林科学技术出版社，1995.

[3] 崔保山，杨志峰．湿地学 [M]．北京：北京师范大学出版社，2006.

[4] 佟凤勤，刘兴土．我国湿地生态系统研究的若干建议 [J]．中国湿地研究．长春：吉林科学技术出版社，1995：10-14.

[5] 冯文卿，眭海刚，涂继辉，等．高分辨率遥感影像的随机森林变化检测方法 [J]．测绘学报，2017，46（11）：1880-1890.

[6] 付波霖，李颖，张柏，等．基于多频率极化 SAR 影像的洪河国家级自然保护区植被信息提取 [J]．湿地科学，2019，17（2）：199-209.

[7] 高永刚．利用卫星测高进行陆地湖泊水位变化监测 [D]．河海大学，2006.

[8] 耿仁方，付波霖，蔡江涛，等．基于无人机影像和面向对象随机森林算法的岩溶湿地植被识别方法研究 [J]．地球信息科学学报，2019，21（8）：1295-1306.

[9] 管博，栗云召，夏江宝，等．黄河三角洲不同水位梯度下芦苇植被生态特征及其与环境因子相关关系 [J]．生态学杂志，2014，33（10）：2633-2639.

[10] 国家林业局《湿地公约》履约办公室．湿地公约履约指南 [M]．北京：中国林业出版社，2001.

[11] 郭金运，常晓涛，孙佳龙，等．卫星雷达测高波形重定及应用 [M]．北京：测绘出版社，2013.

[12] 何飞，刘兆飞，姚治君．Jason-2 测高卫星对湖泊水位的监测精度评价 [J]．地球信息科学学报，2020，22（3）：494-504.

[13] 贺英，邓磊，毛智慧，等．基于数码相机的玉米冠层 SPAD 遥感估算 [J]．中国农业科学，2018，51（15）：66-77.

[14] 侯建国．基于差分干涉雷达测量技术的哈尔滨市地面形变监测与综合分析研究 [D]．长安大学，2011.

[15] 贾忠华，罗纨，王文焰，等．对湿地定义和湿地水文特征的探讨 [J]．水土保持学报，2001（S2）：117-120.

[16] 李红丽，智颖飙，雷光春，等．不同水位梯度下克隆植物大米草的生长繁殖特性和生物量分配格局 [J]．生态学报，2009，29（7）：3525-3531.

［17］李均力，陈曦，包安明．2003—2009 年中亚地区湖泊水位变化的时空特征［J］．地理学报，2011，66（9）：1219-1229.

［18］刘舒，朱航．基于超高空间分辨率无人机影像的面向对象土地利用分类方法［J］．农业工程学报，2020，36（2）：87-94.

［19］马祖陆，蔡德所，蒋忠诚．岩溶湿地分类系统研究［J］．广西师范大学学报（自然科学版），2009，27（2）：101-106.

［20］邵亚，蔡崇法，赵悦，等．桂林会仙湿地沉积物中磷形态及分布特征［J］．环境工程学报，2014，8（12）：5311-5317.

［21］邵媛媛，周军伟，母锐敏，等．中国城市发展与湿地保护研究［J］．生态环境学报，2018，27（2）：381-388.

［22］苏伟，侯宁，李琪，等．基于 Sentinel-2 遥感影像的玉米冠层叶面积指数反演［J］．农业机械学报，2018，49（1）：151-156.

［23］田庆久，闵祥军．植被指数研究进展［J］．地球科学进展，1998（4）：10-16.

［24］［1］田山川，郝卫峰，李斐，等．顾及陆湖反射差异的卫星测高监测湖泊水位的波形分析与重定［J］．测绘学报，2018，47（4）：498-507.

［25］王连喜，陈怀亮，李琪，等．植物物候与气候研究进展［J］．生态学报，2010，30（2）：447-454.

［26］王鹏，万荣荣，杨桂山．基于多源遥感数据的湿地植物分类和生物量反演研究进展［J］．湿地科学，2017，15（1）：114-124.

［27］王香红．三江平原典型湿地植物对水分梯度的响应研究［D］．中国科学院研究生院（东北地理与农业生态研究所），2015.

［28］汪小钦，刘亚迪，周伟东，等．基于 TAVI 的长汀县植被覆盖度时空变化研究［J］．农业机械学报，2016，47（1）：289-296.

［29］魏鹏飞，徐新刚，李中元，等．基于无人机多光谱影像的夏玉米叶片氮含量遥感估测［J］．农业工程学报，2019，35（8）：126-133，335.

［30］文京川．测高卫星数据在我国湖库水位监测中的应用研究［D］．兰州交通大学，2018.

［31］吴培强，张杰，马毅，等．1980—2015 年间泰国红树林资源变化的遥感监测与分析［J］．海洋科学进展，2018，36（3）：412-422.

［32］吴亚茜，肖向明，陈帮乾，等．近 30 年来盐城潮间带湿地盐沼植被物候遥感监测［J］．江苏农业科学，2018，46（16）：264-270.

［33］夏传福，李静，柳钦火．基于 MODIS 叶面积指数的遥感物候产品反演方法［J］．农业工程学报，2012，28（19）：103-109.

［34］肖武，任河，吕雪娇，等．基于无人机遥感的高潜水位采煤沉陷湿地植被分类［J］．农业机械学报，2019，50（2）：177-186.

［35］谢酬，邵芸，方亮，等．差分干涉测量黄河三角洲天然湿地水位变化研究［J］．湿地

科学，2012，10（3）：257-262.

[36] 谢梦，刘伟，李二珠，等．深度卷积神经网络支持下的遥感影像语义分割［J］．测绘通报，2020（5）：36-42.

[37] 熊隽，吴炳方，闫娜娜，等．遥感蒸散模型的时间重建方法研究［J］．地理科学进展，2008，27（2）：53-59.

[38] 杨立君，马明栋，唐立军．基于 TM 影像的崇明东滩湿地植被分类研究［J］．水土保持研究，2013（1）：126-130.

[39] 殷书柏，李冰，沈方．湿地定义研究进展［J］．湿地科学，2014，12（4）：504-514.

[40] 赵云，廖静娟，沈国状，等．卫星测高数据监测青海湖水位变化［J］．2017，21（4）：633-644.

[41] 张力，袁枫．光学航天传感器几何建模与 DEM 生成新进展［J］．地理信息世界，2009，7（2）：53-62.

[42] 张磊，宫兆宁，王启为，等．Sentinel-2 影像多特征优选的黄河三角洲湿地信息提取［J］．2019，23（2）：313-326.

[43] 张晓敏，唐运平，宋文篛．湿地水位梯度对互花米草生长特性的影响研究［J］．海河水利，2014（3）：54-56.

[44] 张有军，岳顺．InSAR 技术提取 DEM 及其精度分析［J］．勘察科学技术，2017（5）：23-26.

[45] 赵魁义．中国沼泽志［M］．北京：科学出版社，1999.

[46] 庄钊文，肖顺平，王雪松．雷达极化信息处理及其应用［M］．北京：国防工业出版社，1999.

[47] 周林飞，徐浩田，芦晓峰．基于"3S"技术和景观破碎化分析的凌河口湿地功能区划分［J］．江苏农业科学，2016，44（8）：519-522.

[48] 周云凯，白秀玲，宁立新．鄱阳湖湿地苔草（Carex）景观变化及其水文响应［J］．湖泊科学，2017，29（4）：870-879.

[49] 朱宝光，董树斌，朱丽萍，等．洪河国家级自然保护区湿地功能区保育与湿地补偿研究［J］．湿地科学与管理，2006，2（3）：25-28.

[50] 祝萍，黄麟，肖桐，等．中国典型自然保护区生境状况时空变化特征［J］．地理学报，2018，73（1）：92-103.

[51] Abubakar G A, Wang K, Shahtahamssebi A R, et al. Mapping maize fields by using multi-temporal Sentinel-1A and Sentinel-2A images in Makarfi, Northern Nigeria, Africa ［J］. Sustainability, 2020, 12（6）: 2539.

[52] Fernández-Manso A, Fernández-Manso O, Quintano C. SENTINEL-2A red-edge spectral indices suitability for discriminating burn severity ［J］. International journal of applied earth observation and geoinformation, 2016, 50: 170-175.

[53] Allain S, FerroFamil L, Potier E. New eigenvalue-based parameters for natural media

characterization [C] //European Radar Conference, EURAD 2005. IEEE, 2005: 177-180.

[54] Ainsworth T L, Cloude S R, Lee J S. Eigenvector analysis of polarimetric SAR data [C] //IEEE International Geoscience and Remote Sensing Symposium. IEEE, 2002, 1: 626-628.

[55] Ainsworth T L, Lee J S, Schuler D L. Multi-frequency polarimetric SAR data analysis of ocean surface features [C] //IGARSS 2000. IEEE 2000 International Geoscience and Remote Sensing Symposium. Taking the Pulse of the Planet: The Role of Remote Sensing in Managing the Environment. Proceedings (Cat. No. 00CH37120). IEEE, 2000, 3: 1113-1115.

[56] Ariken M, Zhang F, weng Chan N. Coupling coordination analysis and spatio-temporal heterogeneity between urbanization and eco-environment along the Silk Road Economic Belt in China [J]. Ecological Indicators, 2021, 121: 107014.

[57] Aytekin Ö, Koc M, Ulusoy I. Local primitive pattern for the classification of SAR images [J]. IEEE transactions on Geoscience and Remote Sensing, 2012, 51 (4): 2431-2441.

[58] Battude M, Al Bitar A, Morin D, et al. Estimating maize biomass and yield over large areas using high spatial and temporal resolution Sentinel-2 like remote sensing data [J]. Remote Sensing of Environment, 2016, 184: 668-681.

[59] Bedford B L, Brinson M, Sharitz R, et al. Evaluation of Proposed Revisions to the 1989 Federal Manual for Identifying and Delineating Jurisdictional Wetlands. (Report of the Ecological Society of America's Ad Hoc Committee on Wetlands Delineation) [J]. Bulletin of the Ecological Society of America, 1992, 73 (1): 14-23.

[60] Berardino P, Fornaro G, Lanari R, et al. A new algorithm for surface deformation monitoring based on small baseline differential SAR interferograms [J]. IEEE Transactions on geoscience and remote sensing, 2002, 40 (11): 2375-2383.

[61] Betbeder J, Rapinel S, Corpetti T, et al. Multitemporal classification of TerraSAR-X data for wetland vegetation mapping [J]. Journal of Applied Remote Sensing, 2014, 8 (1): 083648.

[62] Object-based image analysis: spatial concepts for knowledge-driven remote sensing applications [M]. Springer Science & Business Media, 2008.

[63] Carpenter S R, DeFries R, Dietz T, et al. Millennium ecosystem assessment: research needs [J]. Science, 2006, 314 (5797): 257-258.

[64] Boegh E, Soegaard H, Broge N, et al. Airborne multispectral data for quantifying leaf area index, nitrogen concentration, and photosynthetic efficiency in agriculture [J]. Remote Sensing of Environment, 2002, 81 (2-3): 179-193.

[65] Bourgeau-Chavez L, Riordan K, Powell R, et al. Improving wetland characterization with

multi-sensor, multi-temporal SAR and optical/infrared data fusion [M]. In Advances in Geosciences and Remote Sensing; InTechOpen Press: London, UK, 2009: 679-708.

[66] Jonas E. Böhler, Michael E. Schaepman, Mathias Kneubühler. Crop Classification in a Heterogeneous Arable Landscape Using Uncalibrated UAV Data [J]. Remote Sensing, 2018, 10 (8).

[67] Bradley C. Simulation of the annual water table dynamics of a floodplain wetland, Narborough Bog, UK [J]. Journal of Hydrology, 2002, 261 (1-4): 150-172.

[68] Breiman L. Random forests [J]. Machine learning, 2001, 45 (1): 5-32.

[69] Cai Y, Li X, Zhang M, et al. Mapping wetland using the object-based stacked generalization method based on multi-temporal optical and SAR data [J]. International Journal of Applied Earth Observation and Geoinformation, 2020, 92: 102164.

[70] Canisius F, Brisco B, Murnaghan K, et al. SAR backscatter and InSAR coherence for monitoring wetland extent, flood pulse and vegetation: A study of the Amazon lowland [J]. Remote Sensing, 2019, 11 (6): 720.

[71] Carlson T N, Ripley D A. On the relation between NDVI, fractional vegetation cover, and leaf area index [J]. Remote sensing of Environment, 1997, 62 (3): 241-252.

[72] Castañeda C, Ducrot D. Land cover mapping of wetland areas in an agricultural landscape using SAR and Landsat imagery [J]. Journal of Environmental Management, 2009, 90 (7): 2270-2277.

[73] Chabot D, Dillon C, Ahmed O, et al. Object-based analysis of UAS imagery to map emergent and submerged invasive aquatic vegetation: a case study [J]. Journal of Unmanned Vehicle Systems, 2016, 5 (1): 27-33.

[74] Chembolu V, Dubey A K, Gupta P K, et al. Application of satellite altimetry in understanding river-wetland flow interactions of Kosi river [J]. Journal of Earth System Science, 2019, 128 (4): 1-15.

[75] Chen L C, Zhu Y, Papandreou G, et al. Encoder-decoder with atrous separable convolution for semantic image segmentation. In Proceedings of the European Conference on Computer Vision (ECCV), 2018: 801-818.

[76] Chen L C, Papandreou G, Kokkinos I, et al. Deeplab: Semantic imagesegmentation with deep convolutional nets, atrous convolution, and fully connected crfs [J]. IEEE transactions on pattern analysis and machine intelligence, 2017, 40 (4): 834-848.

[77] Chen J, Liao J. Monitoring lake level changes in China using multi-altimeter data (2016-2019) [J]. Journal of Hydrology, 2020, 590: 125544.

[78] Chen Q, Yu R, Hao Y, et al. A new method for mapping aquatic vegetation especially underwater vegetation in Lake Ulansuhai using GF-1 satellite data [J]. Remote Sensing, 2018, 10 (8): 1279.

［79］ Cohen W B, Yang Z, Healey S P, et al. A LandTrendr multispectral ensemble for forest disturbance detection ［J］. Remote sensing of Environment, 2018, 205: 131-140.

［80］ De Almeida Furtado L F, Silva T S F, de Moraes Novo E M L. Dual-season and full-polarimetric C band SAR assessment for vegetation mapping in the Amazon várzea wetlands ［J］. Remote Sensing of Environment, 2016, 174: 212-222.

［81］ Deng F, Wang X, Cai X, et al. Analysis of the relationship between inundation frequency and wetland vegetation in Dongting Lake using remote sensing data ［J］. Ecohydrology, 2014, 7 (2): 717-726.

［82］ Dennison W C, Orth R J, Moore K A, et al. Assessing water quality with submersed aquatic vegetation ［J］. BioScience, 1993, 43 (2): 86-94.

［83］ Djamai N, Fernandes R, Weiss M, et al. Validation of the Sentinel Simplified Level 2 Product Prototype Processor (SL2P) for mapping cropland biophysical variables using Sentinel-2/MSI and Landsat-8/OLI data ［J］. Remote Sensing of Environment, 2019, 225: 416-430.

［84］ Drăguţ L, Csillik O, Eisank C, et al. Automated parameterisation for multi-scale image segmentation on multiple layers ［J］. ISPRS Journal of Photogrammetry and Remote Sensing, 2014, 88: 119-127.

［85］ Dronova I. Object-based image analysis in wetland research: A review ［J］. Remote Sensing, 2015, 7 (5): 6380-6413.

［86］ Durden S L, Van Zyl J J, Zebker H A. The unpolarized component in polarimetric radar observations of forested areas ［J］. IEEE Transactions on Geoscience and Remote Sensing, 1990, 28 (2): 268-271.

［87］ Evans T L, Costa M, Tomas W M, et al. Large-scale habitat mapping of the Brazilian Pantanal wetland: A synthetic aperture radar approach ［J］. Remote Sensing of Environment, 2014, 155: 89-108.

［88］ Feyisa G L, Meilby H, Fensholt R, et al. Automated Water Extraction Index: A new technique for surface water mapping using Landsat imagery ［J］. Remote Sensing of Environment, 2014, 140: 23-35.

［89］ Feyisa G L, Meilby H, Fensholt R, et al. Automated Water Extraction Index: A new technique for surface water mapping using Landsat imagery ［J］. Remote Sensing of Environment, 2014, 140: 23-35.

［90］ Fisher A, Flood N, Danaher T. Comparing Landsat water index methods for automated water classification in eastern Australia ［J］. Remote Sensing of Environment, 2016, 175: 167-182.

［91］ Foody G M. Thematic map comparison: Evaluating the statistical significance of differences in classification accuracy ［J］. Photogramm. Eng. Remote Sensing. , 2004,

265

70: 627-633.

[92] Franklin S E, Skeries E M, Stefanuk M A, et al. Wetland classification using Radarsat-2 SAR quad-polarization and Landsat-8 OLI spectral response data: A case study in the Hudson Bay Lowlands Ecoregion [J]. International Journal of Remote Sensing, 2018, 39 (6): 1615-1627.

[93] Freeman A, Durden S L. A three-component scattering model for polarimetric SAR data [J]. IEEE Transactions on Geoscience and Remote Sensing, 1998, 36 (3): 963-973.

[94] Fu B, Wang Y, Campbell A, et al. Comparison of object-based and pixel-based Random Forest algorithm for wetland vegetation mapping using high spatial resolution GF-1 and SAR data [J]. Ecological Indicators, 2017, 73: 105-117.

[95] Gallant A L, Kaya S G, White L, et al. Detecting emergence, growth, and senescence of wetland vegetation with polarimetric synthetic aperture radar (SAR) data [J]. Water, 2014, 6 (3): 694-722.

[96] Gao B C. NDWI-A normalized difference water index for remote sensing of vegetation liquid water from space [J]. Remote Sensing of Environment, 1996, 58 (3): 257-266.

[97] Gatelli F, Guamieri A M, Parizzi F, et al. The wavenumber shift in SAR interferometry [J]. IEEE Transactions on Geoscience and Remote Sensing, 1994, 32 (4): 855-865.

[98] George R, Padalia H, Sinha S K, et al. Evaluation of the use of hyperspectral vegetation indices for estimating mangrove leaf area index in middle Andaman Island, India [J]. Remote Sensing Letters, 2018, 9 (11): 1099-1108.

[99] Ghosh S, Mishra D R, Gitelson A A. Long-term monitoring of biophysical characteristics of tidal wetlands in the northern Gulf of Mexico—A methodological approach using MODIS [J]. Remote Sensing of Environment, 2016, 173: 39-58.

[100] Gitelson A A, Viña A, Arkebauer T J, et al. Remote estimation of leaf area index and green leaf biomass in maize canopies [J]. Geophysical Research Letters, 2003, 30 (5): 1248.

[101] Guo M, Li J, Sheng C, et al. A review of wetland remote sensing [J]. Sensors, 2017, 17 (4): 777.

[102] Hajnsek I, Pottier E, Cloude S R. Inversion of surface parameters from polarimetric SAR [J]. IEEE Transactions on Geoscience and Remote Sensing, 2003, 41 (4): 727-744.

[103] Halabisky M, Moskal L M, Gillespie A, et al. Reconstructing semi-arid wetland surface water dynamics through spectral mixture analysis of a time series of Landsat satellite images (1984—2011) [J]. Remote Sensing of Environment, 2016, 177: 171-183.

[104] He K, Zhang X, Ren S, et al. Spatial pyramid pooling in deep convolutional networks for visual recognition [J]. IEEE Transactions on Pattern Analysis and Machine Intelligence, 2015, 37 (9): 1904-1916.

[105] Henderson F M, Lewis A J. Radar detection of wetland ecosystems: areview [J]. International Journal of Remote Sensing, 2008, 29 (20): 5809-5835.

[106] Hidayat S, Matsuoka M, Baja S, et al. Object-based image analysis for sago palm classification: The most important features from high-resolution satellite imagery [J]. Remote Sensing, 2018, 10 (8): 1319.

[107] Hill M J. Vegetation index suites as indicators of vegetation state in grassland and savanna: An analysis with simulated SENTINEL 2 data for a North American transect. Remote Sensing of Environment, 2018, 137: 94-111.

[108] Hird J N, DeLancey E R, McDermid G J, et al. Google Earth Engine, open-access satellite data, and machine learning in support of large-area probabilistic wetland mapping [J]. Remote sensing, 2017, 9 (12): 1315.

[109] Hong S H, Kim H O, Wdowinski S, et al. Evaluation of polarimetric SAR decomposition for classifying wetland vegetation types [J]. Remote Sensing, 2015, 7 (7): 8563-8585.

[110] Hong S H, Wdowinski S. Multitemporal multitrack monitoring of wetland water levels in the Florida Everglades using ALOS PALSAR data with interferometric processing [J]. IEEE Geoscience and Remote Sensing Letters, 2013, 11 (8): 1355-1359.

[111] Hong S H, Wdowinski S, Kim S W, et al. Multi-temporal monitoring of wetland water levels in the Florida Everglades using interferometric synthetic aperture radar (InSAR) [J]. Remote Sensing of Environment, 2010, 114 (11): 2436-2447.

[112] Hu Q, Yang J, Xu B, et al. Evaluation of global decametric-resolution LAI, FAPAR and FVC estimates derived from Sentinel-2 imagery [J]. Remote Sensing, 2020, 12 (6): 912.

[113] Hu Y, Huang J, Du Y, et al. Monitoring wetland vegetation pattern response to water-level change resulting from the Three Gorges Project in the two largest freshwater lakes of China [J]. Ecological Engineering, 2015, 74: 274-285.

[114] Huang C, Chen Y, Wu J. Mapping spatio-temporal flood inundation dynamics at large river basin scale using time-series flow data and MODIS imagery [J]. International Journal of Applied Earth Observation and Geoinformation, 2014, 26: 350-362.

[115] Huang C, Peng Y, Lang M, et al. Wetland inundation mapping and change monitoring using Landsat and airborne LiDAR data [J]. Remote Sensing of Environment, 2014, 141: 231-242.

[116] Hutengs C, Vohland M. Downscaling land surface temperatures at regional scales with random forest regression [J]. Remote Sensing of Environment, 2016, 178: 127-141.

[117] Jain M, Andersen O B, Dall J, et al. Sea surface height determination in the Arctic using Cryosat-2 SAR data from primary peak empirical retrackers [J]. Advances in Space

Research, 2015, 55 (1): 40-50.

[118] Jiao Y, Lei H, Yang D, et al. Impact of vegetation dynamics on hydrological processes in a semi-arid basin by using a land surface-hydrology coupled model [J]. Journal of Hydrology, 2017, 551: 116-131.

[119] Jin H, Mountrakis G, Stehman S V. Assessing integration of intensity, polarimetric scattering, interferometric coherence and spatial texture metrics in PALSAR-derived land cover classification [J]. ISPRS Journal of Photogrammetry and Remote Sensing, 2014, 98: 70-84.

[120] Jones C, Song C, Moody A. Where's woolly? An integrative use of remote sensing to improve predictions of the spatial distribution of an invasive forest pest the Hemlock Woolly Adelgid [J]. Forest Ecology and Management, 2015, 358: 222-229.

[121] Junk W J, An S, Finlayson C M, et al. Current state of knowledge regarding the world's wetlands and their future under global climate change: a synthesis [J]. Aquatic Sciences, 2013, 75 (1): 151-167.

[122] Kamal M, Phinn S, Johansen K. Assessment of multi-resolution image data for mangrove leaf area index mapping [J]. Remote Sensing of Environment, 2016, 176: 242-254.

[123] Kampes B, Usai S. Doris: The delft object-oriented radar interferometric software [C] //Proceedings of the 2nd International Symposium on Operationalization of Remote Sensing, Enschede, The Netherlands. 1999, 1620.

[124] Kennedy R E, Yang Z, Cohen W B. Detecting trends in forest disturbance and recovery using yearly Landsat time series: 1. LandTrendr—Temporal segmentation algorithms [J]. Remote Sensing of Environment, 2010, 114 (12): 2897-2910.

[125] Kennedy R E, Yang Z, Cohen W B, et al. Spatial and temporal patterns of forest disturbance and regrowth within the area of the Northwest Forest Plan [J]. Remote Sensing of Environment, 2012, 122: 117-133.

[126] Kim S W, Wdowinski S, Amelung F, et al. Interferometric coherence analysis of the Everglades wetlands, South Florida [J]. IEEE Transactions on Geoscience and Remote Sensing, 2013, 51 (12): 5210-5224.

[127] Kim J W, Lu Z, Lee H, et al. Integrated analysis of PALSAR/Radarsat-1 InSAR and ENVISAT altimeter data for mapping of absolute water level changes in Louisiana wetlands [J]. Remote Sensing of Environment, 2009, 113 (11): 2356-2365.

[128] Koch M, Schmid T, Reyes M, et al. Evaluating full polarimetric C-and L-band data for mapping wetland conditions in a semi-arid environment in Central Spain [J]. IEEE Journal of Selected Topics in Applied Earth Observations and Remote Sensing, 2012, 5 (3): 1033-1044.

[129] Kokaly R F, Despain D G, Clark R N, et al. Mapping vegetation in Yellowstone National

Park using spectral feature analysis of AVIRIS data [J]. Remote Sensing of Environment, 2003, 84 (3): 437-456.

[130] Korhonen L, Packalen P, Rautiainen M. Comparison of Sentinel-2 and Landsat 8 in the estimation of boreal forest canopy cover and leaf area index [J]. Remote Sensing of Environment, 2017, 195: 259-274.

[131] Krogager E. New decomposition of the radar target scattering matrix [J]. Electronics Letters, 1990, 26 (18): 1525-1527.

[132] Lanari R, Lundgren P, Manzo M, et al. Satellite radar interferometry time series analysis of surface deformation for Los Angeles, California [J]. Geophysical Research Letters, 2004, 31 (23): L23613.

[133] Lane C R, Liu H, Autrey B C, et al. Improved wetland classification using eight-band high resolution satellite imagery and a hybrid approach [J]. Remote Sensing, 2014, 6 (12): 12187-12216.

[134] Lang M W, Kasischke E S, Prince S D, et al. Assessment of C-band synthetic aperture radar data for mapping and monitoring Coastal Plain forested wetlands in theMid-Atlantic Region, USA [J]. Remote Sensing of Environment, 2008, 112 (11): 4120-4130.

[135] Latif M A. An agricultural perspective on flying sensors: State of the art, challenges, and future directions [J]. IEEE Geoscience and Remote Sensing Magazine, 2018, 6 (4): 10-22.

[136] Li Z, Bethel J. Image coregistration in SAR interferometry [J]. The International Archives of the Photogrammetry, Remote Sensing and Spatial Information Sciences, 2008, 37: 433-438.

[137] Liao C, Feng Z, Li P, et al. Monitoring the spatio-temporal dynamics of swidden agriculture and fallow vegetation recovery using Landsat imagery in northern Laos [J]. Journal of Geographical Sciences, 2015, 25 (10): 1218-1234.

[138] Liu Y, Gong W, Xing Y, et al. Estimation of the forest stand mean height and aboveground biomass in Northeast China using SAR Sentinel-1B, multispectral Sentinel-2A, and DEM imagery [J]. ISPRS Journal of Photogrammetry and Remote Sensing, 2019, 151: 277-289.

[139] Liu Z, Volin J C, Dianne Owen V, et al. Validation and ecosystem applications of the EDEN water-surface model for the Florida Everglades [J]. Ecohydrology: Ecosystems, Land and Water Process Interactions, Ecohydrogeomorphology, 2009, 2 (2): 182-194.

[140] Lou P, Fu B, He H, et al. An optimized object-based random forest algorithm for marsh vegetation mapping using high-spatial-resolution GF-1 and ZY-3 data [J]. Remote Sensing, 2020, 12 (8): 1270.

[141] Louis J, Debaecker V, Pflug B, et al. Sentinel-2 Sen2Cor: L2A processor for users

[C] //Proceedings Living Planet Symposium 2016. Spacebooks Online, 2016: 1-8.

[142] Lüneburg E. Foundations of the mathematical theory of polarimetry [C]. Final Report Phase; EML Consultants: Sri Jayawardenepura Kotte, Sri Lanka, July 2001.

[143] Marcaccio J V, Markle C E, Chow-Fraser P. Unmanned aerial vehicles produce high-resolution, seasonally-relevant imagery for classifying wetland vegetation [J]. The International Archives of Photogrammetry, Remote Sensing and Spatial Information Sciences, 2015, 40 (1): 249.

[144] Martins V S, Kaleita A L, Gelder B K, et al. Deep neural network for complex open-water wetland mapping using high-resolution WorldView-3 and airborne LiDAR data [J]. International Journal of Applied Earth Observation and Geoinformation, 2020, 93: 102215.

[145] Maxwell A E, Warner T A, Strager M P. Predicting palustrine wetland probability using random forest machine learning and digital elevation data-derived terrain variables [J]. Photogrammetric Engineering & Remote Sensing, 2016, 82 (6): 437-447.

[146] Mitsch W J. Restoration of our lakes and rivers with wetlands—an important application of ecological engineering [J]. Water Science and Technology, 1995, 31 (8): 167-177.

[147] Mitsch W J, Gosselink J G. Wetlands [M]. John Wiley & Sons, 2015.

[148] Moffett K B, Gorelick S M. Distinguishing wetland vegetation and channel features with object-based image segmentation [J]. International Journal of RemoteSensing, 2013, 34 (4): 1332-1354.

[149] Niculescu S, Boissonnat J B, Lardeux C, et al. Synergy of high-resolution radar and optical images satellite for identification and mapping of wetland macrophytes on the Danube Delta [J]. Remote Sensing, 2020, 12 (14): 2188.

[150] Niculescu S, Lardeux C, Grigoras I, et al. Synergy between LiDAR, RADARSAT-2, and Spot-5 images for the detection and mapping of wetland vegetation in the Danube Delta [J]. IEEE Journal of Selected Topics in Applied Earth Observations and Remote Sensing, 2016, 9 (8): 3651-3666.

[151] Normandin C, Frappart F, Diepkilé A T, et al. Evolution of the performances of radar altimetry missions from ERS-2 to Sentinel-3A over the Inner Niger Delta [J]. Remote Sensing, 2018, 10 (6): 833.

[152] Nguyen U, Glenn E P, Dang T D, et al. Mapping vegetation types in semi-arid riparian regions using random forest and object-based image approach: a case study of the Colorado River Ecosystem, Grand Canyon, Arizona [J]. Ecological Informatics, 2019, 50: 43-50.

[153] Koning C O. Vegetation patterns resulting from spatial and temporal variability in hydrology, soils, and trampling in an isolated basin marsh, New Hampshire, USA [J].

Wetlands, 2005, 25 (2): 239-251.

[154] Pahlevan N, Sarkar S, Franz B A, et al. Sentinel-2 MultiSpectral Instrument (MSI) data processing for aquatic science applications: Demonstrations and validations [J]. Remote Sensing of Environment, 2017, 201: 47-56.

[155] Pajares G. Overview and current status of remote sensing applications based on unmanned aerial vehicles (UAVs) [J]. Photogrammetric Engineering & Remote Sensing, 2015, 81 (4): 281-330.

[156] Pande-Chhetri R, Abd-Elrahman A, Liu T, et al. Object-based classification of wetland vegetation using very high-resolution unmanned air system imagery [J]. European Journal of Remote Sensing, 2017, 50 (1): 564-576.

[157] Pandit S, Tsuyuki S, Dube T. Estimating above-ground biomass in sub-tropical buffer zone community forests, Nepal, using Sentinel 2 data [J]. Remote Sensing, 2018, 10 (4): 601.

[158] Pasqualotto N, D'Urso G, Bolognesi S F, et al. Retrieval of evapotranspiration from Sentinel-2: Comparison of vegetation indices, semi-empirical models and SNAP biophysical processor approach [J]. Agronomy, 2019, 9 (10): 663.

[159] Pipan T, Culver D C. Wetlands in cave and karst regions [M]. Encyclopedia of Caves. Academic Press, 2019: 1156-1164.

[160] Pottier E, Cloude S R. Application of the H/A/alpha polarimetric decomposition theorem for land classification [C] //Wideband Interferometric Sensing and Imaging Polarimetry. SPIE, 1997, 3120: 132-143.

[161] Pottier E, Schuler D L, Lee J S, et al. Estimation of the terrain surface azimuthal/range slopes using polarimetric decomposition of POLSAR data [C] //IEEE 1999 International Geoscience and Remote Sensing Symposium. IGARSS'99 (cat. no. 99ch36293) . Ieee, 1999, 4: 2212-2214.

[162] Praks J, Hallikainen M. An alternative for entropy-alpha classification for polarimetric SAR image [J]. ESA POLinSAR, 2003: 1-5.

[163] Rapinel S, Mony C, Lecoq L, et al. Evaluation of Sentinel-2 time-series for mapping floodplain grassland plant communities [J]. Remote Sensing of Environment, 2019, 223: 115-129.

[164] Reed D, van Wesenbeeck B, Herman P M J, et al. Tidal flat-wetland systems as flood defenses: Understanding biogeomorphic controls [J]. Estuarine, Coastal and Shelf Science, 2018, 213: 269-282.

[165] Réfrégier P, Morio J. Shannon entropy of partially polarized and partially coherent light with Gaussian fluctuations [J]. JOSA A, 2006, 23 (12): 3036-3044.

[166] Roy D P, Kovalskyy V, Zhang H K, et al. Characterization of Landsat-7 to Landsat-8

reflective wavelength and normalized difference vegetation index continuity [J]. Remote Sensing of Environment, 2016, 185: 57-70.

[167] Sánchez N, Martínez-Fernández J, González-Piqueras J, et al. Water balance at plot scale for soil moisture estimation using vegetation parameters [J]. Agricultural and Forest Meteorology, 2012, 166: 1-9.

[168] Schumann G, Matgen P, Cutler M E J, et al. Comparison of remotely sensed water stages from LiDAR, topographic contours and SRTM [J]. ISPRS Journal of Photogrammetry and Remote Sensing, 2008, 63 (3): 283-296.

[169] Sefercik U G, Yastikli N, Dana I. DEM extraction in urban areas using high-resolution TerraSAR-X imagery [J]. Journal of the Indian Society of Remote Sensing, 2014, 42 (2): 279-290.

[170] Shan L, Song C, Zhang X, et al. Plant defence allocation patterns following an increasing water level gradient in a freshwater wetland [J]. Ecological Indicators, 2019, 107: 105542.

[171] Shaw S P, Fredine C G. Wetlands of the United States: Their Extent Amd Their Value to Waterfowl and Other Wildlife [M]. US Department of the Interior, Fish and Wildlife Service, 1956.

[172] Shawky M, Moussa A, Hassan Q K, et al. Pixel-based geometric assessment of channel networks/orders derived from global spaceborne digital elevation models [J]. Remote Sensing, 2019, 11 (3): 235.

[173] Shen G, Yang X, Jin Y, et al. Remote sensing and evaluation of the wetland ecological degradation process of the Zoige Plateau Wetland in China [J]. Ecological Indicators, 2019, 104: 48-58.

[174] Son N T, Chen C F, Chang N B, et al. Mangrove mapping and change detection in Ca Mau Peninsula, Vietnam, using Landsat data and object-based image analysis [J]. IEEE Journal of Selected Topics in Applied Earth Observations and Remote Sensing, 2014, 8 (2): 503-510.

[175] Shu S, Liu H, Beck R A, et al. Analysis of Sentinel-3 SAR altimetry waveform retracking algorithms for deriving temporally consistent water levels over ice-covered lakes [J]. Remote Sensing of Environment, 2020, 239: 111643.

[176] Tammi C E. Wetland identification and delineation [J]. Applied Wetlands Science and Technology, 2001: 17-53.

[177] Tewes A, Hoffmann H, Nolte M, et al. How do methods assimilating Sentinel-2-derived LAI combined with two different sources of soil input data affect the crop model-based estimation of wheat biomass at sub-field level? [J]. Remote Sensing, 2020, 12 (6): 925.

[178] Tian B, Zhou Y X, Thom R M, et al. Detecting wetland changes in Shanghai, China using FORMOSAT and Landsat TM imagery [J]. Journal of Hydrology, 2015, 529: 1-10.

[179] Tian J, Wang L, Li X, et al. Comparison of UAV and WorldView-2 imagery for mapping leaf area index of mangrove forest [J]. International Journal of Applied Earth Observation and Geoinformation, 2017, 61: 22-31.

[180] Todd M J, Muneepeerakul R, Pumo D, et al. Hydrological drivers of wetland vegetation community distribution within Everglades National Park, Florida [J]. Advances in Water Resources, 2010, 33 (10): 1279-1289.

[181] US Fish and Wildlife Service, Cowardin L M. 1979. Classification of wetlands and deepwater habitats of the United States. Washington, DC: Fish and Wildlife Service, US Department of the Interior.

[182] Van der Werff H, Van der Meer F. Sentinel-2 for mapping iron absorption feature parameters [J]. Remote Sensing, 2015, 7 (10): 12635-12653.

[183] Van Geest G J, Coops H, Roijackers R M M, et al. Succession of aquatic vegetation driven by reduced water-level fluctuations in floodplain lakes [J]. Journal of Applied Ecology, 2005, 42 (2): 251-260.

[184] van Zyl J J. Application of Cloude's target decomposition theorem to polarimetric imaging radar data [C] //Radar polarimetry. SPIE, 1993, 1748: 184-191.

[185] Verrelst J, Camps-Valls G, Muñoz-Marí J, et al. Optical remote sensing and the retrieval of terrestrial vegetation bio-geophysical properties-A review [J]. ISPRS Journal of Photogrammetry and Remote Sensing, 2015, 108: 273-290.

[186] Viana-Soto A, Aguado I, Salas J, et al. Identifying post-fire recovery trajectories and driving factors using landsat time series in fire-prone mediterranean pine forests [J]. Remote Sensing, 2020, 12 (9): 1499.

[187] Villoslada M, Bergamo T F, Ward R D, et al. Fine scale plant community assessment in coastal meadows using UAV based multispectral data [J]. Ecological Indicators, 2020, 111: 105979.

[188] Vu P L, Frappart F, Darrozes J, et al. Multi-satellite altimeter validation along the French Atlantic coast in the southern bay of Biscay from ERS-2 to SARAL [J]. Remote Sensing, 2018, 10 (1): 93.

[189] Wang H, Chu Y, Huang Z, et al. Robust, long-term lake level change from multiple satellite altimeters in Tibet: Observing the rapid rise of Ngangzi Co over a new wetland [J]. Remote Sensing, 2019, 11 (5): 558.

[190] Wakeley J S. Technical Standard for Water-Table Monitoring of Potential Wetland Sites [R]. ENGINEER RESEARCH AND DEVELOPMENT CENTER VICKSBURG MS,

2005.

[191] Wan L, Zhang Y, Zhang X, et al. Comparison of land use/land cover change and landscape patterns in Honghe National Nature Reserve and the surrounding Jiansanjiang Region, China [J]. Ecological Indicators, 2015, 51: 205-214.

[192] Marshall J D, Waring R H. Comparison of methods of estimating leaf-area index in old-growth Douglas-fir [J]. Ecology, 1986, 67 (4): 975-979.

[193] Manual D. Washington State Wetlands Identification and DelineationManual [J]. 1997.

[194] Waske B, van der Linden S, Oldenburg C, et al. ImageRF-A user-oriented implementation for remote sensing image analysis with Random Forests [J]. Environmental Modelling & Software, 2012, 35: 192-193.

[195] Wdowinski S, Kim S W, Amelung F, et al. Space-based detection of wetlands' surface water level changes from L-band SAR interferometry [J]. Remote Sensing of Environment, 2008, 112 (3): 681-696.

[196] Wei P F, Xu X G, Li Z Y, et al. Remote sensing estimation of nitrogen content in summer maize leaves based on multispectral images of UAV [J]. Trans. Chin. Soc. Agric. Eng, 2019, 35 (8): 126-133.

[197] Whiteside T G, Bartolo R E. Mapping aquatic vegetation in a tropical wetland using high spatial resolution multispectral satellite imagery [J]. Remote Sensing, 2015, 7 (9): 11664-11694.

[198] Wright T J, Parsons B E, Lu Z. Toward mapping surface deformation in three dimensions using InSAR [J]. Geophysical Research Letters, 2004, 31 (1): L01607.

[199] Wu C, Niu Z, Tang Q, et al. Remote estimation of gross primary production in wheat using chlorophyll-related vegetation indices [J]. Agricultural and Forest Meteorology, 2009, 149 (6-7): 1015-1021.

[200] Xie C, Xu J, Shao Y, et al. Long term detection of water depth changes of coastal wetlands in the Yellow River Delta based on distributed scatterer interferometry [J]. Remote Sensing of Environment, 2015, 164: 238-253.

[201] Xie Q, Dash J, Huete A, et al. Retrieval of crop biophysical parameters from Sentinel-2 remote sensing imagery [J]. International Journal of Applied Earth Observation and Geoinformation, 2019, 80: 187-195.

[202] Xu H. Modification of normalised difference water index (NDWI) to enhance open water features in remotely sensed imagery [J]. International Journal of Remote Sensing, 2006, 27 (14): 3025-3033.

[203] Yang L, Jia K, Liang S, et al. Comparison of four machine learning methods for generating the GLASS fractional vegetation cover product from MODIS data [J]. Remote Sensing, 2016, 8 (8): 682.

[204] Ye C, Cheng X, Zhang K, et al. Hydrologic pulsing affects denitrification rates and denitrifier communities in a revegetated riparian ecotone [J]. Soil Biology and Biochemistry, 2017, 115: 137-147.

[205] Yuan Q, Wei Y, Meng X, et al. A multiscale and multidepth convolutional neural network for remote sensing imagery pan-sharpening [J]. IEEE Journal of Selected Topics in Applied Earth Observations and Remote Sensing, 2018, 11 (3): 978-989.

[206] Yuan T, Lee H, Jung H C. Toward estimating wetland water level changes based on hydrological sensitivity analysis of PALSAR backscattering coefficients over different vegetation fields [J]. Remote Sensing, 2015, 7 (3): 3153-3183.

[207] Zhang C, Xie Z. Combining object-based texture measures with a neural network for vegetation mapping in the Everglades from hyperspectral imagery [J]. Remote Sensing of Environment, 2012, 124: 310-320.

[208] Zhang M, Zhang L, He Q, et al. Characterizing the long-term dynamics of aerosol optical depth in the Yangtze River Middle-Reach urban agglomeration, China [J]. International Journal of Climatology, 2021, 41 (3): 2029-2044.

[209] Zhu X X, Tuia D, Mou L, et al. Deep learning in remote sensing: A comprehensive review and list of resources [J]. IEEE Geoscience and Remote Sensing Magazine, 2017, 5 (4): 8-36.

[210] Zhu X X, Tuia D, Mou L, et al. Deep learning in remote sensing: A comprehensive review and list of resources [J]. IEEE Geoscience and Remote Sensing Magazine, 2017, 5 (4): 8-36.

[211] Zhu X X, Tuia D, Mou L, et al. Deep learning in remote sensing: A comprehensive review and list of resources [J]. IEEE Geoscience and Remote Sensing Magazine, 2017, 5 (4): 8-36.

[212] Zweig C L, Burgess M A, Percival H F, et al. Use of unmanned aircraft systems to delineate fine-scale wetland vegetation communities [J]. Wetlands, 2015, 35 (2): 303-309.